全国BIM技术应用
校企合作系列规划教材

总主编　金永超

BIM模型
项目管理应用

项目管理相关专业适用

主　编　武乾　冯弥

副主编　张勇　樊技飞　田卫　杨宝昆

主　审　李慧民

U0282219

西安交通大学出版社
XI'AN JIAOTONG UNIVERSITY PRESS

内容简介

本书共11章,分为基础入门篇(第1～4章)、专业实践篇(第5～9章)、综合实训篇(第10章)三个部分。

本书主要从项目管理的角度出发,从BIM技术的基本理念、基础操作到BIM与项目管理的结合再到BIM应用的实训操作,对BIM技术的应用进行了系统的论述。书中不仅介绍了相关BIM建模工具的使用功能和工程项目各阶段、各系统建模的关键技术,而且阐述了BIM技术在建筑全生命周期中相关工作的操作标准、流程、技巧及方法,还列出了BIM技术在项目管理各阶段应用的关键应用点;同时为提高书中内容的应用操作性,本书穿插了许多企业提供的BIM技术在项目管理中应用的工程案例,详尽展示BIM技术在工程中的具体应用点、应用流程及应用效果,强调理论与实践的结合。

本书可作为本科院校及高职院校土木工程、工程管理、项目管理专业及相关专业BIM模型项目管理应用方面的课程教材,也可作为建筑行业的管理人员和技术人员学习参考用书,以及BIM相关培训用书。

图书在版编目(CIP)数据

BIM模型项目管理应用/武乾,冯弥主编.—西安:西安交通大学出版社,2017.1
全国BIM技术应用校企合作系列规划教材
ISBN 978 - 7 - 5605 - 9350 - 0

Ⅰ.①B… Ⅱ.①武… ②冯… Ⅲ.①模型(建筑)-设计-教材 Ⅳ.①TU205

中国版本图书馆CIP数据核字(2017)第007028号

书　　名	BIM模型项目管理应用	
主　　编	武　乾　冯　弥	
责任编辑	李逢国　祝翠华	
出版发行	西安交通大学出版社	
	(西安市兴庆南路10号　邮政编码710049)	
网　　址	http://www.xjtupress.com	
电　　话	(029)82668357　82667874(发行中心)	
	(029)82668315(总编办)	
传　　真	(029)82668280	
印　　刷	陕西日报社	
开　　本	787mm×1092mm　1/16　印张 18.25　字数 434千字	
版次印次	2017年5月第1版　2017年5月第1次印刷	
书　　号	ISBN 978 - 7 - 5605 - 9350 - 0	
定　　价	49.50元	

读者购书、书店添货,如发现印装质量问题,请与本社发行中心联系、调换。
订购热线:(029)82665248　(029)82665249
投稿热线:(029)82668526　(029)82668133
读者信箱:BIM_xj@163.com

"全国 BIM 技术应用校企合作系列规划教材"
编写委员会

顾问专家 许溶烈

审定专家（按姓氏笔画排序）

尹贻林　王其明　王林春　刘铮　向书兰　张建平　张建荣　时思　李云贵　李慧民
陈宇军　倪伟桥　梁华　蔡嘉明　薛永武

编委会主任 金永超

编委会副主任（按姓氏笔画排序）

王茹　王婷　冯弥　冯志江　刘占省　许蓁　张江波　武乾　韩风毅　薛菁

执行副主任 姜珊　童科大　王剑锋　王毅（王翊骅）

编委会成员（按姓氏笔画排序）

丁江　丁恒军　于江利　马爽　毛霞　王一飞　王文杰　王生　王欢欢　王齐兴
王社奇　王伶俐　王志浩　王杰　王建乔　王健　王娟　王益　王雅兰　王楚濛
王霞　邓大鹏　田卫　付立彬　史建隆　申屠海滨　白雪海　农小毅　刘中明　刘文俊
刘长飞　刘东　刘立明　刘扬　刘岩　刘明佳　刘涛　刘谦　刘磐　匡兴
向敏　孙恩剑　安先强　安宗礼　师伟凯　曲惠华　曲翠萃　汤荣发　许利峰　许峻
过俊　邢忠桂　邹劲松　何亚萍　何杰　吴永强　吴铁成　吴福城　张士彩　张方
张芸　张勇　张婷　张强强　张斌　张然然　张静　张德海　李刚　李娜
李春月　李美华　李隽萱　李硕　杨立峰　杨宝昆　杨靖　肖莉萍　邹斌　陈大伟
陈文斌　孟柯　林永清　欧宝平　金尚臻　侯冰洋　姜子国　姜立　柏文杰　段海宁
贲腾　赵永斌　赵丽红　赵昂　赵钦　赵艳文　赵雪锋　赵瑞　赵麒　钟文武
饶志强　倪青　徐志宏　徐强　桂垣　桑海　耿成波　聂磊　莫永红　郭宇杰
郭青　郭淑婷　高路　崔喜莹　崔瑞宏　曹闵　梁少宁　黄立新　黄杨彬　黄宗黔
黄秉英　彭飞　彭铸　曾开发　董皓　蒋俊　谢云飞　韩春华　路小娟　翟超
蔡梦娜　暴仁杰　樊技飞

指导单位 住房和城乡建设部科技发展中心

支持单位（排名不分先后）

中国建设教育协会
全国高等学校建筑学学科建筑数字技术教学工作委员会
中国建筑学会建筑施工分会 BIM 应用专业委员会
北京绿色建筑产业联盟
陕西省土木建筑学会
陕西省建筑业协会
陕西省绿色建筑产业技术创新战略联盟
陕西省 BIM 发展联盟
云南省勘察设计质量协会
云南省图学学会
天津建筑学会

"全国 BIM 技术应用校企合作系列规划教材"
编审单位

当前,中国建筑业正处于转型升级和创新发展的重要历史时期,以数字信息技术为基本特征的全球新一轮科技革命和产业变革开启了中国建筑业数字化、网络化、精益化、智慧化发展的新阶段。BIM 则是划时代的一项重大新技术,它引导人们由二维思维向三维思维甚至是虚拟的多维思维的转变,并以此广泛应用于建设开发、规划设计、工程施工、建筑运维各阶段,最终走向建筑全寿命周期状态和性能的实时显示与把控。第四次工业革命已经悄然来临,BIM 技术在推动和发展建筑工业化、模块化、数字化、智能化产品设计和服务模式方面起到了独特的作用,特别是它可以实时反映和管控规划、设计和建造甚至运行使用中建筑物产品的节能、减排效应的状况。因此,BIM 在建筑产业中的推广应用,已经成为当今时代的必然选择。

随着国家和地方相关行业政策和技术标准的相继出台,更是助推了 BIM 深入发展和广泛应用。

在迎接日益广泛推广应用 BIM 和进一步研发 BIM 的当下,以及在今后相当长的一段时间里,都必须积极采取措施,强化培养从事 BIM 实操应用和研究开发的专业人才。相关高等和专科学校,应当根据不同学科和专业的需要,开设适当层级的 BIM 课程(选修课和必修课)。同时,有效地开展不同形式的 BIM 培训班和专门学校,也是必要的可行的,以应现实之所需。

有鉴于此,以金永超教授为首的几位教授、专家和西安交通大学出版社,于去年夏天,联合邀约从事 BIM 教学工作的教授老师和在企业负责担任 BIM 实操领导工作的专家里手一起,经过多次会商研讨后,共推金永超教授为总主编,在他统筹策划和主持下,"全国 BIM 技术应用校企合作系列规划教材"应运而生,内容分别为适用于建筑学相关专业、土木工程相关专业、机电工程相关专业、项目管理相关专业、工程造价相关专业、工程管理相关专业、风景园林相关专业和建筑装饰相关专业的教材一套共八本,其浩繁而艰巨的编写、编辑、出版工作就积极紧张地开始了。在不到一年的时间里,本人有幸在近日收到了其中的四本样书。如此高效顺利付梓出版,令我分外高兴和不胜钦佩之至,对此人们不能不看到作者们和编辑出版同仁们所付出的艰辛功劳,当然它也是校企与出版社密切合作的结果成果。我从所见到的这四本样书来看,这套教材总体编辑思路是清楚的,内容选取和次序安排符合人们的一般思维逻辑和认知规律。而本套教材的每一本书均针对一种特定的相关专业,各本书均按照基础入门篇、专业实践篇和综合实训篇三部分内容和顺序开展叙述和讲解。这是一项具有一定新意的尝试,以尽力符合本套教材针对落地实操的基本需求。

至于 BIM 多维度概念、全寿命周期理念,以及其具体实操的程序和方法,则是尚需我们努力开发的目标和任务,同时在产业体制、机制上,也需要作相应的改革和变化,为适应和满足真正开通实施全寿命周期管理创造基本条件和铺平道路。我们期望人们在学习这套教材的同时，或是学习这套教材之后，对 BIM 的认知思维必定有所升华，即能从二维度思维、立体思维扩大至多维度思维，经过大家的不懈努力，则我们追求的"全生命周期管理"目标定当有望矣！其实本人后面这些话语，乃是我本人对中国 BIM 技术发展的遐想和对学习 BIM 课程学子们的殷切期望。

这套系列教材实是校企双方在 BIM 技术教学和实操应用过程中交流合作，联合取得的重要成果，是提供给广大院校培养 BIM 人才富含新意内容的教材。同时，它也是广大工程专业人员学习 BIM 技术的良师益友。参与编著出版者对这套规划系列教材所付出的不懈努力和他们的敬业精神，令人印象十分深刻，为此本人谨表敬意，同时本人衷心期望，这套规划系列教材能一如既往地抓紧抓好，不忘初心方得始终地圆满完成任务。这套作为普及性的 BIM 教材，内容简练并具有一定的特色，但全书内容浩繁，估计全书不足之处在所难免，本人鼓励各方人士积极提出批评意见，以期再版时，得到进一步改进和充实。

特欣然为之序！

住建部原总工程师
瑞典皇家工程科学院院士
2017 年 4 月 1 日于北京

建筑业信息化是建筑业发展的一大趋势，建筑信息模型（Building Information Modeling，BIM）作为其中的新兴理念和技术支撑，正引领建筑业产生着革命性的变化。时至今日，BIM 已经成为工程建设行业的一个热词，BIM 应用落地是当前业界讨论的主要话题。人才匮乏是新技术进步与发展的重大瓶颈，当前 BIM 人才缺乏制约了 BIM 的应用与普及，学校是人才培养的重要基地，只有源源不断的具备 BIM 能力的毕业生进入工程行业就业，方能破解当前企业想做 BIM 而无可用之人的困境，BIM 的普及应用才有可能。然而，现在学校的 BIM 教育并没有真正地动起来，做得早的学校先期进行了一些探索，总结了一些经验，但在面上还没能形成气候。究其原因有很多，其中教师队伍和教材建设是主要原因。从当前 BIM 应用的实际，我们的企业走在前头，有了很多 BIM 应用的经验和案例，起步早的企业已有了自己的 BIM 应用体系，故此在住建部、教育部相关领导的关心指导下，在西安交通大学出版社和筑龙网的大力支持下，我们联合了目前学校研究 BIM 和开展 BIM 教学的资深老师和实践 BIM 的知名企业于 2016 年 8 月 13 日启动了这套丛书的编制，以期推动学校BIM 教育落地，培养企业可用的 BIM 人才，力争为国家层面 2020 年 BIM 应用落地作点贡献！

本套教材定位为应用型本科院校和高等职业院校使用教材，按学科专业和行业应用规划了 8 个分册，其中《BIM 建筑模型创建与设计》《BIM 结构模型创建与设计》《BIM 水、暖、电模型创建与设计》注重 BIM 模型建立，《BIM 模型集成应用》《BIM 模型算量应用》《BIM 模型施工应用》则注重 BIM 技术应用。结合当前 BIM 应用落地的要求，培养实用性技术人才是当前的迫切任务，因此本套教材在目前理论研究成果下重视实践技能培养。基于当前学校教学资源实际，制定了统一的教育教学标准，因材施教。系列教材第一版分基础入门篇、专业实践篇、综合实训篇三个部分开展教授和学习，内容基本涵盖当前 BIM 应用实际。课程建议每专业安排 3 学分 48 学时，分两学期或一学期使用，各学校根据自身实际情况和软硬件条件开展教学活动。

教法：基础入门篇为通识部分，是所有专业都应该正确理解掌握的部分，通过探究 BIM 起缘，AEC 行业的发展和社会文明的进步，教学生认识到 BIM 的本质和内涵；通过对 BIM 工具的认识形成正确的工具观；对政策标准的学习可以把脉行业趋势使技术路线不偏离大的方向。学习 Revit 基础建模是为了使学生更好地理解 BIM 理念，形成 BIM 态度，通过实操练习得到成就感以激发兴趣、促进专业应用教学。BIM 应用离不开专业支撑，专业实践部分力求体现现阶段成熟应用，不求全但求能开展教学并使学生学有所获。综合实训是对课时不足的有益补充，案例多数取材实际应用项目，可布置学生在课外时间完成或作为课程设计使用，以提高学生实战能力。

学法：学生须勤动手、多用脑，跟上教学节奏，学会举一反三，不断探究研习并积极参与工程实践方能得到 BIM 真谛。把书中知识变成自己的能力，从老师要我学，变成我要学，用 BIM 思维武装自己的头脑，成长为对社会有益的建设人才。

BIM 是一个新生的事物，本身还在不断发展，寄希望一套教材解决当前 BIM 应用和教育的所有问题显然不合适。教育不能一蹴而就，BIM 教育也不例外，需要遵循教育教学规律循序而进。本系列教材为积极推进校企合作以及应用型人才培养工程而生，充分发挥高校、企业在人才培养中的各自优势，推动 BIM 技术在高校的落地推广，培养企业需要的专业应用人才，为企业和高校搭建优质、广阔的合作平台，促进校企合作深度融合，是组织编写这套教材的初衷。考虑到目前大多数高校没有开展 BIM 课程的实际，本套教材尽量浅显易教易学，并附有教学参考大纲，体现 BIM 教育 1.0 特征，随着 BIM 教育逐渐落地，我们还会组织编写 BIM 教育 2.0、3.0 教材。我们全体编写人员和主审专家希望能为 BIM 教育尽绵薄之力，期待更多更好的作品问世。感谢我们全体策划人员和支持单位的全力配合，也感谢出版社领导的重视和编辑们的执着努力，教材才能在短时间内出版并向全国发行。特别感谢住建部前总工程师许溶烈先生对教材的殷殷期望。

本套教材为开展 BIM 课程的相关院校服务，既可满足 BIM 专业应用学习的需要又可为学校开展 BIM 认证培训提供支持，一举两得；同时也可作为建设企业内训和社会培训的参考用书。

最后需要强调：BIM，是技术工具，是管理方法，更是思维模式。中国的 BIM 必须本土化，必须与生产实践相结合，必须与政府政策相适应，必须与民生需要相统一。我们应站在这样的角度去看待 BIM，才能真正做到传道授业解惑。

金永超

2017 年 4 月于昆明

BIM 技术在建筑工程领域的应用推进了建筑工程信息化全生命周期管理的进程,促进了工程项目管理领域的变革,引起了项目管理界的高度关注,同时国内许多企业也进行了积极的应用和探索。通过实际应用,业内积累了丰富的经验,但是也发现了现阶段存在的一些问题,如 BIM 技术人员储备不足、数据共享和协同管理困难、BIM 应用的流程和成果不规范等,以至于很多项目出现了 BIM 技术与项目管理的结合度不够,相关的人才较为缺失的现象。

基于上述现状,本书主要从项目管理的角度出发,从 BIM 技术的基本理念、基础操作到 BIM 与项目管理的结合再到 BIM 应用的实训操作,对 BIM 技术的应用进行了系统的论述。书中不仅介绍了相关 BIM 建模工具的使用功能和工程项目各阶段、各系统建模的关键技术,而且阐述了 BIM 技术在建筑全生命周期中相关工作的操作标准、流程、技巧及方法,还列出了 BIM 技术在项目管理各阶段应用的关键应用点;同时为提高书中内容的应用操作性,本书穿插了许多企业提供的 BIM 技术在项目管理中应用的工程案例,详尽展示 BIM 技术在工程中的具体应用点、应用流程及应用效果,强调理论与实践的结合。因此本书十分适用于应用型本科及高职院校的土木工程、工程管理、项目管理专业及相关专业的教学授课,通过本书的学习既可以达到提高读者理论水平,又能达到加强读者实践操作能力的目的。

本书共 10 章,分为基础入门篇、专业实践篇和综合实训篇三个部分。基础入门篇(第 1～4 章),主要介绍了 BIM 技术的基本知识,包括 BIM 的基本概念、发展与应用及相关标准,BIM 技术的相关软硬件配置以及主要应用领域,Revit 的应用基础及模型创建的实施步骤;通过本部分的学习,读者可以掌握 BIM 模型的建立。专业实践篇(第 5～9 章),主要从项目管理的角度出发,结合实际的工程详细介绍了 BIM 技术在项目准备阶段、设计阶段、施工阶段、运营维护阶段及各阶段的协同应用等方面的内容;通过本部分的学习,读者可以对 BIM 技术在项目管理中的应用有更深一步的理解。综合实训篇(第 10 章),提供了一个可以让读者进行实际操作的案例,作为读者的课后练习;读者可以通过案例实训将书中的各项应用点进行操作,达到教学与实践相结合的目的。

全书由武乾、冯弥担任主编,张勇、樊技飞、田卫、杨宝昆担任副主编,武乾负责最后统稿。编写工作由基础内容编写团队(负责第 1～4 章编写)和专业内容编写团队(负责第 5～10 章编写)完成。基础内容的编写前期由上海悉云建筑科技有限公司过俊主持编写,具体参与的还有上海悉云建筑科技有限公司王健、李硕、金尚臻,河南科技大学何杰,上海城建职业学院倪青,清华大学建筑设计研究院有限公司蔡梦娜、刘涛;后期的统稿和修改完善由南昌航空大学王婷主持,南昌航空大学肖莉萍配合做了大量工作;最后编写团队提供初稿,各分册主编结合教学需要进行了修改和调整并最终确定了前四章内容。参加专业内容编写的人员及具体分工如下:第 5 章由西安建筑科技大学武乾、崔瑞宏等编写;第 6 章由西安建筑科技大学武乾、王雅兰等编写;第 7 章由兰州理工大学樊技飞、西安建筑科技大学张强强等编写;第 8 章由兰州理工大学樊技飞、西安建筑科技大学张然然等编写;第 9 章由西安建筑科技大学张勇、刘岩等编写;第 10 章由西安建筑科技大学张勇、田卫、刘岩、王雅兰、张强强、崔瑞宏,云南云岭工程造价咨询事务所有限公司杨宝昆、邬劲松,陕西建工第五建设集团有限公司冯弥、梁保真、王建刚、张泽林等编写。全书主要由陕西建工第五建设集团有限公司、云南云岭工程造价咨询事务所有限公司提供了案例素材。

衷心感谢西安建筑科技大学李慧民教授对本书进行的严谨、细致审阅,并提出了宝贵的意见和建议。

本书的编写得到了国家自然科学基金面上项目"绿色节能导向的旧工业建筑功能转型机理研究"(批准号:51678479)和陕西省住房和城乡建设厅科技计划项目(计划管理项目)(201519)的支持。

在编写过程中,编写组得到了西安交通大学出版社与相关企业的大力支持;同时参考了许多专家和学者的有关研究成果和文献资料,在此表示衷心的感谢! 书中采用的相关实际 BIM 项目素材离不开众多建筑企业的帮助,故在此真诚地感谢云南云岭工程造价咨询事务所有限公司、陕西建工第五建设集团有限公司、甘肃中远恒道项目管理咨询有限责任公司、中冶建工集团有限公司等企业的支持,使得本书的内容更加生动鲜活,具有实际操作性。本书的顺利出版是大家共同努力的结果。

由于编者水平有限,书中难免有不当之处,衷心地期望各位读者批评指正。

编者

2017 年 4 月于西安

C目 录
Contents

专业实践篇

综合实训篇

"BIM 技术项目管理应用"①教学大纲

Teaching Syllabus for BIM Technology Application on PM

课程性质:学科基础课/专业必修课/专业选修课(具体参看相关专业人才培养方案确定)

先行、后续课程情况:

先行课:计算机基础、房屋建筑学、建筑制图与 CAD、工程项目管理等(具体课程名称以相关专业人才培养方案为准)

后续课:多专业联合毕业设计及综合训练

适用专业:土木工程、工程管理

学时学分:48 学时 3 学分

一、课程性质和任务

BIM 是建筑信息模型(Building Information Modeling)的简称。当前,B1M 技术正在推动着建筑程设计、建造、运维管理等多方面的变革,BIM 技术作为一种新的技术,有着越来越大的社会需求。为应对行业趋势和社会需求,将 BIM 技术引入教学计划十分必要和迫切,有助于提高人才素质,为建筑业新技术储备人才并引领行业进步。

本课程是工程类学生了解 BIM 在项目管理中的应用流程与相关技术的基础性课程。该课程以项目管理和 BIM 理论为指导,以理论知识、基本软件操作、BIM 在项目全生命周期中的应用和实际案例为主要内容,启用多种教学模式和教学手段,旨在令学生了解 BIM 在项目管理中的应用流程、应用内容、应用价值和相关软件操作。

二、课程教学目标

通过本课程的理论教学和实验(上机)训练,使学生具备下列能力:

1. 掌握 BIM 技术的基本知识,能够将其用于土木工程问题的建模和求解;
2. 掌握 Revit 系列软件的应用基础及模型创建;
3. 掌握 BIM 技术在项目管理中的应用流程、应用内容、应用价值。

三、课程教学内容

(一)BIM 概论及相关技术

BIM 相关概念及相关技术;BIM 发展历程及国内外 BIM 标准的概述。

(二)Revit 应用基础及模型创建

Revit 基本术语、操作命令的介绍;Revit 中项目准备,标高、轴网、墙体、门窗、楼板、幕墙、屋顶扶手、楼梯、墙、柱等构件的创建及编辑。

(三)BIM 应用实施

BIM 应用准备、项目 BIM 应用准则、项目 BIM 应用计划、BIM 信息交换内容和格式。

---

① 参考课程名。教学大纲具体内容根据各学校情况调整。

(四)BIM 技术在各个阶段的应用

BIM 技术在设计、施工、运营维护阶段的应用,包括重点应用技术及相关案例分析。

(五)项目管理中的 BIM 协同

BIM 协同理论概述、BIM 协同管理。

(六)案例实训

(七)上机操作

在理论知识的基础上增加实践性环节,以加深对 BIM 技术的理解,有利于对课程内容的消化吸收。实践内容主要包括:

1. Revit 操作基础;

2. BIM 模型建立。

课程重难点:

本教材结合大量工程案例对 BIM 技术在项目管理全过程的应用进行了介绍。BIM 技术的应用实施、在设计阶段和施工阶段的应用以及项目管理中的 BIM 协同属于教材的重点内容,其中 BIM 技术的施工应用分析、BIM 技术在四大目标(投资、进度、质量、安全)管理中的主要应用以及 BIM 技术的协同管理属于本教材的难点。

四、课程学时分配

课程学时分配表

序号	教 学 内 容	讲授	练习	小计	课外或综合实训	备注
1	BIM 概论	2		2(1)		基础通识
2	BIM 工具与相关技术	2		2(1)		
3	Revit 应用基础	2	2	2(2)		
4	Revit 模型的创建	6	10	18(12)		
5	BIM 应用实施	2	2	4(6)		专业应用
6	BIM 技术在设计阶段的应用	2	2	4(6)		
7	BIM 技术在施工阶段的应用	4	2	6(8)		
8	BIM 技术在运营维护阶段的应用	2	2	4(6)		
9	项目管理中的 BIM 协同	4	2	6(6)		
10	实训案例				16	综合实训
	总　计	26	22	48	16	

注:表中列出两种课时分配方案供教学参考,即:基础通识部分＋专业应用部分("24＋24"高职方案、"16＋32"应用型本科方案)。

五、课程成绩考核

本课程采取过程考核方式对学生学习成绩和学习能力进行评定。

成绩组成	考核/评价环节	分值
平时成绩	出勤	20％
	练习（作业）	20％
考试（测验）	综合测评	60％

六、参考教材及主要参考资料

（一）参考教材

1. 武乾,冯弥. BIM 模型项目管理应用[M]. 西安:西安交通大学出版社,2017.

（二）主要参考资料

1. 刘占省,赵雪峰. BIM 技术与施工项目管理[M]. 北京:中国电力出版社,2015.

2. 中国建设教育协会继续教育委员会. BIM 在施工项目管理中的应用[M]. 北京:中国建筑工业出版社,2016.

3. 金永超,张宇帆等. BIM 与建模[M]. 成都:西南交通大学出版社,2016.

4. BIM 工程技术人员专业技能培训用书编委会. BIM 技术概论[M]. 北京:中国建筑工业出版社,2016.

基础入门篇

第1章 BIM概论

教学导入

建筑信息模型(Building Information Modeling)是以建筑工程项目的各项相关信息数据作为模型的基础,进行建筑模型的建立,通过数字信息仿真模拟建筑物所具有的真实信息。本章在介绍 BIM 起源、定义的基础上,介绍了 BIM 的特点及主要应用价值,并展望了 BIM 良好的应用前景。

学习要点

- BIM 的基本概念
- BIM 的发展与应用
- BIM 技术相关标准

1.1 BIM 的基本概念

1.1.1 BIM 的来源与定义

1975 年,"BIM 之父"——乔治亚理工大学的 Chunk Eastman(查理·伊斯特曼)教授(见图 1-1)创建了 BIM 理念。至今,BIM 技术的研究经历了三大阶段:萌芽阶段、产生阶段和发展阶段。BIM 理念的启蒙,受到了 1973 年全球石油危机的影响,美国全行业需要考虑提高行业效益的问题,1975 年"BIM 之父"伊斯特曼教授在其研究的课题"Building Description System"中提出"a computer-based description of-a building",以便于实现建筑工程的可视化和量化分析,提高工程建设效率。

图 1-1 Chunk Eastman 教授

当前社会发展正朝集约经济转变,建设行业需要精益建造的时代已经来临。当前,BIM 已成为工程建设行业的一个热点,在政府部门相关政策指引和行业的大力推广下迅速普及。

BIM 是英文"Building Information Modeling"的缩写,国内比较统一的翻译是:建筑信息模型。BIM 是以建筑工程项目的各项相关信息数据作为模型的基础,进行建筑模型的建立,通过数字信息仿真模拟建筑物所具有的真实信息。BIM 在建筑的全生命周期内(见图 1-2),通过参数化建模来进行建筑模型的数字化和信息化管理,从而实现各个专业在设计、建造、运营维护阶段的协同工作。

国际智慧建造组织(building SMART International,简称 bSI)对 BIM 的定义包括以下三个层次:

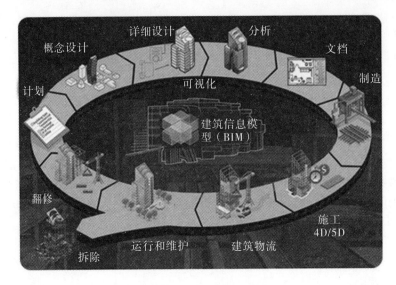

图1-2　建筑全生命周期

（1）第一个层次是"Building Information Model"，中文可称之为"建筑信息模型"，bSI对这一层次的解释为：建筑信息模型是一个工程项目物理特征和功能特性的数字化表达，可以作为该项目相关信息的共享知识资源，为项目全生命周期内的所有决策提供可靠的信息支持。

（2）第二个层次是"Building Information Modeling"，中文可称之为"建筑信息模型应用"，bSI对这一层次的解释为：建筑信息模型应用是创建和利用项目数据在其全生命周期内进行设计、施工和运营的业务过程，允许所有项目相关方通过不同技术平台之间的数据互用在同一时间利用相同的信息。

（3）第三个层次是"Building Information Management"，中文可称之为"建筑信息管理"，bSI对这一层次的解释为：建筑信息管理是指通过使用建筑信息模型内的信息支持项目全生命周期信息共享的业务流程组织和控制过程，建筑信息管理的效益包括集中和可视化沟通、更早进行多方案比较、可持续分析、高效设计、多专业集成、施工现场控制、竣工资料记录等。

不难理解，上述三个层次的含义互相之间是有递进关系的，也就是说，首先要有建筑信息模型，然后才能把模型应用到工程项目建设和运维过程中去，有了前面的模型和模型应用，建筑信息管理才会成为有源之水、有本之木。

1.1.2　BIM的特点

BIM具有可视化、协调性、模拟性、优化性和可出图性五大特点。

（1）可视化。可视化即"所见所得"的形式，对于建筑行业来说，可视化的真正运用在建筑业的作用是非常大的，例如经常拿到的施工图纸，只是各个构件的信息在图纸上采用线条的绘制表达，但是其真正的构造形式就需要建筑业参与人员去自行想象了。对于一般简单的东西来说，这种想象也未尝不可，但是近几年建筑业的建筑形式各异，复杂造型在不断推出，那么这种光靠人脑去想象的东西就未免有点不太现实了。所以BIM提供了可视化的思路，让人们将以往的线条式的构件形成一种三维的立体实物图形展示在人们的面前。建筑业也有设计方出效果图的事情,但是这种效果图是分包给专业的效果图制作团队进行识读设计制作出的线条式信息,并不是通过构件的信息自动生成的,缺少了同构件之间的互动性和反馈性,然而BIM提到的可视化是一种能够同构件之间形成互动性和反馈性的可视,在BIM建筑信息模型中,由于整个过程都是可视化的,所以可视化的结果不仅可以用于效果图的展示及报表的生成,更重要的是,项目设计、建造、运营过程中的沟通、讨论、决策都在可视化的状态下进行。

(2)协调性。协调性是建筑业中的重点内容,不管是施工单位还是业主及设计单位,无不在做着协调及相配合的工作。一旦项目在实施过程中遇到了问题,就要将各有关人士组织起来开协调会,找出问题发生的原因及解决办法,然后作出变更,或采取相应补救措施等,从而使问题得到解决。那么这个问题的协调真的就只能在问题出现后再进行协调吗? 在设计时,往往由于各专业设计师之间的沟通不到位,而出现各种专业之间的碰撞问题,例如暖通等专业中的管道在进行布置时,由于施工图纸是各自绘制在各自的施工图纸上的,真正施工过程中,可能在布置管线时正好在此处有结构设计的梁等构件在此妨碍着管线的布置,这种问题就是施工中常遇到的。像这样的碰撞问题的协调解决就只能在问题出现之后再进行解决吗? BIM的协调性服务就可以帮助处理这种问题,也就是说BIM可在建筑物建造前期对各专业的碰撞问题进行协调,生成协调数据,提供出来。当然BIM的协调作用也并不是只能解决各专业间的碰撞问题,它还可以解决如电梯井布置与其他设计布置及净空要求的协调、防火分区与其他设计布置的协调、地下排水布置与其他设计布置的协调等。

(3)模拟性。模拟性并不是只能模拟设计出建筑物模型,还可以模拟不能够在真实世界中进行操作的事物。在设计阶段,BIM可以对设计上需要进行模拟的一些东西进行模拟实验,例如:节能模拟、紧急疏散模拟、日照模拟、热能传导模拟等;在招投标和施工阶段可以进行4D模拟(三维模型加项目的发展时间),也就是根据施工的组织设计模拟实际施工,从而来确定合理的施工方案来指导施工。同时还可以进行5D模拟(基于3D模型的造价控制),从而来实现成本控制;后期运营阶段可以模拟日常紧急情况的处理方式,例如地震发生时人员逃生模拟及火警时消防人员疏散模拟等。

(4)优化性。事实上整个设计、施工、运营的过程就是一个不断优化的过程,当然优化和BIM也不存在实质性的必然联系,但在BIM的基础上可以做更好的优化、更好地做优化。优化受三样东西的制约:信息、复杂程度和时间。没有准确的信息做不出合理的优化结果,BIM模型提供了建筑物的实际存在的信息,包括几何信息、物理信息、规则信息,还提供了建筑物变化以后的实际状况。复杂程度高到一定程度,参与人员本身的能力无法掌握所有的信息,必须借助一定的科学技术和设备的帮助。现代建筑物的复杂程度大多超过参与人员本身的能力极限,BIM及与其配套的各种优化工具提供了对复杂项目进行优化的可能。基于BIM的优化可以做下面的工作:

①项目方案优化:把项目设计和投资回报分析结合起来,设计变化对投资回报的影响可以实时计算出来;这样业主对设计方案的选择就不会主要停留在对形状的评价上,而更多的可以使得业主知道哪种项目设计方案更有利于自身的需求。

②特殊项目的设计优化:例如裙楼、幕墙、屋顶、大空间到处可以看到异型设计,这些内容看起来占整个建筑的比例不大,但是占投资和工作量的比例和前者相比却往往要大得多,而且通常也是施工难度比较大和施工问题比较多的地方,对这些内容的设计施工方案进行

优化,可以带来显著的工期和造价改进。

(5)可出图性。运用 BIM 技术,可以进行建筑各专业平、立、剖、详图及一些构件加工的图纸输出。但 BIM 并不是为了出大家日常多见的设计院所出的这些设计图纸,而是通过对建筑物进行可视化展示、协调、模拟、优化以后,可以帮助建设方出如下图纸:综合管线图(经过碰撞检查和设计修改,消除了相应错误以后);综合结构留洞图(预埋套管图);碰撞检查侦错报告和建议改进方案。

1.1.3　BIM 技术的优势

BIM 所追求的是根据业主的需求,在建筑全生命周期之内,以最少的成本、最有效的方式得到性能最好的建筑。因此,在成本管理、进度控制及建筑质量优化方面,相比于传统建筑工程方式,BIM 技术有着非常明显的优势。

1. 成本

美国麦格劳—希尔建筑信息公司(McGraw-Hill Construction)指出,2013 年最有代表性的国家中,约有 75% 的承建商表示他们对 BIM 项目投资有正面回报率。可以说 BIM 对建筑行业带来的最直接的利益就是成本的减少。

不同于传统工程项目,BIM 项目需要项目各参与方从设计阶段开始紧密合作,并通过多方位的检查及性能模拟不断改善并优化建筑设计。同时,由于 BIM 本身具有的信息互联特性,可以在改善设计过程中确保数据的完整性与准确性。因此,可以大大减少施工阶段因图纸错误而需要设计变更的问题。47% 的 BIM 团队认为施工阶段图纸错误与遗漏的减少是最直接影响高投资回报的原因。

此外,BIM 技术对造价管理方面有着先天性优势。众所周知,价格是随经济市场的变动而变化的,价格的真实性取决于对市场信息的掌握。而 BIM 可以通过与互联网的连接,再根据模型所具有的几何特性,实时计算出工程造价。同时,由于所有计算都是由计算机自动完成,可以避免手动计算时所带来的失误。因此,项目参与方所获得的预算量非常贴近实际工程,控制成本更为方便。

对于全生命周期费用,因为 BIM 项目大部分决策是在项目前期由各方共同进行的,前期所需费用会比传统建筑工程有所增加。但是,在项目经过某一临界点之后,前期所做的努力会给整个项目带来巨大的利益,并且将持续到最后。

2. 进度

传统进度管理主要依靠人工操作来完成,项目参与方向进度管理人员提供、索取相关数据,并由进度管理员负责更新并发布后续信息。这种管理方式缺乏及时性与准确性,对于工期影响较大。

对于 BIM 项目,由于各参与方是在同一平台,利用同一模型完成项目,因此可以非常迅速地查询到项目进度,并制定后续工作。特别是在施工阶段,施工方可以通过 BIM 对施工进度进行模拟,以此优化施工组织方案,从而减少施工误差和返工,缩短施工工期。

3. 质量

建筑物的质量可以说是一切目标的前提,不能因为赶进度而忽视。建筑质量的保障不仅可以给业主及使用者带来舒适环境,还可以大幅降低运营费用、提高建筑使用效率,最终贡献于可持续发展。BIM 的信息化与协调化都是以最终建筑的高质量为首要目标,即通过最优化的设计、施工及运营方案展现出与设计理念相同的实际建筑。

设计阶段,设计师与工程师可通过 BIM 进行建筑仿真模拟,并根据结果提高建筑物性能。施工阶段的施工组织模拟,可以为施工方在实际施工前提出注意点,以防止出现缺陷。

当然,建得再好的建筑物,如果没有后期维护将很难保持其初期质量。运维阶段,通过 BIM 与物联网的合作,可以实时监控建筑物运行状态,以此为依据在最短时间内定位故障位置并进行维修。

4. 安全

BIM 与安全的结合使得项目安全管控上升一个新高度。在重大项目方案编制阶段已经运用 BIM 技术进行模拟施工,可以直观地了解到重大危险源的具体施工时间、进度、施工方式以及存在的安全隐患,有针对性地制定安全预防控制措施,确保重大危险源施工安全。同时在日常安全管理中,应用 BIM 模型可以全面地排查现场四口五临边的位置及大小,对照模型检查现场防止缺漏保障防护安全。同时依据 BIM 中的施工时间可以及时安排防护设备的进场和搭设等,确保防护及时到位。

5. 环保

BIM 在实现绿色设计、可持续设计方面有着天然的技术优势,BIM 可用于分析包括影响绿色条件的采光、能源效率和可持续性材料等建筑性能的方方面面;可分析、实现最低的能耗,并借助通风、采光、气流组织以及视觉对人心理感受的控制等,实现节能环保;采用 BIM 理念,还可在项目方案完成的同时计算日照、模拟风环境,为建筑设计的"绿色探索"注入高科技力量。

1.2 BIM 的发展与应用

1.2.1 AEC 行业的发展历程

AEC 为"Architecture Engineering and Construction"的缩略词,即建筑、工程与施工。从人类开始建造房屋起到现在,随着技术发展与管理需求,AEC 行业迎来了多次翻天覆地的变化。与根据时代背景而频繁出现不同建筑思想与建筑技术相反,建筑流程只有过三种不同形式。

在古代社会,建筑设计与施工的分化并不像现在如此明确,两项均由一名建筑师或工匠所负责。建筑师会根据自己所在地区自然条件与生活习惯等进行设计与施工。即便项目非常复杂,建筑相关所有信息均出自建筑师一人的头脑。因科技水平的限制,建筑师或工匠较少采用设计图纸,大多数情况下设计与施工是在现场同步实施的。

第一次重要变化出现在文艺复兴时期。这期间设计与施工逐渐分离,建筑师脱离现场手工制作,专门从事建筑艺术创作,而后期施工则由专门工匠负责。在这个分离过程中,建筑过程及建筑工具都发生了根本性改变。建筑师需要把自己的设计概念完整地灌输到工匠脑中,因此设计图纸变得尤为重要,并且成为了最重要的施工依据。同时随着造纸技术的发展,图纸在整个建筑业运用的非常频繁。而这也衍生出了除设计与施工以外的交付过程。之后随着科技的发展,建筑运用了大量的机电设备,同时也分化出多个专业,如暖通、给排水、电气等。可是对于建筑过程的变化则少之又少。这时还是以手绘图纸为基础,设计师进行设计并交到施工方手中进行施工。

直到 1980 年以后,个人计算机的普及对 AEC 行业带来了又一波巨大的冲击,其主要以

CAD(Computer Aided Design,计算机辅助设计)为主。第一台电子计算机早在1946年就被制造成功,而CAD也诞生于20世纪60年代。可是由于当时硬件设施昂贵,只有一些从事汽车、航空等领域的公司自行开发使用。之后随着计算机价格的降低,CAD得以迅速发展,AEC行业也开始经历信息化浪潮。计算机代替手工作业带来的不仅是设计工具的升级,细节与效率上的提升同样非常显著。比如利用CAD修改设计不再容易出现错误,对图作业也不需要传统对图方式,传递设计文件更加方便。虽然此次改变对建筑工具带来根本性改变,可是对于整个建筑过程,与之前形式相差无几。建筑师设计方案敲定之后由多专业工程师依次进行后续设计,最后交付到施工团队。由于各团队间协调配合工作不够完善,在后期施工期间,依然有大量问题出现。

在这种背景下,随着项目复杂度的提升,对于整个工程项目全程协调与管理的重要性也同样逐渐提高。1975年,查理·伊斯特曼博士在《AIA杂志》上发表一个叫建筑描述系统(Building Description System)的工作原型,被认为是最早提及BIM概念的一份文献。在随后的30年时间中,BIM概念一再被提起并由许多专家进行研究,但由于技术所限还是只停留于概念与方法论研究层面上。直到21世纪初,在计算机与IT技术长足发展的前提下,应AEC市场需求,欧特克(Autodesk)在2002年将"Building Information Modeling"这个术语展现到世人面前并推广。而BIM的出现,也正逐渐带来第三次建筑流程改变。

1.2.2 BIM在国外的发展路径与相关政策

1. 美国

美国作为最早启动BIM研究的国家之一,其技术与应用都走在世界前列。与世界其他国家相比,美国从政府到公立大学,不同级别的国营机关都在积极推动BIM的应用并制定了各自目标及计划。

早在2003年,美国总务管理局(General Services Administration,GSA)通过其下属的公共建筑服务部(Public Building Service,PBS)设计管理处(Office of Chief Architect,OCA)创立并推进3D-4D-BIM计划,致力于将此计划提升为美国BIM应用政策。从创立到现在,GSA在美国各地已经协助200个以上项目实施BIM,项目总费用高达120亿美元。以下为3D-4D-BIM计划具体细节:

①制订3D-4D-BIM计划;

②向实施3D-4D-BIM计划的项目提供专家支持与评价;

③制定对使用3D-4D-BIM计划的项目补贴政策;

④开发对应3D-4D-BIM计划的招标语言(供GSA内部使用);

⑤与BIM公司、BIM协会、开放性标准团体及学术/研究机关合作;

⑥制定美国总务管理局BIM工具包;

⑦制作BIM门户网站与BIM论坛。

2006年,美国陆军工程师兵团(United States Army Corps of Engineers,USACE)发布为期15年的BIM发展规划(A Road Map for Implementation to Support MILCON Transformation and Civil Works Projects within the United States Army Corps of Engineers),声明在BIM领域成为一个领导者,并制定六项BIM应用的具体目标。之后在2012年,声明对USACE所承担的军用建筑项目强制使用BIM。此外,他们向一所开发CAD与BIM技术的研究中心提供资金帮助,并在美国国防部(United States Department of Defense,DoD)内部

进行 BIM 培训。同时美国退伍军人部也发表声明称,从 2009 年开始,其所承担的所有新建与改造项目全部将采用 BIM。

美国建筑科学研究所(National Institute of Building Sciences,NIBS)建立 NBIMS - USTM 项目委员会,以开发国家 BIM 标准,并研究大学课程添加 BIM 的可行性。2014 年初,NIBS 在新成立的建筑科学在线教育上发布了第一个 BIM 课程,取名为 COBie 简介(The Introduction to COBie)。

除上述国家政府机构以外,各州政府机构与国立大学也相继建立 BIM 应用计划。例如,2009 年 7 月,威斯康星州对设计公司要求 500 万美元以上的项目与 250 万美元以上的新建项目一律使用 BIM。

2. 英国

英国是由政府主导,与英国政府建设局(UK Government Construction Client Group)在 2011 年 3 月共同发布推行 BIM 战略报告书(Building Information Modeling Working Party Strategy Paper),同时在 2011 年 5 月由英国内阁办公室发布的政府建设战略(Government Construction Strategy)中正式包含 BIM 的推行。此政策分为 Push 与 Pull,由建筑业(Industry Push)与政府(Client Pull)为主导发展。

Push 的主要内容为:由建筑业主导建立 BIM 文化、技术与流程;通过实际项目建立 BIM 数据库;加大 BIM 培训机会。

Pull 的主要内容为:政府站在客户的立场,为使用 BIM 的业主及项目提供资金上的补助;当项目使用 BIM 时,鼓励将重点放在收集可以持续沿用的 BIM 情报,以促进 BIM 的推行。

英国政府表明从 2011 年开始,对所有公共建筑项目强制性使用 BIM。同时为了实现上述目标,英国政府专门成立 BIM 任务小组(BIM Task Group)主导一系列 BIM 简介会,并且为了提供 BIM 培训项目初期情报,发布 BIM 学习构架。2013 年末,BIM 任务小组发布一份关于 COBie 要求的报告,以处理基础设施项目信息交换问题。

3. 芬兰

对于 BIM 的采用,全世界没有其他国家可以赶得上芬兰。作为芬兰财务部(The Finnish Ministry of Finance)旗下最大的国有企业,国有地产服务公司(Senate Properties)早在 2007 年就要求在自己的项目中使用 IFC/BIM。

4. 挪威

挪威政府在 2010 年发布声明将致力发展 BIM。随后众多公共机关开始着手实施 BIM。例如,挪威国防产业部(The Norwegian Defense Estates Agency)开始实施三个 BIM 试点项目。作为公共管理公司和挪威政府主要顾问,Statsbygg 要求所有新建建筑使用可以兼容 IFC 标准的 BIM。为了推广 BIM 的采用,Statsbygg 主要对建筑效率、室内导航、基于地理的模拟与能耗计算等 BIM 应用展开研发项目。

5. 丹麦

丹麦政府为了向政府项目提供 BIM 情报通信技术,在 2007 年着手实施数字化建设项目(the Digital Construction Project)。通过此项目开发出的 BIM 要求事项在随后由政府客户,如皇家地产公司(the Palaces & Properties Agency)、国防建设服务公司(the Defense Construction Service),相继使用。

6. 瑞典

虽然 BIM 在瑞典国内建筑业已被采用多年,可是瑞典政府直到 2013 年才由瑞典交通部(Swedish Transportation Administration)发表声明使用 BIM 之后开始推行。瑞典交通部同时声明从 2015 年开始,对所有投资项目强制使用 BIM。

7. 澳大利亚

2012 年澳大利亚政府通过发布国家 BIM 行动方案(National BIM Initiative)报告制定多项 BIM 应用目标。这份报告由澳大利亚 building SMART 协会主导并由建筑环境创新委员会(Built Environment Industry Innovation Council,BEIIC)授权发布。此方案主要提出如下观点:2016 年 7 月 1 日起,所有的政府采购项目强制性使用全三维协同 BIM 技术;鼓励澳大利亚州及地区政府采用全三维协同 Open BIM 技术;实施国家 BIM 行动方案。

澳大利亚本地建筑业协会同样积极参与 BIM 推广。例如,机电承包协会(Air Conditioning & Mechanical Contractors' Association,AMCA)发布 BIM - MEP 行动方案,促进推广澳大利亚建筑设备领域应用 BIM 与整合式项目交付(Integrated Project Delivery,IPD)技术。

8. 新加坡

早在 1995 年,新加坡启动房地产建造网络(Construction Real Estate NETwork,CORENET)以推广及要求 AEC 行业 IT 与 BIM 的应用。之后,建设局(Building and Construction Authority,BCA)等新加坡政府机构开始使用以 BIM 与 IFC 为基础的网络提交系统(e-submission system)。在 2010 年,新加坡建设局发布 BIM 发展策略,要求在 2015 年建筑面积大于五千平方米的新建建筑项目中,BIM 和网络提交系统使用率达到 80%。同时,新加坡政府希望在后 10 年内,利用 BIM 技术为建筑业的生产力带来 25% 的性能提升。2010 年,新加坡建设局建立建设 IT 中心(Center for Construction IT,CCIT)以帮助顾问及建设公司开始使用 BIM,并在 2011 年开发多个试点项目。同时,建设局建立 BIM 基金以鼓励更多的公司将 BIM 应用到实际项目上,并多次在全球或全国范围内举办 BIM 竞赛大会以鼓励 BIM 创新。

9. 日本

2010 年,日本国土交通省声明对政府新建与改造项目的 BIM 试点计划,此为日本政府首次公布采用 BIM 技术。

除开日本政府机构,一些行业协会也开始将注意力放到 BIM 应用。2010 年,日本建设业联合会(Japan Federation of Construction Contractors,JFCC)在其建筑施工委员会(Building Construction Committee)旗下建立了 BIM 专业组,通过标准化 BIM 的规范与使用方法提高施工阶段 BIM 所带来的利益。

10. 韩国

2012 年 1 月,韩国国土海洋部(Korean Ministry of Land,Transport & Maritime Affairs,MLTM)发布 BIM 应用发展策略,表明 2012 年到 2015 年间对重要项目实施四维 BIM 应用并从 2016 年起对所有公共建筑项目使用 BIM。另一个国家机构韩国公共采购服务中心(Public Procurement Service,PPS)在 2011 年发布 BIM 计划,并计划在 2013 年到 2015 年间对总承包费用大于 5000 万美元的项目使用 BIM,并从 2016 年起对所有政府项目强制性应用 BIM 技术。

在韩国,以国土海洋部为首的许多政府机构参与 BIM 研发项目。从 2009 年起,国土海洋部就持续向多个研发项目进行资金补助,包括名为 SEUMTER 的建筑许可系统以及一些基于 Open BIM 的研发项目,如超高层建筑项目的 Open BIM 信息环境技术(Open BIM Information Environment Technology for the Super-tall Buildings Project)、建立可提高设计生产力的基于 Open BIM 的建筑设计环境(Establishment of Open BIM based Building Design Environment for Improving Design Productivity)。同样,韩国公共采购服务中心在 2011 年对造价管理咨询(Cost Management Consulting)研发项目提供资金支持。

1.2.3　BIM 在国内的发展路径与相关政策

2011 年,中华人民共和国住房城乡建设部发布《2011—2015 年建筑业信息化发展纲要》,声明在"十二五"期间,基本实现建筑企业信息系统的普及应用,加快建筑信息模型、基于网络的协同工作等新技术在工程中的应用,推动信息化标准建设,促进具有自主知识产权软件的产业化,形成一批信息技术应用达到国际先进水平的建筑企业。这一年被业界普遍认为是中国的 BIM 元年。

2016 年,中华人民共和国住房城乡建设部发布《2016—2020 年建筑业信息化发展纲要》,声明全面提高建筑业信息化水平,着力增强 BIM、大数据、智能化、移动通信、云计算、物联网等信息技术集成应用能力,建筑业数字化、网络化、智能化取得突破性进展,初步建成一体化行业监管和服务平台,数据资源利用水平和信息服务能力明显提升,形成一批具有较强信息技术创新能力和信息化应用达到国际先进水平的建筑企业及具有关键自主知识产权的建筑业信息技术企业。

此外,中华人民共和国住房城乡建设部在 2013 年到 2016 年期间,先后发布若干 BIM 相关指导意见:

①2016 年以前政府投资的 2 万平方米以上大型公共建筑以及省报绿色建筑项目的设计、施工采用 BIM 技术。

②截至 2020 年,完善 BIM 技术应用标准、实施指南,形成 BIM 技术应用标准和政策体系;在有关奖项,如全国优秀工程勘察设计奖、鲁班奖(国际优质工程奖)及各行业、各地区勘察设计奖和工程质量最高的评审中,设计应用 BIM 技术的条件。

③推进建筑信息模型(BIM)等信息技术在工程设计、施工和运行维护全过程的应用,提高综合效益,推广建筑工程减隔震技术,探索开展白图代替蓝图、数字化审图等工作。

④到 2020 年末,建筑行业甲级勘察、设计单位以及特级、一级房屋建筑工程施工企业应掌握并实现 BIM 与企业管理系统和其他信息技术的一体化集成应用。

⑤到 2020 年末,以下新立项项目勘察设计、施工、运营维护中,集成应用 BIM 的项目比率达到 90%:以国有资金投资为主的大中型建筑;申报绿色建筑的公共建筑和绿色生态示范小区。

同时,随着 BIM 发展进步,各地方政府按照国家规划指导意见也陆续发布地方 BIM 相关政策,鼓励当地工程建设企业全面学习并使用 BIM 技术,促进企业、行业转型升级,以适应社会发展的需要。

1.2.4　BIM 的应用

BIM 发展至今,已经从单点和局部的应用发展到集成应用,同时也从阶段性应用发展到了项目全生命周期应用。

1. 规划阶段 BIM 应用

（1）模拟复杂场地分析。随着城市建筑用地的日益紧张，城市周边山体用地将日益成为今后建筑项目、旅游项目等开发的主要资源，而山体地形的复杂性，又势必给开发商们带来选址难、规划难、设计难、施工难等问题。但如能通过计算机，直观地再现及分析地形的三维数据，则将节省大量时间和费用。借助 BIM 技术，通过原始地形等高线数据，建立起三维地形模型，并加以高程分析、坡度分析、放坡填挖方处理，从而为后续规划设计工作奠定基础。比如，通过软件分析得到地形的坡度数据，以不同跨度分析地形每一处的坡度，并以不同颜色区分，则可直观看出哪些地方比较平坦，哪些地方陡峭。进而为开发选址提供有力依据，也避免过度填挖土方，造成无端浪费。

（2）进行可视化能耗分析。从 BIM 技术层面而言，可进行日照模拟、二氧化碳排放计算、自然通风和混合系统情境仿真、环境流体力学情境模拟等多项测试比对，也可将规划建设的建筑物置于现有建筑环境当中，进行分析论证，讨论在新建筑增加情况下各项环境指标的变化，从而在众多方案中优选出更节能、更绿色、更生态、更适合人居的最佳方案。

（3）进行前期规划方案比选与优化。通过 BIM 三维可视化分析，也可对于运营、交通、消防等其他各方面规划方案，进行比选、论证，从中选择最佳结果。亦即，利用直观的 BIM 三维参数模型，让业主、设计方（甚至施工方）尽早地参与项目讨论与决策，这将大大提高沟通效率，减少不同人因对图纸理解不同而造成的信息损失及沟通成本。

2. 设计阶段 BIM 应用

从 BIM 的发展可以看到，BIM 最开始的应用就是在设计阶段，然后再扩展到建筑工程的其他阶段。BIM 在方案设计、初步设计、施工图设计的各个阶段均有广泛的应用，尤其是在施工图设计阶段的冲突检测及三维管线综合以及施工图出图方面。

（1）可视化功能有效支持设计方案比选。在方案设计和初步分析阶段，利用具有三维可视化功能的 BIM 设计软件，一方面设计师可以快速通过三维几何模型的方式直接表达设计灵感，直接就外观、功能、性能等多方面进行讨论，形成多个设计方案，进行一一比选，最终确定出最优方案。另一方面，在业主进行方案确认时，协助业主针对一些设计构想、设计亮点、复杂节点等通过三维可视化手段予以直观表达或展现，以便了解技术的可行性、建成的效果，以及便于专业之间的沟通协调，及时作出方案的调整。

（2）可分析性功能有效支持设计分析和模拟。确定项目的初步设计方案后，需要进行详细的建筑性能分析和模拟，再根据分析结果进行设计调整。BIM 三维设计软件可以导出多种格式的文件与基于 BIM 技术的分析软件和模拟软件无缝对接，进行建筑性能分析。这类分析与模拟软件包括日照分析、光污染分析、噪声分析、温度分析、安全疏散模拟、垂直交通模拟等，能够对设计方案进行全性能的分析，只要简单地输入 BIM 模型，就可以提供数字化的可视分析图，对提高设计质量有很大的帮助。

（3）集成管理平台有效支持施工图的优化。BIM 技术将传统的二维设计图纸转变为三维模型并整合集成到同一个操作平台中，在该平台通过链接或者复制功能融合所有专业模型，直观地暴露各专业图纸本身问题以及相互之间的碰撞问题。使用局部三维视图、剖面视图等功能进行修改调整，提高了各专业设计师及负责人之间的沟通效率，在深化设计阶段解决大量设计不合理问题、管线碰撞问题，空间得到最优化，最大限度地提高施工图纸的质量，减少后期图纸变更数量。

（4）参数化协同功能有效支持施工图的绘制。在设计出图阶段，方案的反复修改时常发生，某一专业的设计方案发生修改，其他专业也必须考虑协调问题。基于 BIM 的设计平台所有的视图中（剖面图、三维轴测图、平面图、立面图）构件和标注都是相互关联的，设计过程中只要在某一视图进行修改，其他视图构件和标注也会跟着修改，如图 1-3 所示。不仅如此，施工图纸在 BIM 模型中也是自动生成的，这让设计人员对图纸的绘制、修改的时间大大减少。

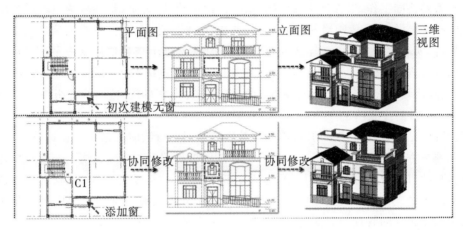

图 1-3　一处修改处处更新（关联修正）

3. 施工阶段 BIM 应用

施工阶段是项目由虚到实的过程，在此阶段施工单位关注的是在满足项目质量的前提下，运用高效的施工管理手段，对项目目标进行精确的把控，确保工程按时保质保量完成。而 BIM 在进度控制与管理、工程量的精确统计等方面均能发挥巨大的作用。

（1）BIM 为进度管理与控制提供可视化解决方法。施工计划的编制是一个动态且复杂的过程，通过将 BIM 模型与施工进度计划相关联，可以形成 BIM 4D 模型，通过在 4D 模型中输入实际进度，则可实现进度实际值与计划值的比较，提前预警可能出现的进度拖延情况，实现真正意义上的施工进度动态管理。不仅如此，在资源管理方面，以工期为媒介，可快速查看施工期间劳动力、材料的供应情况、机械运转负荷情况，提早预防资源用量高峰和资源滞留的情况发生，做到及时把控，及时调整，及时预案，从而防止出现进度拖延。

（2）BIM 为施工质量控制和管理提供技术支持。工程项目施工中对复杂节点和关键工序的控制是保证施工质量的关键，4D 模拟不但可以模拟整个项目的施工进度，还可以对复杂技术方案的施工过程和关键工艺及工序进行模拟，实现施工方案可视化交底，避免由语言文字和二维图纸交底引起的理解分歧和信息错漏等问题，提高建筑信息的交流层次并且使各参与方之间沟通方便，为施工过程各环节的质量控制提供新的技术支持。另外，通过 BIM 与物联网技术可以实现对整个施工现场的动态跟踪和数据采集，在施工过程中对物料进行全过程的跟踪管理，记录构件与设备施工的实时状态与质量检测情况，管理人员及时对质量情况进行分析和处理，BIM 为大型建设项目的质量管理开创新途径和新方法提供了有力的支持。

（3）BIM 为施工成本控制提供有效数据。对施工单位而言，具体工程实量、具体材料用量是工程预算、材料采购、下料控制、计量支付和工程结算的依据,是涉及项目成本控制的重要数据。BIM 模型中构件的信息是可运算的,且每个构件具有独特的编码,通过计算机可自动识别、统计构件数量,再结合实体扣减规则,实现工程实量的计算。在施工过程中结合 BIM 资源管理软件,从不同时间段、不同楼层、不同分部分项工程,对工程实量进行计算和统计,根据这些数据从材料采购、下料控制、计量支付和工程结算等不同的角度对施工项目的成本进行跟踪把控,使建筑施工的成本得到有效控制。

(4)BIM 为协同管理工作提供平台服务。施工过程中,不同参与方、不同专业、不同部门岗位之间需要协同工作,以保证沟通顺畅,信息传达正确,行为协调一致,避免事后扯皮和返工是非常有必要的。利用 BIM 模型可视化、参数化、关联化等特性,将模型信息集成到同一个软件平台,实现信息共享。施工各参与方均在 BIM 基础上搭建协同工作平台,以 BIM 模型为基础进行沟通协调,在图纸会审方面,能在施工前期解决图纸问题;在施工现场管理方面,实时跟踪现场情况;在施工组织协调方面,提高各专业间的配合度,合理组织工作。

4. 运维阶段 BIM 应用

运营阶段是项目投入使用的阶段,在建筑生命周期中持续时间最长。在运营阶段中,设施运营和维护方面耗费的成本不容小觑。BIM 能够提供关于建筑项目协调一致和可计算的信息,该信息可以共享和重复使用。通过建立基于 BIM 的运维管理系统,业主和运营商可大大降低由于缺乏操作性而导致的成本损失。目前 BIM 在设施维护中的应用主要在设备运行管理和建筑空间管理两方面。

(1)建筑设备智能化管理。利用基于 BIM 的运维管理系统,能够实现在模型中快速查找设备相关信息,例如:生产厂商、使用期限、责任人联系方式、使用说明等信息,通过对设备周期的预警管理,可以有效防止事故的发生,利用终端设备、二维码和 RFID 技术,迅速对发生故障设备进行检修,如图 1-4 所示。

图 1-4 设备运维系统

(2)建筑空间智能化管理。对于大型商业地产项目而言,业主可以通过 BIM 模型直观地查看每个建筑空间上的租户信息,如租户的名称、建筑面积、租金情况,还可以实现租户各种信息的提醒功能。同时还可以根据租户信息的变化,随时进行数据的调整和更新。

1.3 BIM 技术相关标准

1.3.1 BIM 标准概述

BIM 作为一个建筑工程领域全新的概念,目前被多数国家采用并推广,而各国政府在 BIM 的采用与推广过程中起到了主导性作用。各国政府先后建立 BIM 研究机构或者与其他公共机构合作,制定符合各国需求的国家 BIM 标准指南,并随着研发进度相继优化更新已出的条款。同时,各国大学与地方政府在政府大力支持下,各自研究推广地区 BIM 标准。

1.3.2 国外 BIM 标准

1. 美国

到 2015 年为止,美国各公共机构前后发布 47 份 BIM 标准与指南,其中 17 份来自政府机构,30 份来自非营利机构。其中大部分标准都包含项目实施计划(Project Execution Plan)、建模方法论(Modeling Methodology)与构件表达方式及数据组织(Component Presentation Style and Data Organization)。而最大的差异来自于细节程度(Level of Details),大约有一半的标准并未提供模型在各阶段所需要的精度指标。

47 份 BIM 标准与指南中有 24 份是由国家级组织机构主导发布。

GSA 为了支持 3D-4D-BIM 计划推广,先后发布 8 本 BIM 指南系列。分别为:

①第一册:3D-4D-BIM 简介(3D-4D-BIM Overview)。介绍 BIM 技术,尤其是 GSA 的 3D-4D-BIM 如何运用在建筑工程项目中,主要对象是 BIM 入门用户。

②第二册:检验空间规划(Spatial Program Validation)。介绍 BIM 如何用于设计并检验复核 GSA 要求的空间规划。

③第三册:三维激光扫描(3D Laser Scanning)。为三维成像与评价标准提供指南。

④第四册:四维工程计划(4D Phasing)。定义四维工程计划范围,并提供技术指南。

⑤第五册:能源效率(Energy Performance)。介绍项目各阶段能耗模拟重要性及模拟流程。

⑥第六册:人流与保安验证(Circulation and Security Validation)。介绍 BIM 如何用于设计决策,以保障满足相应要求。

⑦第七册:建筑因素(Building Element)。介绍不同构架的建筑信息,并为信息的建立、修改与维护提供指导意见。

⑧第八册:设施管理(Facility Management)。为设施管理提供 BIM 应用指南,并规定 BIM 模型需满足的最低技术要求。

美国建筑科学研究院在 2007 年与 2012 年相继发布美国 BIM 标准(National Building Information Modeling Standard)第一版与第二版,而在 2015 年末,发布此标准第三版。第三版包含从规划到设计、施工及运营的建筑全生命周期中的 BIM 标准。

美国建筑师协会(American Institute of Architects,AIA)在 2008 年发布《E202TM—2008 建筑信息模型展示协议》(E202TM-2008 Building Information Modeling Protocol Exhibit),制定五类开发等级(Levels of Development)与相应 BIM 应用要求。

2. 英国

为了实现英国政府 2016 年开始在政府项目中全面使用 BIM 的目标,建设委员会(Construction Industry Council,CIC)与 BIM 任务小组合作推出多项 BIM 标准。在 BIM 任务小组的主导与技术支持下,建设委员会在 2013 年发布两项 BIM 标准:BIM 协议(BIM Protocol V1)与使用 BIM 过程中专业赔偿保险实践指南(Best Practice Guide for Professional Indemnity Insurance When Using BIMs V1)。前者确定项目团队在所有建设合同中所需达到的 BIM 要求,后者对 BIM 项目中所能遇到的专业赔偿保险的主要风险进行了概述。

同时,许多英国本地非营利机构,如英国标准机构(British Standards Institution,BSI)与 AEC-UK 委员会(the AEC-UK Committee),也发布了各自 BIM 标准。英国标准机构 B/555 委员会(BSI B/555 Committee)从 2007 年起,为建筑业全生命周期信息的数字化定义与交换出台多项标准。例如,PAS 1192-2:2013 说明信息管理流程以支持交付阶段的二等级 BIM(BIM Level 2);PAS 1192-3:2014 则将重点放在运营阶段中的资产。AEC-UK 委员会在 2009 年与 2012 年先后发布首版 BIM 标准(BIM Standard)与第二版 BIM 协议(BIM Protocol Version 2.0)。从 2012 年开始,AEC-UK 委员会将 BIM 协议扩展到各软件平台,包括 Autodesk Revit、Bentley AECOsim Building Designer 与 Grphisoft ArchiCAD。

3. 芬兰

芬兰国有地产服务公司在建设公司、咨询公司等多家企业的协助支持下,在 2012 年发布全新 BIM 指南(The Common BIM Requirements 2012 V1.0)。这本指南包含由多家经验丰富的企业与组织提供的 13 个要求事项,因此其实用性非常高。同年芬兰混凝土协会发表制作混凝土结构物的 BIM 指南。

4. 挪威

到 2013 年为止,挪威政府与非营利机构共发布 6 项 BIM 标准。为了准确说明兼容 IFC 标准的 BIM,Statsbygg 在 2008 年到 2013 年先后发布四个版本的 BIM 标准(Statsbygg Building Information Modeling Manual)。作为政府主导开发的标准,挪威政府项目将强制性应用该标准,同时它还适用于挪威所有建筑工程项目。挪威住建协会(Norwegian Home Builders' Association)也在 2011 年与 2012 年发布第一版与第二版的 BIM 标准,主要对常用软件工具进行了介绍,并对能耗模拟、造价计算、通风与屋架等四个部分进行了详细的说明。

5. 丹麦

2007 年,国家企业建设局(the National Agency for Enterprise and Construction)发布四种 3D CAD/BIM 应用指南,分别为 3D CAD Manual 2006、3D Working Method 2006、3D CAD Project Agreement 2006 与 Layer and Object Structure 2006。

6. 瑞典

瑞典非营利机构瑞典标准协会(Swedish Standards Institute,SSI)在 2009 年发布施工与设施管理的数字化交付(Digital Deliverables for Construction and Facilities Management)。由于此标准仅为管理指南,缺乏具体方法与案例,因此 2009 年 OpenBIM 机构(OpenBIM Organization)在瑞典成立并建立当地 BIM 标准。

7. 澳大利亚

2009 年,澳大利亚合作研究中心(Cooperative Research Centre,CRC)建筑创新部发布国家信息模型指南(National Guidelines for Digital Modeling)以推广 BIM 技术在本国建筑与施工行业的应用。指南对模型的建造、开发、模拟及性能评测进行了详细的讲解。2011年,由澳大利亚政府资助的非营利机构,建筑信息系统公司(Construction Information Systems Limited)发布 BIM 指南,并取名为 NATSPEC 国家 BIM 指南(NATSPEC National BIM Guide),指南包含 BIM 优势、建模方法论、展现方式与交付要求。一年之后,该机构再次发布一个辅助文档"BIM 项目管理计划模板"(Project BIM Management Plan Template)。

8. 新加坡

作为全球发展 BIM 最前卫的国家之一,新加坡已出台 12 项 BIM 标准。大部分标准都对建模方法论与构件表达方式及数据组织进行了详细的解释,可是有一部分标准并未提起项目规划实施计划与细节程度。唯有建设部发布的 BIM 指南(BIM Guide)含有上述四个因素。

9. 日本

相比于其他发达国家,日本在 BIM 标准开发进度上相对较慢。直到 2012 年,日本建筑师协会(Japan Institute of Architects,JIA)发布 BIM 标准指南,此标准对建筑师提供了 BIM 的流程化与交付要求。

10. 韩国

到目前为止,韩国国土海洋部、韩国公共采购服务中心、韩国建设交通技术评价机构及韩国建设技术研究院先后发布 6 个 BIM 标准。

2009 年,韩国建筑 BIM 标准(National Architectural BIM Guide)项目在国土海洋部出资主导下,由韩国 buildingSMART 协会与庆熙大学(Kyung Hee University)合作开发。此标准含三个指南:BIM 工作指南、技术指南与管理指南。

韩国公共采购服务中心从 2010 年开始也主持建立 BIM 指南,由韩国 buildingSMART 协会、庆熙大学及熙林建筑事务所(Heerim Architecture)共同开发,已推出建筑 BIM 指南(PPS Guideline V1:Architectural BIM Guide)与基于 BIM 的造价管理指南(PPS Guideline V2:BIM based Cost Management Guide)。

1.3.3 国内 BIM 标准

1. 国家级

中华人民共和国住房城乡建设部在 2011 年声明"十二五"期间大力发展 BIM 之后不久,在 2012 年批准了 5 个关于建筑工程的 BIM 国家标准编制。5 个标准为:《建筑工程信息模型应用统一标准》《建筑工程信息模型储存标准》《建筑工程信息模型分类和编码标准》《建筑工程设计信息模型交付标准》《建筑工程施工信息模型应用标准》。其中《建筑工程模型应用统一标准》(GB/T 51212—2016)正式发布,自 2017 年 7 月 1 日起实施。

2. 行业级

为规范建筑工程设计信息模型的表达方式,协调建筑工程各参与方识别建筑工程设计信息,2014 年成立了《建筑工程设计信息模型制图标准》编委会,经历了两年的行业探索与研究,在 2016 年编委会决定将《制图标准》更名为《表达标准》,贴近模型实际,更适用于建筑工程设计和建造过程中建筑工程设计信息模型的建立、传递和使用,各专业之间的协同,工程设计各参与方的协作等过程。建筑装饰行业工程建设标准已制定并颁布,《建筑装饰装修工程 BIM 实施标准》(T/CBDA-3—2016)自 2016 年 12 月 1 日起实施。

3. 地方级

各直辖市与各省政府陆续推出地方 BIM 标准供建筑工程单位使用。

(1)北京市:2014 年由北京市质量技术监督局与北京市规划委员会共同发布《民用建筑信息模型设计标准》,此标准涉及 BIM 的资源要求、模型深度要求、交付要求等 BIM 应用过程中所需的基本内容。

(2)上海市:2015 年由上海市城乡建设管理委员会发布《上海市建筑信息模型技术应用指南》。此指南在国家 BIM 标准基础上,针对上海地区建筑工程项目的特点,建立了相应技术标准,并界定各项目参与方权利与义务。上海专项行业标准也在积极制定中。

(3)深圳市:2015 年由深圳市建筑工务署发布《BIM 实施管理标准》。此标准对深圳市新建、改建、扩建项目在应用 BIM 时所需满足的职责、交付、协同等提出要求。

(4)香港特区:香港房屋委员会在 2009 年发布了香港首个 BIM 标准并推广到整个建筑工程行业,此标准包含 BIM 标准(BIM Standard)、用户指南(User Guide)、构件设计指南(Library Component Design Guide)和参考文献(Reference)。2013 年,香港建设部(Construction Industry Council,CIC)建立了一个 BIM 工作小组并指定由该组织开发 BIM 标准,最终在 2015 年初出版。

(5)浙江省:2016 年由浙江省住房和城乡建设厅发布《浙江省建筑信息模型(BIM)技术应用导则》,针对 BIM 实施的组织管理与 BIM 技术应用点提出了相应的要求。

第 2 章　BIM 工具与相关技术

教学导入

　　工欲善其事,必先利其器。想要认识 BIM,了解 BIM,掌握 BIM 技术的应用,离不开工具的支持。从设计到施工,从施工到运维管理,都需要建立和使用 BIM 模型,增强项目参与各方之间的沟通。因此以需求为导向,模型为基础,就需要对 BIM 工具及相关技术有一定的认识。

　　本章主要介绍 BIM 软硬件工具,并分析工具软件的应用方向。同时对 BIM 与其他相关技术的结合应用进行阐述与展望。

学习要点

- BIM 工具
- BIM 的相关技术

2.1　BIM 工具概述

　　BIM 应用离不开软硬件的支持,在项目的不同阶段或不同目标单位,需要选择不同软件并予以必要的硬件和设施设备配置。BIM 工具有软件、硬件和系统平台三种类别。硬件工具如计算机、三维扫描仪、3D 打印机、全站仪机器人、手持设备、网络设施等。系统平台是指由 BIM 软硬件支持的模型集成、技术应用和信息管理的平台体系。这里主要介绍软件工具。

　　BIM 软件的数量十分庞大,BIM 系统并不能靠一个软件实现,或靠一类软件实现,而是需要不同类型的软件,而且每类软件也可选择不同的产品。这里通过对目前在全球具有一定市场影响或占有率,并且在国内市场具有一定认识和应用的 BIM 软件(包括能发挥 BIM 价值的软件)进行梳理和分类,希望对 BIM 软件有个总体了解。

　　先对 BIM 软件的各个类型作一个归纳,如图 2-1 所示,BIM 软件分核心建模软件和用模软件。图中央为核心建模软件,围绕其周围的均为用模软件。

2.1.1　BIM 核心建模软件

　　这类软件英文通常叫"BIM Autho-

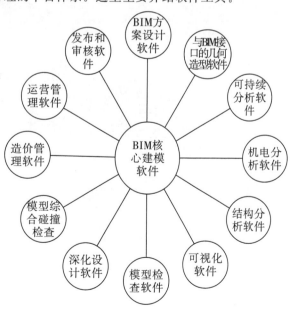

图 2-1　BIM 软件

ring Software",是 BIM 的基础,换句话说,正是因为有了这些软件才有了 BIM,也是从事 BIM 的同行要碰到的第一类 BIM 软件。因此我们称它们为"BIM 核心建模软件",简称 "BIM 建模软件"。BIM 核心建模软件分类详见图 2-2。

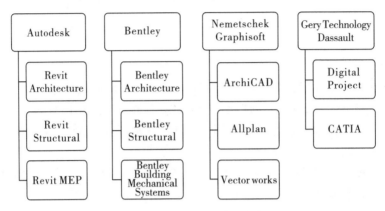

图 2-2　BIM 核心建模软件

从图 2-2 中可以了解到,BIM 核心建模软件主要有以下 4 个方向:

(1)Autodesk 公司的综合性最强,包含 Revit 建筑、结构和机电系列,在民用建筑市场借助 AutoCAD 已有的优势,有相当不错的市场表现。Revit 平台的核心是 Revit 参数化更改引擎,它可以自动协调在任何位置(例如在模型视图或图纸、明细表、剖面、平面图中)所作的更改,针对特定专业的建筑设计和文档系统,支持所有阶段的设计和施工图纸,多视口建模如图 2-3 所示。

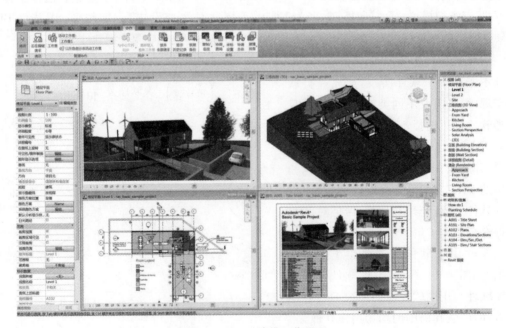

图 2-3　Revit 建模工作界面

（2）Bentley侧重专业领域的市场耕耘，包括建筑、结构和设备系列，Bentley产品在工厂设计（石油、化工、电力、医药等）和基础设施（道路、桥梁、市政、水利等）领域有无可争辩的优势。开发出MicroStation TriForma这一专业的3D建筑模型制作软件（由所建模型可以自动生成平面图、剖面图、立面图、透视图及各式的量化报告，如数量计算、规格与成本估计），如图2-4所示。

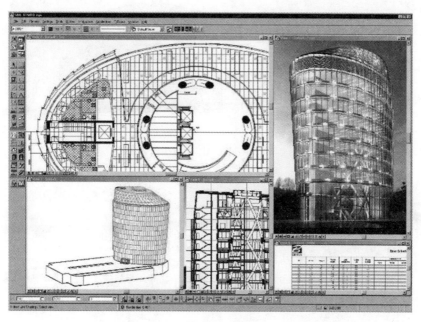

图2-4　Bentley建模工作界面

（3）ArchiCAD最早普及了BIM的概念，自从2007年Nemetschek收购Graphisoft以后，ArchiCAD、Allplan、VectorWorks三个产品就被归到同一个系列里面了，其中国内同行最熟悉的是ArchiCAD（见图2-5），属于一个面向全球市场的产品，应该可以说是最早的一个具有市场影响力的BIM核心建模软件，但是在中国由于其专业配套的功能（仅限于建筑专业）与多专业一体的设计院体制不匹配，很难实现业务突破。Nemetschek的另外2个产品，Allplan主要市场在德语区，VectorWorks则是其在美国市场使用的产品名称。

（4）Dassault公司的CATIA是全球最高端的机械设计制造软件，如图2-6所示，在航空、航天、汽车等领域具有接近垄断的市场地位，应用到工程建设行业无论是对复杂形体还是超大规模建筑，其建模能力、表现能力和信息管理能力都比传统的建筑类软件有明显优势，而与工程建设行业的项目特点和人员特点的对接问题则是其不足之处。Digital Project是Gery Technology公司在CATIA基础上开发的一个面向工程建设行业的应用软件（二次开发软件），其本质还是CATIA，就跟天正的本质是AutoCAD一样。

BIM的核心建模软件除了这四大系列外，目前还有四个被广泛应用的后起之秀，它们是Google公司的草图大师SketchUp、Robert McNeel的犀牛Rhino、FormZ及Tekla，SketchUp和Rhino的市场更大。SketchUp最简单易用，建模极快，最适合前期的建筑方案推敲，因为建立的为形体模型，难以用于后期的设计和施工图；Rhino广泛应用于工业造型设计，简单快速，不受约束的自由造形3D和高阶曲面建模工具，在建筑曲面建模方面可大展身手；

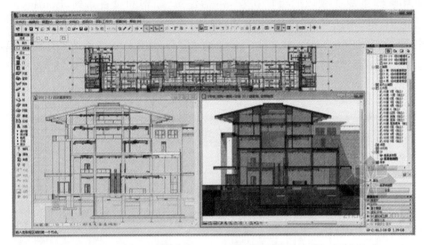

图 2-5 ArchiCAD 建模工作界面

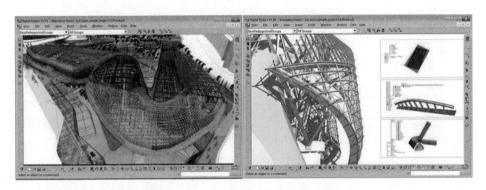

图 2-6 CATIA 建模工作界面

Formz 类似 AutoDesk 的 Max,也是国外 3D 绘图的常用设计工具;来自芬兰 Tekla 公司的 Tekla Structure(Xsteel)用于不同材料的大型结构设计,在国外占有很大市场份额,目前在国内发展迅速,但比较复杂,不易掌握,对异形结构支持弱。

因此,对于一个项目或企业 BIM 核心建模软件技术路线的确定,可以考虑如下基本原则:民用建筑用 Autodesk Revit;工厂设计和基础设施用 Bentley;单专业建筑事务所选择 ArchiCAD、Revit、Bentley 都有可能成功;项目完全异形、预算比较充裕的可以选择 Digital Project 或 CATIA。

2.1.2 BIM 可持续(绿色)分析软件

可持续或者绿色分析软件如图 2-7 所示,可以使用 BIM 模型的信息对项目进行日照、风环境、热工、景观可视度、噪音等方面的分析,主要软件有国外的 Echotect、Green Building Studio、IES 以及国内的 PKPM 等。

2.1.3 BIM 机电分析软件

水暖电等设备和电气分析软件,如图 2-8 所示。国内产品有鸿业、博超等,国外产品有 Design Master、IES Virtual Environment、Trane Trace 等。

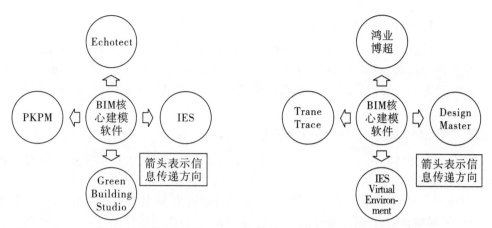

图 2-7　BIM 可持续(绿色)分析软件　　　图 2-8　BIM 机电分析软件

2.1.4　BIM 结构分析软件

结构分析软件是目前和 BIM 核心建模软件集成度比较高的产品,基本上两者之间可以实现双向信息交换,即结构分析软件可以使用 BIM 核心建模软件的信息进行结构分析,分析结果对结构的调整又可以反馈回到 BIM 核心建模软件中去,自动更新 BIM 模型。

ETABS、STAAD、Robot 等国外软件以及 PKPM 等国内软件都可以跟 BIM 核心建模软件配合使用,如图 2-9 所示。

2.1.5　BIM 可视化软件

有了 BIM 模型以后,对可视化软件的使用至少有如下好处:

(1)可视化建模的工作量减少了;

(2)模型的精度和与设计(实物)的吻合度提高了;

(3)可以在项目的不同阶段以及各种变化情况下快速产生可视化效果。

常用的可视化软件包括 3ds Max、Artlantis、AccuRender 和 Lightscape 等,如图 2-10所示。

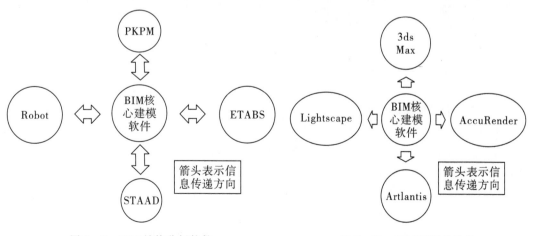

图 2-9　BIM 结构分析软件　　　　　　图 2-10　BIM 可视化软件

2.1.6 BIM 深化设计软件

Xsteel 是目前最有影响的基于 BIM 技术的钢结构深化设计软件,该软件可以使用 BIM 核心建模软件的数据,对钢结构进行面向加工、安装的详细设计,生成钢结构施工图(加工图、深化图、详图)、材料表、数控机床加工代码等。图 2 - 11 是 Xsteel 设计的一个例子(由宝钢钢构提供)。

2.1.7 BIM 模型综合碰撞检查软件

有两个根本原因直接导致了模型综合碰撞检查软件的出现:①不同专业人员使用各自的 BIM 核心建模软件建立自己专业相关的 BIM 模型,这些模型需要在一个环境里面集成起来才能完成整个项目的设计、分析、模拟,而这些不同的 BIM 核心建模软件无法实现这一点;②对于大型项目来说,硬件条件的限制使得 BIM 核心建模软件无法在一个文件里面操作整个项目模型,但是又必须把这些分开创建的局部模型整合在一起研究整个项目的设计、施工及其运营状态。

模型综合碰撞检查软件的基本功能包括集成各种三维软件(包括 BIM 软件、三维工厂设计软件、三维机械设计软件等)创建的模型,进行 3D 协调、4D 计划、可视化、动态模拟等,属于项目评估、审核软件的一种。常见的模型综合碰撞检查软件有 Autodesk Navisworks、Bentley Projectwise Navigator 和 Solibri Model Checker 等,如图 2 - 12 所示。

图 2 - 11 Xsteel 设计实例

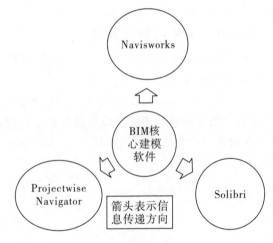

图 2 - 12 常见的 BIM 模型综合碰撞检查软件

2.1.8 BIM 造价管理软件

造价管理软件利用 BIM 模型提供的信息进行工程量统计和造价分析,由于 BIM 模型结构化数据的支持,基于 BIM 技术的造价管理软件可以根据工程施工计划动态提供造价管理需要的数据,这就是所谓 BIM 技术的 5D 应用。

国外的 BIM 造价管理有 Innovaya 和 Solibri、RIB iTWO,鲁班是国内 BIM 造价管理软件的代表,如图 2 - 13 所示。

鲁班对以项目或业主为中心的基于 BIM 的造价管理解决方案应用给出了如下整体框架,如图 2 - 14 所示,这无疑会对 BIM 信息在造价管理上的应用水平提升起到积极作用,同

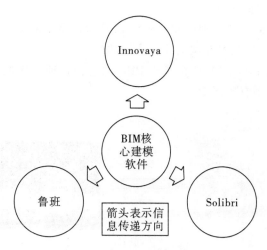

图2-13 BIM造价管理软件

时也是全面实现和提升 BIM 对工程建设行业整体价值的有效实践,因此我们知道,能够使用 BIM 模型信息的参与方和工作类型越多,BIM 对项目能够发挥的价值就越大。

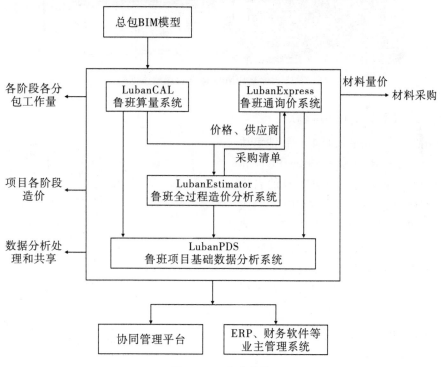

图2-14 鲁班软件

2.1.9 BIM 运营管理软件

可以把 BIM 形象地比喻为建设项目的 DNA。根据美国国家 BIM 标准委员会的资料,一个建筑物生命周期 75% 的成本发生在运营阶段(使用阶段),而建设阶段(设计、施工)的成本只占项目生命周期成本的25%。

BIM模型为建筑物的运营管理阶段服务是BIM应用重要的推动力和工作目标,在这方面美国运营管理软件ArchiBUS是最有市场影响的软件之一。

图2-15是由FacilityONE提供的基于BIM的运营管理整体框架,对同行认识和了解BIM技术的运营管理应用有所帮助。

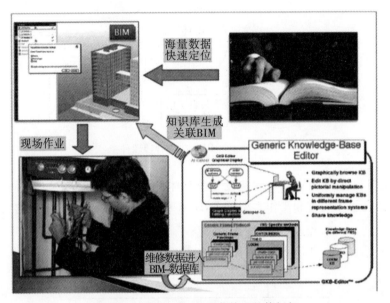

图2-15　基于BIM的运营管理整体框架

2.1.10　BIM发布审核软件

最常用的BIM成果发布审核软件包括Autodesk Design Review、Adobe PDF和Adobe 3D PDF,正如这类软件本身的名称所描述的那样,发布审核软件把BIM的成果发布成静态的、轻型的、包含大部分智能信息的、不能编辑修改但可以标注审核意见的、更多人可以访问的格式如DWF、PDF、3D PDF等,供项目其他参与方进行审核或者利用,如图2-16所示。

2.1.11　BIM常用软件汇总

基于上文所述的BIM核心建模软件与应用软件的阐述,可见有关BIM的软件很多,体系很庞大,而且现在每个软件公司都

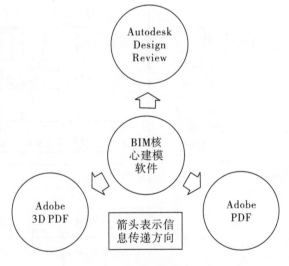

图2-16　BIM发布审核软件

在开发更多的功能,一个软件可能以项目周期中一个环节为主兼顾其他几个环节,因而下面我们通过用一张表来帮助理清软件分类,表中软件的排序依据是按照大多数建筑类高校师生使用的频率,并结合BIM生命周期从概念、设计、分析、量算和施工的顺序排列,同时又按

地域性差异作出分类,如表 2-1 所示。

表 2-1 BIM 常用软件一览表

		BIM 软件及所属公司		特 点
1	概念设计软件	Google 草图大师(美国)	SketchUp	简单易用,建模快,适合前期方案推敲
2		Autodesk(美国)	3ds Max	集 3D 建模、效果图和动画展示于一体,适用于方案后期效果展示
3	设计建模软件	Autodesk(美国)	Revit	集 3D 建模展示、方案和施工图于一体,集成建筑、结构和机电专业,市场应用较广,但对中国标准规范的支持不足
4		Graphisoft(匈牙利)	ArchiCAD	世界上最早的 BIM 软件,集 3D 建模展示、方案和施工图于一体,但对中国标准规范的支持不足
5		Bentley(美国)	Architecture 系列	基于 MicroStation 平台,集 3D 建模展示、方案和施工图于一体
6		Robert McNeel(美国)	犀牛 Rhino	不受约束的自由造形 3D 和高阶曲面建模工具,应用于工业造型设计,简单快速,在建筑曲面建模方面可大展身手
7		Dassault(法国)	CATIA	起源于飞机设计,最强大的三维 CAD 软件,独一无二的曲面建模能力,应用于复杂异型的三维建筑设计
8		Tekla Corp(芬兰)	Tekla/Xsteel	应用于不同材料的大型结构设计,但对异形结构支持不足
9		CSI(美国)	SAP2000	集成建筑结构分析与设计,SAP2000 适合多模型计算,拓展性和开放性更强,设置更灵活,趋向于"通用"的有限元分析;ETABS 结合中国规范比较好
10			ETABS	
11		中国建筑科学研究院检验科技股份有限公司(中国)	PKPM 系列	集建筑、结构、设备与节能为一体的建筑工程综合 CAD 系统,符合本地化标准
12		天正公司(中国)	天正系列	基于 AutoCAD 平台,遵循国标和设计师习惯,可完成各个设计阶段的任务,为建筑、结构与电气等专业设计提供了全面的解决方案
13		北京理正(中国)	理正系列	基于 AutoCAD 平台,遵循国标和设计师习惯,可在建筑、结构、水电、勘察与岩土系列进行施工图绘制
14		鸿业科技(中国)	鸿业系列	提供了基于 Revit 平台的建筑与机电专业的协同建模和基于 AutoCAD 平台的施工图设计与出图

BIM 软件及所属公司			特 点
15	环境能源分析	美国能源部与劳伦斯伯克利国家实验室共同开发(美国) / EnergyPlus	用于对建筑中的热环境、光环境、日照、能量分析等方面的因素进行精确的模拟和分析
16		Autodesk(美国) / Ecotect Analysis	
17	施工造价管理	广联达股份有限公司(中国) / 广联达系列	基于自主 3D 图形平台研发的系列算量软件,适合全国各省市计算规则与清单、定额库,可快速进行算量建模。其 BIM 5D 平台通过模型与成本关联,以此对项目商务应用进行管控
18		上海鲁班软件(中国) / 鲁班系列	基于 AutoCAD 平台开发的土建、钢筋、安装等专业算量软件,其 Luban PDS 系统以算量模型或 BIM 模型以及造价数据为基础,将数据与 ERP 系统对接,形成数据共享,从而对项目进行施工管理
19		深圳斯维尔(中国) / 斯维尔系列	基于 AutoCAD 平台进行开发,有设计、节能设计、算量与造价分析等功能,应用于进行编制工程概预、结算与招标投标报价
20	施工管理	Autodesk (美国) / Navisworks	可导入 Autodesk AutoCAD 与 Revit 等软件创建的设计数据,从而可实现动态 4D 模拟、冲突管理、动态漫游等
21		RIB Software(德国) / iTWO	通过整合 CAD 与企业资源管理系统(ERP)的信息及其应用,依据建筑流程,实时获取施工过程的材料、设备信息
22		Vico Software(美国) / Vico Office Suite	5D 虚拟建造软件,包含多个模块,可进行工序模拟、成本估计、体量计算、详图生成、碰撞检查、施工问题检查等应用

目前,BIM 软件众多,可选择范围广,如何正确选择合适的 BIM 软件,并能学以致用,发挥 BIM 价值是摆在 BIM 应用单位和个人面前必须决策的问题。面对中国巨大的市场需求,期待有更多更好的适合中国应用实际的 BIM 软件问世。

2.1.12 软件互操作性

目前,在我国市场上具有影响力的 BIM 软件有几十种,这些软件主要集中在设计阶段和工程量计算阶段,施工管理和运营维护的软件相对较少。而较有影响力的供应商主要包括 Autodesk(美国)、Bentley(美国)、Progman(芬兰)、Graphisoft(匈牙利)以及中国的鸿业、理正、广联达、鲁班、斯维尔等。

根据实验以及应用可以得出这样一个结论:这些 BIM 软件间的信息交互性是存在的,但是在项目运营阶段 BIM 技术并未得到充分应用,使得运营阶段在建设项目的全寿命周期内处于"孤立"状态。然而,在建设项目全寿命周期管理中是以运营为导向实现建设项目价值最大化。如何使得 BIM 技术最大限度符合全寿命周期管理理念,提升我国建设行业生产力水平,值得深入研究。进一步分析,就某一个阶段 BIM 技术而言,应用价值也未达到充分的实现,比如设计阶段中"绿色设计""规范检查""造价管理"三个环节仍出现了"孤岛现象"。当前,如何统筹管理,实现 BIM 在各阶段、各专业间的协同应用,软件互操作性是研究解决的关键。

这里需要指出:BIM 是 10%的技术问题加上 90%的社会文化问题。而目前已有研究中90%是技术问题,这一现象说明,BIM 技术的实现问题并非技术问题,而更多的是统筹管理问题。值得欣喜的是,由中国建筑科学研究院主导的 P-BIM 体系对于提升国内外软件互操作能力,实现建筑全生命期的信息交换取得了阶段性成果。

2.2 BIM 相关技术

近些年随着 BIM 应用的发展,相关技术很多,本书在以下方面作简要介绍,如图 2-17所示。

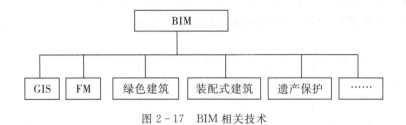

图 2-17 BIM 相关技术

2.2.1 BIM 和 GIS

地理信息系统(GIS)是在计算机软、硬件支持下,对地理空间数据进行采集、输入、存储、操作、分析、建模、查询、显示和管理,以提供对资源、环境及各种区域性研究、规范、管理决策所需信息的人机模型,从而能够解决问题:某个地方有什么,符合那些条件的实体在哪里,实体在地理位置上发生了哪些变化,某个地方如果具备某种条件会发生什么问题等。它对于城市规划这样的宏观领域是一项重要的技术。它可以在城市规划的各个阶段发挥重要的作用,包括专题制图(图框、图例、风玫瑰)、空间叠加技术分析(现状容积率统计、城市用地适宜性评价)、三维分析技术(三维场景模拟、地形分析和构建、景观视域分析)、交通网络分析技术(交通网络构建、设施服务区分析、设施优化布局分析、交通可达性分析)、空间研究分析(空间句法、空间格局分析)、规划信息管理技术(规划管理信息系统、规划信息资源库)等,可以方便制作各类专题图和三维模拟,而且软件模块丰富,可以嵌套编程,方便灵活嵌入其他系统中。

其缺点主要是:优点即是缺点,正因为 ESRI 定位大视角巨系统,所以系统比较庞大,前期数据整理比较费精力,所以上手比较慢。而且此软件在规划领域应用广泛,在建筑设计领域的具体视角体现较少,故主要用于环境分析。此外对硬件要求也比较高,价格昂贵。

BIM 与 GIS 的契合性主要体现在技术方面,首先二者的专业基础技术相似,包括数据库管理和图形图像处理等技术,这为 BIM 和 GIS 的可视化功能提供了较好的基础;其次二者的数字化信息处理方式相同,二者的数据可以转换为统一标准下的数字化数据,因此可将BIM中的数据导入GIS中,同时也将GIS中的数据应用于BIM中,互为对方的数据源,用来确定施工场地的合理化布置和物料运输路线的最佳选择。BIM技术可以将施工阶段和设计阶段的物料属性信息(形状、大小、所占空间)进行相互比较,而GIS技术是对与建设项目相关的环境、现有建筑的分布和建设项目外形的客观描述,是一个具备查询和分析功能的平台。

2.2.2 BIM 和 FM

BIM技术的价值并不仅仅局限于建筑的设计与施工阶段,在运营维护阶段,BIM同样能产生极其巨大的价值,在运维阶段重要的一门技术就是FM,又叫设施管理系统,BIM模型中包含的丰富信息可以为FM的决策和实施提供有力的信息支撑。

现代设施管理的业务范围已超越了物业维修和保养的工作范畴,覆盖设施的全生命周期,其职能范围包括维护运营、行政服务、空间管理、建筑工程设计和工程服务、不动产管理、设施规划、财务规划、能源管理、健康安全等。它从建筑物业主、管理者和使用者的利益出发,对业务运营涉及的所有设施与环境进行全生命周期的规划、管理,对可预见性风险进行规避和控制。设施管理注重并坚持与新技术应用同步发展,在降低成本、提高效率的同时,保证了管理与技术数据分析处理的准确,促进科学决策,为核心业务的发展提供服务和支撑。

据某国外研究机构对办公建筑全生命周期的成本费用分析,设计和建造成本只占到了整个建筑生命周期费用的20%左右,而运营维护的费用占到了全生命周期费用的67%以上。

在运营维护阶段,充分发挥利用BIM的价值,不但可以提高运营维护的效率和质量,而且可以降低运营维护费用,基于BIM的空间管理、资产管理、设施故障的定位排除、能源管理、安全管理等功能实现,在可视化、智能化、数据精确性和一致性方面都大大优于传统的运维软件。大数据、传感器、定位系统、移动互联、社交媒体、BIM建筑等新技术的集成应用,也是智慧化运维的必然趋势。

国外FM管理系统软件主要有IBM TRIRIGA + Maximo、Archibus。TRIRIGA是IBM公司2011年收购的软件,基于WEB开发,与IBM Maximo资产管理软件结合为用户提供投资项目管理、空间管理、资产组合规划、能源管理等全面的设施和房地产管理解决方案。Archibus是全球知名的设施管理系统软件,可以管理所有不动产及设施,Archibus包含"不动产及租赁管理""工作场所管理""设备资产管理""大厦运维管理""可持续管理"等主要模块。它可以集中资产信息、控制支出和执行规范、优化设施使用、有效执行流程。目前国外的设施管理软件也已开始对BIM模型提供支持,并尝试向云平台服务模式转化。

虽然在国外FM管理体系已经比较成熟,但FM在国内还处在发展期,比如上海现代建筑设计集团率先通过申都大厦的运维管理平台实践。整体还缺少与BIM及物联网相结合的、适合国内FM运维管理需求的系统化管理云平台,这个云平台远期将以BIM和网络为基础,共用操作界面环节,将完美融合建筑的后期应用:物业及设施管理(PM+FM)、建筑设备管理(BMS)、综合安全管理(SMS)、信息设施管理(ITSI),从而实现智慧化各应用系统之间信息资源的共享与管理、各应用系统的交互操作和快速响应与联动控制,以达到自动化监视与控制的目的。基于云计算和BIM的建筑管理信息平台如图2-18所示。

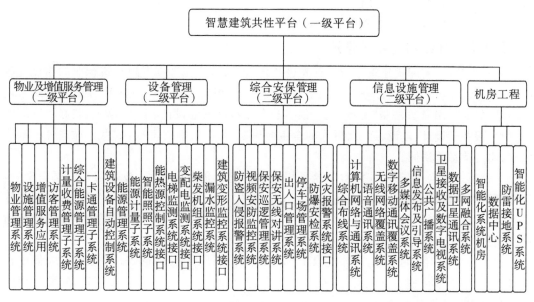

图 2-18　基于云计算和 BIM 的建筑管理信息平台

2.2.3　BIM 和绿色建筑

绿色建筑理念吹遍全球,国内近些年因为建筑污染、能源危机进而推行建筑节能设计,就是以绿色建筑为发展目标。绿色建筑的含义在于:高效利用周边的自然环境、气候条件等,减少建筑污染的排放,与生态环境良好共生,做到可持续发展。

随着 BIM 概念的普及,越来越多的项目开始尝试应用 BIM 技术融入绿色建筑的各个环节。就建筑生命周期而言,以规划设计阶段分析最重要,以建造施工阶段的整合部分最复杂,否则就会出现大量耗能设计并造成大量后期工序冲突。

1. 在规划设计方面

实现绿色设计、可持续设计方面 BIM 的优势是很明显的:BIM 方法可用于分析采光、热能、电能、噪声、气流、不同建材等绿建建筑性能的方方面面,去分析实现最低能耗的建筑设计,还可在项目大环境规划中完成群体间的日照时间、模拟风环境、热岛检测、景观模拟、排水模拟等,为规划设计的"绿色探索"注入高科技力量。

2. 在施工运维阶段

在施工过程中,借助 BIM 的冲突检测、施工模拟、工程量计算、人员物资调配,可以进一步达到避免浪费、节约资源的绿色建筑目的。运维阶段:绿建的设备运营管理、废弃物管理、物业管理强调高效管理,以达到回收利用等目标,BIM 模型的众多数据可以直接被物业管理的 FM 系统调用,从而提高管理效率,减少人力和物资的消耗。

我国绿色建筑设计处于起步阶段,缺少系统分析工具,绿色建筑规划设计软件存在以下问题:①国内绿建软件发展滞后,核心功能计算依赖于国外软件,还不能成体系的独立。②各绿建软件相互独立,数据共享性差。③绿建需要多专业多软件配合,软件都无法集成,所以绿色建筑评价标准的准确性和一致性有很大问题。

所以以前不少 BIM 应用单位都还是浅尝辄止,仅仅是起到辅助设计的作用或者作为项目招投标阶段的"噱头",并没有真正形成生产力,但2016年以来,在一些前沿大公司大项目的带动下,基于BIM绿色建筑应用趋势正势不可挡地袭来。

2.2.4 BIM和装配式建筑

在施工领域,装配式建筑作为一种先进的建筑模式,被广为应用到建筑行业的建设过程中。装配式建筑模式是设计→工厂制造→现场安装,相较于设计→现场传统施工模式来说核心是"集成",BIM方法是"集成"的主线。这条主线串联起设计、生产、施工、装修和管理的全过程,服务于设计、建设、运维、拆除的全生命周期,可以数字化虚拟,信息化描述各种系统要素,实现信息化协同。

这种模式优点是节约了时间,但这种模式推广起来仍有困难,从技术和管理层面来看,一方面是因为设计、工厂制造、现场安装三个阶段相分离,设计成果可能不合理,在安装过程才发现不能用或者不经济,造成变更和浪费,甚至影响质量;另一方面,工厂统一加工的产品比较死板,缺乏多样性,不能满足不同客户的需求。

BIM技术的引入可以有效解决以上问题,它将设计方案、制造需求、安装需求集成在BIM模型中,在实际建造前统筹考虑设计、制造、安装的各种要求,把实际制造、安装过程中可能产生的问题提前解决。

在装配式建筑BIM应用中,模拟工厂加工的方式,以"预制构件模型"的方式来进行系统集成和表达,这就需要建立装配式建筑的BIM构件库。通过装配式建筑BIM构件库的建立,可以不断增加BIM虚拟构件的数量、种类和规格,逐步构建标准化预制构件库。在深化设计、构件生产、构件吊装等阶段,都将采用BIM进行构件的模拟、碰撞检验与三维施工图纸的绘制。BIM的运用使得预制装配式技术更趋完善合理。

2.2.5 BIM和历史街区与历史建筑保护

BIM模型核心是将现实建筑的参数录入到计算机中,建立一个与现实完全相同的虚拟模型,这个模型本质是一个数字化的、信息完备的、与实际情况完全一致的建筑信息库。这个信息库应当包含建筑所有的数据信息,包括建筑构件的几何形体、物理特性、状态属性等。同时还应包括非构件对象的信息,如构件所围合的空间、处于对象内的人的行为、发生火灾时火势的蔓延等。这种高度集成的信息模型不但可以运用到建筑设计阶段,同样对已建成建筑的保护与研究有很大的帮助。因此能够通过BIM模型模拟历史街区及建筑在现实世界的状态以及在遇到突发问题时发生的变化,对研究古建筑的现状、变化规律以及发展趋势有很大帮助。

2.2.6 BIM和VR

VR(Virtual Reality,即虚拟现实技术)是一种可以创建和体验虚拟世界的计算机仿真系统,它利用计算机生成一种交互式的三维动态视景和实体行为的虚拟环境,从而使用户沉浸到其中。

BIM是利用计算机与互联网技术将建筑平面图纸转成可视化的多维度数据模型,虽然BIM模型可以达到模拟的效果,但与VR相比在视觉效果上还有很大差距,VR能弥补视觉表现真实度的短板。目前VR的发展主要在硬件设备的研究上,缺乏丰富的内容资源使得VR难以表现虚拟现实的真正价值,VR内容的模型建立与内容调整上更需投入大量成本,新技术存在落地难的困境。而BIM本身就具有的模型与数据信息,为VR提供极好的内容与落地应用的真实场景。

BIM 已在建造方式上改变了传统的施工方法,VR 的诞生给人们带来了不一样的感知交互体验,因而 BIM 与 VR 的结合,可在虚拟建筑表现效果上进行更为深度的优化与应用,从而为项目设计方案的决策制定、施工方案的选择优化、虚拟交底、工程教育质量的提升等方面提供了强有力的技术支撑。

当前样板房、虚拟交底等应用只是 VR 与 BIM 相融合的开始,未来利用 BIM 与 VR 系统平台打造虚拟城市,为城市创造更多的新空间,推动超大型城市的形成与改变,才是其发展的长远道路。在此过程中,无论是在设备硬件研究上,还是在内容填充上,BIM 与 VR 都还有很长的道路需要走。当 BIM 与 VR 真正相互融合,带给我们的将不只是简单的虚拟建筑场景,而是一场全方位感知的盛宴,是一场建筑技术的新革命!

2.2.7　BIM 和三维激光扫描技术

BIM 具有可视化、协调性、模拟性、优化性和可出图性的特点,而三维激光扫描仪则具有数据真实性、准确特点。通过三维激光扫描施工现场得到真实、准确的数据;通过对比检测得知施工现场是否在施工质量控制范围之内;旧的建筑物因为图纸不齐全或长年累月的位移导致在对其改造时因无法获取准确的数据信息,也就无法正确地实施改造;通过三维激光扫描改造现场,建立 BIM 体系模型,通过 BIM 体系模型建立整套的 BIM 改造方案。目前参与的项目应用点:①三维激光扫描仪结合 BIM 施工环节;②检测控制施工质量;③根据现有的施工情况进行合理的二次设计;④三维激光扫描仪结合 BIM 翻新环节;⑤图纸不足造成改造方案不准确问题。图 2-19 为经三维扫描后拼接而成的 Revit 模型。

图 2-19　经三维扫描后拼接而成的 Revit 模型

但是三维扫描的物体是大量的点云,一个小房子可能达到数以亿级的点数,对计算机的硬件要求会更高,后期处理的工作量也会增大,随着硬件和软件技术的进步,激光扫描技术将会成为 BIM 的数据测量利器。

2.2.8　BIM 与 3D 打印技术

3D 打印机(3D Printers)是一位名为恩里科·迪尼(Enrico Dini)的发明家设计的一种神奇的打印机。1995 年,麻省理工创造了"三维打印"一词,当时的毕业生 Jim Bredt 和 Tim Anderson 修改了喷墨打印机方案,把墨水挤压在纸张上的方案变为把约束溶剂挤压到粉末床的解决方案。

三维打印机被用来制造样品,节约了设计样品到产品生产时间,打印的原料可以是有机或者无机的材料,通过 3D 打印机打印出更实用的物品。3D 打印机广泛应用于政府、航天和国防、医疗设备、高科技、教育业以及制造业。

目前,已经国外有学者使用 3D 打印机成功地"打印"出一幢完整的建筑,以及所有房间内部立体物品。3D 打印技术的前景广阔,3D 打印的前提是有三维模型,BIM 技术与 3D 打印机技术相结合,扩展应用范围,如虎添翼,可以想象,在未来的工业 4.0 精细定制领域,大型的 3D 打印设备将会极大改变目前的建筑业态面貌。

第 3 章　Revit 应用基础

教学导入

学习 BIM 最好的方法就是动手创建 BIM 模型,通过软件建模的操作学习,不断深入理解 BIM 的理念。Revit 系列软件是 Autodesk 公司针对建筑设计行业开发的三维参数化设计软件平台,自 2004 年进入中国以来,已成为最流行的 BIM 模型创建工具,越来越多的设计企业、工程公司使用它完成三维设计工作和 BIM 模型创建工作。

3.1 节主要介绍 Revit 的操作基础,包括 Revit 的启动、界面操作,项目、项目样板及族的基本概念,以及族类型、文件格式等。内容多以概念为主,这些概念是学习掌握 Revit 的基础。

3.2 节通过实际操作,详细阐述了如何用鼠标配合键盘控制视图的浏览、缩放、旋转等基本功能以及对图元的复制、移动、对齐、阵列的基本编辑操作;还介绍了通过尺寸标注来约束图元及临时尺寸标注修改图元位置。这些内容都是 Revit 操作的基础,只有掌握基本的操作后,才能更加灵活地操作软件,创建和编辑各种复杂的模型。

学习要点

- Revit 基本概念
- Revit 主要功能
- Revit 基本术语
- Revit 操作命令

3.1　Revit 操作基础

3.1.1　Revit 的启动

Revit 是标准的 Windows 应用程序,可以通过双击快捷方式启动 Revit 主程序。启动后,会默认显示“最近使用的文件”界面。如果在启动 Revit 时,不希望显示“最近使用的文件界面”,可以按以下步骤来设置。

(1)启动 Revit,单击左上角“应用程序菜单”按钮，在菜单中选择位于右下角的 选项 按钮,弹出“选项”对话框,如图 3-1 所示。

(2)在“选项”对话框中,切换至“常规”选项卡,清除“启动时启用‘最近使

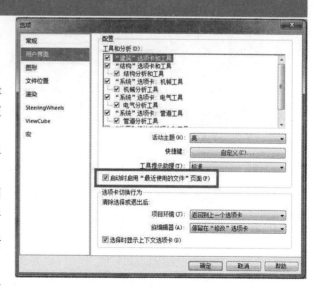

图 3-1　“用户界面”选项卡

用文件'页面"复选框,设置完成后单击 [确定] 按钮,退出"选项"对话框。

(3)单击"应用程序菜单" [图标] 按钮,单击右下角 [退出 Revit] 按钮关闭 Revit,重新启动 Revit,此时将不再显示"最近使用的文件"界面,仅显示空白界面。

(4)使用相同的方法,勾选"选项"对话框中"启动时启用'最近使用文件'页面"复选框并单击 [确定] 按钮,将重新启用"最近使用的文件"界面。

3.1.2 Revit 的界面

Revit 2016 的应用界面如图 3-2 所示。在主界面中,主要包含项目和族两大区域,分别用于打开或创建项目以及打开或创建族。在 Revit 2016 中,已整合了包括建筑、结构、机电各专业的功能,因此,在项目区域中,提供了建筑、结构、机械、构造等项目创建的快捷方式。单击不同类型的项目快捷方式,将采用各项目默认的项目样板进入新项目创建模式。

项目样板是 Revit 工作的基础。在项目样板中预设了新建的项目所有默认设置,包括长度单位、轴网标高样式、墙体类型等。项目样板仅为项目提供默认预设工作环境,在项目创建过程中,Revit 允许用户在项目中自定义和修改这些默认设置。

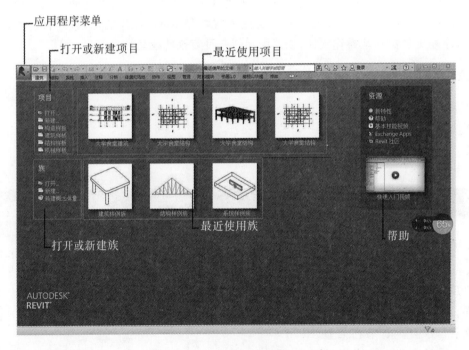

图 3-2　Revit 界面

如图 3-3 所示,在"选项"对话框中,切换至"文件位置"选项卡,可以查看 Revit 中各类项目所采用的样板设置。在该对话框中,还允许用户添加新的样板快捷方式,浏览指定所采用的项目样板。

还可以通过单击"应用程序菜单"按钮,在列表中选择"新建→项目"选项,将弹出"新建项目"对话框,如图 3-4 所示。在该对话框中可以指定新建项目时要采用的样板文件,除可以选择已有的样板快捷方式外,还可以单击 [浏览(B)...] 按钮指定其他样板文件创建项目。

在该对话框中,选择"新建"的项目为"项目样板"的方式,用于自定义项目样板。

图 3-3 "选项"对话框"文件位置"选项卡   图 3-4 "新建项目"对话框

Revit 提供了完善的帮助文件系统,以方便用户在遇到使用困难时查阅。可以随时单击"帮助与信息中心"栏中的"Help" 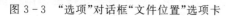 按钮或按键盘"F1"键,打开帮助文档进行查阅。目前,Revit 已将帮助文件以在线的方式提供,因此必须连接 Internet 才能正常查看帮助文档。

3.1.3 Revit 基本术语

要掌握 Revit 的操作,必须先理解软件中的几个重要的概念和专用术语。由于 Revit 是针对工程建设行业推出的 BIM 工具,因此 Revit 中大多数术语均来自于工程项目,例如结构墙、门、窗、楼板、楼梯等。但软件中包括几个专用的术语,读者务必掌握。

除前面介绍的参数化、项目样板外,Revit 还包括几个常用的专用术语。这些常用术语包括项目、对象类别、族、族类型、族实例等。必须理解这些术语的概念与含义,才能灵活创建模型和文档。

1. 项目

在 Revit 中,可以简单地将项目理解为 Revit 的默认存档格式文件。该文件中包含了工程中所有的模型信息和其他工程信息,如材质、造价、数量等,还可以包括设计中生成的各种图纸和视图。项目以".rvt"数据格式保存。注意".rvt"格式的项目文件无法在低版本的 Revit 打开,但可以被更高版本的 Revit 打开。例如,使用 Revit 2012 创建的项目文件,无法在 Revit 2011 或更低的版本中打开,但可以使用 Revit 2014 打开或编辑。

🌿 **小提示**

使用高版本的软件打开文件后,当在保存文件时,Revit 将升级项目文件格式为新版本文件格式。升级后的文件也将无法使用低版本软件打开了。

前面提到,项目样板是创建项目的基础。事实上在 Revit 中创建任何项目时,均会采用默认的项目样板文件。项目样板文件以".rte"格式保存。与项目文件类似,无法在低版本的 Revit 软件中使用高版本创建的样板文件。

2. 图元

图元是构成项目的基础。在项目中,各图元主要起三种作用:①基准图元可帮助定义项目的定位信息。例如,轴网、标高和参照平面都是基准图元。②模型图元表示建筑的实际三维几何图形。它们显示在模型的相关视图中。例如,墙、窗、门和屋顶是模型图元。③视图专有图元只显示在放置这些图元的视图中。它们可帮助对模型进行描述或归档。例如,尺寸标注、标记和详图构件都是视图专有图元。

而模型图元又分为两种类型:①主体(或主体图元)通常在构造场地在位构建。例如,墙和楼板是主体。②构件是建筑模型中其他所有类型的图元。例如,窗、门和橱柜是模型构件。

对于视图专有图元,则分为以下两种类型:①标注是对模型信息进行提取并在图纸上以标记文字的方式显示其名称、特性。例如,尺寸标注、标记和注释记号都是注释图元。当模型发生变更时,这些注释图元将随模型的变化而自动更新。②详图是在特定视图中提供有关建筑模型详细信息的二维项。例如包括详图线、填充区域和详图构件。这类图元类似于 AutoCAD 中绘制的图块,不随模型的变化而自动变化。

如图 3-5 所示,列举了 Revit 中各不同性质和作用的图元的使用方式。

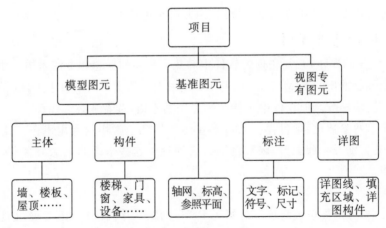

图 3-5　图元关系图

3. 对象类别

与 AutoCAD 不同,Revit 不提供图层的概念。Revit 中的轴网、墙、尺寸标注、文字注释等对象以对象类别的方式进行自动归类和管理。Revit 通过对象类别进行细分管理。例如,模型图元类别包括墙、楼梯、楼板等;注释类别包括门窗标记、尺寸标注、轴网、文字等。

在项目任意视图中通过按键盘默认快捷键 VV,将打开"可见性图形替换"对话框,如图 3-6 所示,在该对话框中可以查看 Revit 包含的详细类别名称。

图 3 - 6　"可见性图形替换"对话框

注意在 Revit 的各类别对象中，还将包含子类别定义，例如楼梯类别中，还可以包含踢面线、轮廓等子类别。Revit 通过控制对象中各子类别的可见性、线型、线宽等设置，控制三维模型对象在视图中的显示，以满足建筑出图的要求。

在创建各类对象时，Revit 会自动根据对象所使用的族将该图元自动归类到正确的对象类别当中。例如，放置门时，Revit 会自动将该图元归类于"门"，而不必像 AutoCAD 那样预先指定图层。

4. 族

Revit 的项目是由墙、门、窗、楼板、楼梯等一系列基本对象"堆积"而成，这些基本的零件就是图元。除三维图元外，包括文字、尺寸标注等单个对象也称之为图元。

族是 Revit 的重要基础。Revit 的任何单一图元都由某一个特定族产生。例如，一扇门、一面墙、一个尺寸标注、一个图框。由一个族产生的各图元均具有相似的属性或参数。例如，对于一个平开门族，由该族产生的图元可以具有高度、宽度等参数，但具体每个门的高度、宽度的值可以不同，这由该族的类型或实例参数定义决定。

在 Revit 中，族分为三种：

（1）可载入族。可载入族是指单独保存为族".rfa"格式的独立族文件，且可以随时载入到项目中的族。Revit 提供了族样板文件，允许用户自定义任意形式的族。在 Revit 中，门、窗、结构柱、卫浴装置等均为可载入族。

（2）系统族。系统族仅能利用系统提供的默认参数进行定义，不能作为单个族文件载入或创建。系统族包括墙、尺寸标注、天花板、屋顶、楼板等。系统族中定义的族类型可以使用"项目传递"功能在不同的项目之间进行传递。

（3）内建族。在项目中，由用户在项目中直接创建的族称为内建族。内建族仅能在本项目中使用，既不能保存为单独的".rfa"格式的族文件，也不能通过"项目传递"功能将其传递给其他项目。

与其他族不同,内建族仅能包含一种类型。Revit 不允许用户通过复制内建族类型来创建新的族类型。

5. 类型和实例

除内建族外,每一个族包含一个或多个不同的类型,用于定义不同的对象特性。例如,对于墙来说,可以通过创建不同的族类型,定义不同的墙厚和墙构造。而每个放置在项目中的实际墙图元,则称之为该类型的一个实例。Revit 通过类型属性参数和实例属性参数控制图元的类型或实例参数特征。同一类型的所有实例均具备相同的类型属性参数设置,而同一类型的不同实例,可以具备完全不同的实例参数设置。

如图 3-7 所示,列举了 Revit 中族类别、族、族类型和族实例之间的相互关系。

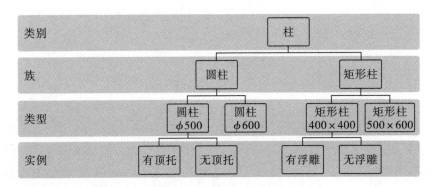

图 3-7 族关系

例如,对于同一类型的不同墙实例,它们均具备相同的墙厚度和墙构造定义,但可以具备不同的高度、底部标高、顶部标高等信息。

修改类型属性的值会影响该族类型的所有实例,而修改实例属性时,仅影响所有被选择的实例。要修改某个实例具有不同的类型定义,必须为族创建新的族类型。例如,要将其中一个厚度 240mm 的墙图元修改为 300mm 厚的墙图元,必须为墙创建新的类型,以便于在类型属性中定义墙的厚度。

6. 各术语间的关系

在 Revit 中,各类术语间对象的关系如图3-8所示。

可这样理解 Revit 的项目,Revit 的项目由无数个不同的族实例(图元)组合而成,而Revit 通过族和族类别来管理这些实例,用于控制和区分不同的实例。而在项目中,Revit 通过对象类别来管理这些族。因此,当某一类别在项目中设置为不可见时,隶属于该类别的所有图元均将不可见。本书在后续的章节中,将通过具体的操作来理解这些晦涩难懂的概念。

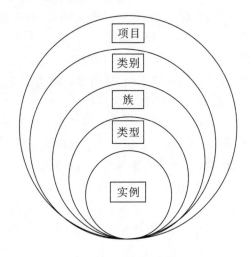

图 3-8 对象关系图

读者在此有基本理解即可。

3.1.4 Revit 文件格式

1. 四种基本文件格式

（1）rte 格式。rte 格式是项目样板文件格式，包含项目单位、标注样式、文字样式、线型、线宽、线样式、导入/导出设置等内容。为规范设计和避免重复设置，对 Revit 自带的项目样板文件，根据用户自身需要、内部标准设置，并保存成项目样板文件，便于用户新建项目文件时选用。

（2）rvt 格式。rvt 格式是项目文件格式，包含项目所有的建筑模型、注释、视图、图纸等项目内容。通常基于项目样板文件（.rte）创建项目文件，编辑完成后保存为 rvt 文件，作为设计使用的项目文件。

（3）rft 格式。rft 格式是可载入族的样板文件格式。创建不同类别的族要选择不同族的样板文件。

（4）rfa 格式。rfa 格式是可载入族的文件格式。用户可以根据项目需要创建自己的常用族文件，以便随时在项目中调用。

2. 支持的其他文件格式

在项目设计、管理时，用户经常会使用多种设计、管理工具来实现自己的意图，为了实现多软件环境的协同工作，Revit 提供了"导入""链接""导出"工具，可以支持 CAD、FBX、IFC、gbXML 等多种文件格式。用户可以根据需要进行有选择的导入和导出，如图 3-9 所示。

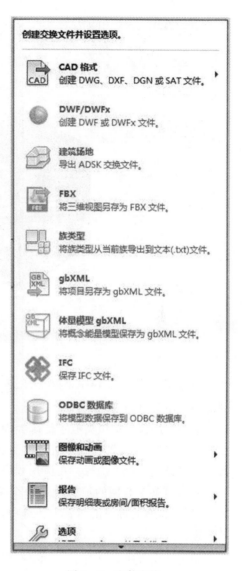

图 3-9　文件交换

3.2　Revit 基本操作

上一节介绍了 Revit 的基础概念。由于读者刚刚接触 Revit 软件，这些概念显得相当难以理解，即使读者不能理解这些概念也没关系，随着对 Revit 操作的熟练和理解的加深，这些概念会自然理解。接下来，将介绍 Revit 的基本操作和编辑工具。

3.2.1　用户界面

Revit 使用了 Ribbon 界面，用户可以根据自己的需要修改界面布局。例如，可以将功能区设置为 4 种显示设置之一。还可以同时显示若干个项目视图，或修改项目浏览器的默认位置。

图 3-10 为在项目编辑模式下 Revit 的界面形式。

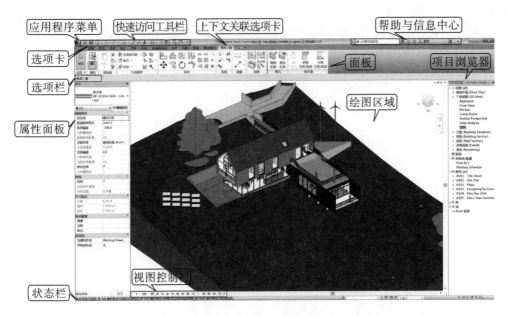

图 3-10　Revit 工作界面

1. 应用程序菜单

单击左上角"应用程序菜单"按钮 可以打开应用程序菜单列表,如图 3-11 所示。

应用程序菜单按钮类似于传统界面下的"文件"菜单,包括"新建""保存""打印""退出 Revit"等均可以在此菜单下执行。在应用程序菜单中,可以单击各菜单右侧的箭头查看每个菜单项的展开选择项,然后再单击列表中各选项执行相应的操作。

单击应用程序菜单右下角 选项 按钮,可以打开"选项"对话框。如图 3-12 所示,在"用户界面"选项卡中,用户可根据自己的工作需要自定义出现在功能区域的选项卡命令,并自定义快捷键。

🌾 小提示

在 Revit 中使用快捷键时直接按键盘对应字母即可,输入完成后无需输入空格或回车(注意与 AutoCAD 等软件的操作区别)。在本书后续章节,将对操作中使用到的每一个工具说明默认快捷键。

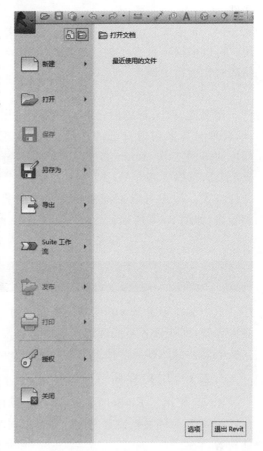

图 3-11　应用程序菜单

图 3-12　自定义快捷键

2. 功能区

功能区提供了在创建项目或族时所需要的全部工具。在创建项目文件时,功能区显示如图 3-13 所示。功能区主要由选项卡、工具面板和工具组成。

图 3-13　功能区

单击工具可以执行相应的命令,进入绘制或编辑状态。在本书后面章节中,会按选项卡、工具面板和工具的顺序描述操作中该工具所在的位置。例如,要执行"门"工具,将描述为"建筑"→"构件"→"门"。

如果同一个工具图标中存在其他工具或命令,则会在工具图标下方显示下拉箭头,单击该箭头,可以显示附加的相关工具。与之类似,如果在工具面板中存在未显示的工具,会在面板名称位置显示下拉箭头。图 3-14 为墙工具中包含的附加工具。

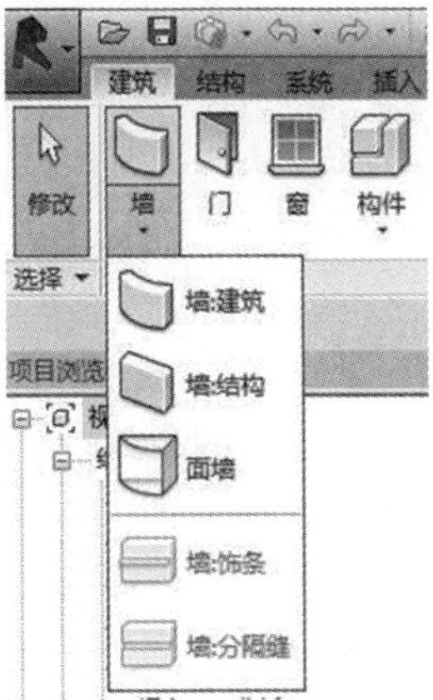

🖋 小提示

如果工具按钮中存在下拉箭头,直接单击工具将执行最常用的工具,即列表中第一个工具。

图 3-14　附加工具菜单

Revit 根据各工具的性质和用途,分别组织在不同的面板中。如图 3-15 所示,如果存在与面板中工具相关的设置选项,则会在面板名称栏中显示斜向箭头设置按钮。单击该箭头,可以打开对应的设置对话框,对工具进行详细的通用设定。

图 3-15　工具设置选项

用鼠标左键按住并拖动工具面板标签位置时,可以将该面板拖曳到功能区上其他任意位置,使之成为浮动面板。要将浮动面板返回到功能区,移动鼠标至面板之上,浮动面板右上角显示控制柄时,如图 3-16 所示,单击"将面板返回到功能区"符号即可将浮动面板重新返回工作区域。注意工具面板仅能返回其原来所在的选项卡中。

Revit 提供了三种不同的功能区面板显示状态。单击选项卡右侧的功能区状态切换符号 ,可以将功能区视图在显示完整的功能区、最小化到面板平铺、最小化至选项卡状态间循环切换。图 3-17 为最小化到面板平铺时功能区的显示状态。

图 3-16　面板返回到功能区按钮

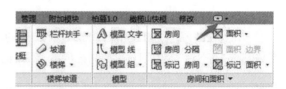

图 3-17　功能区状态切换按钮

3. 快速访问工具栏

除可以在功能区域内单击工具或命令外,Revit 还提供了快速访问工具栏,用于执行最常用的命令。默认情况下快速访问工具栏包含的项目见表 3-1。

表 3-1　快速访问工具栏

快速访问工具栏项目	说明
（打开）	打开项目、族、注释、建筑构件或 IFC 文件
（保存）	用于保存当前的项目、族、注释或样板文件
（撤消）	用于在默认情况下取消上次的操作。显示在任务执行期间执行的所有操作的列表
（恢复）	恢复上次取消的操作。另外还可显示在执行任务期间所执行的所有已恢复操作的列表
（切换窗口）	点击下拉箭头,然后单击要显示切换的视图
（三维视图）	打开或创建视图,包括默认三维视图、相机视图和漫游视图
（同步并修改设置）	用于将本地文件与中心服务器上的文件进行同步
（定义快速访问工具栏）	用于自定义快速访问工具栏上显示的项目。要启用或禁用项目,请在"自定义快速访问工具栏"下拉列表上该工具的旁边单击

可以根据需要自定义快速访问栏中的工具内容,根据自己的需要重新排列顺序。例如,要在快速访问栏中创建墙工具,如图 3-18 所示,右键单击功能区"墙"工具,弹出快捷菜单中选择"添加到快速访问工具栏",即可将墙及其附加工具同时添加至快速访问栏中。使用类似的方式,在快速访问栏中右键单击任意工具,选择"从快速访问栏中删除",可以将工具从快速访问栏中移除。

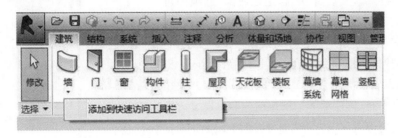

图 3-18　添加到快速访问工具栏

快速访问工具栏可以设置在功能区下方。在快速访问工具栏上单击"自定义快速访问工具栏"下拉菜单"在功能区下方显示",如图 3-19 所示。

单击"自定义快速访问工具栏"下拉菜单,在列表中选择"自定义快速访问栏"选项,将弹出如图 3-20 所示的"自定义快速访问工具栏"对话框。使用该对话框,可以重新排列快速访问栏中的工具显示顺序,并根据需要添加分隔线。勾选该对话框中的"在功能区下方显示快速访问工具栏"选项也可以修改快速访问栏的位置。

图 3-19　自定义快速访问工具栏　　　　图 3-20　"自定义快速访问工具栏"对话框

4. 选项栏

选项栏默认位于功能区下方,用于当前正在执行操作的细节设置。选项栏的内容比较类似于 AutoCAD 的命令提示行,其内容因当前所执行的工具或所选图元的不同而不同。图 3-21 为使用墙工具时,选项栏的设置内容。

图 3 - 21　选项栏

可以根据需要将选项栏移动到 Revit 窗口的底部,在选项栏上单击鼠标右键,然后选择"固定在底部"选项即可。

5. 项目浏览器

项目浏览器用于组织和管理当前项目中包括的所有信息,包括项目中所有视图、明细表、图纸、族、组、链接的 Revit 模型等项目资源。Revit 按逻辑层次关系组织这些项目资源,方便用户管理。展开和折叠各分支时,将显示下一层集的内容。图 3 - 22 为项目浏览器中包含的项目内容。项目浏览器中,项目类别前显示"➕"表示该类别中还包括其他子类别项目。在 Revit 中进行项目设计时,最常用的操作就是利用项目浏览器在各视图中切换。

在 Revit 中,可以在项目浏览器对话框任意栏目名称上单击鼠标右键,在弹出右键菜单中选择"搜索"选项,打开"在项目浏览器中搜索"对话框,如图 3 - 23 所示。可以使用该对话框在项目浏览器中对视图、族及族类型名称进行查找定位。

在项目浏览器中,右键单击第一行"视图(全部)",在弹出右键快捷菜单中选择"类型属性"选项,将打开项目浏览器的"类型属性"对话框,如图 3 - 24 所示。可以自定义项目视图的组织方式,包括排序方法和显示条件过滤器。

图 3 - 22　项目浏览器

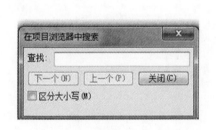

图 3 - 23　"在项目浏览器中搜索"对话框

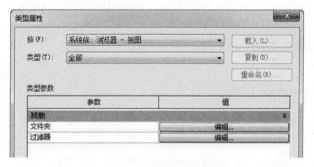

图 3 - 24　"类型属性"对话框

6. 属性面板

"属性"面板可以查看和修改用来定义 Revit 中图元实例属性的参数。属性面板各部分的功能如图 3 - 25 所示。

在任何情况下,按键盘快捷键"Ctrl+1",均可打开或关闭属性面板。还可以选择任意图元,单击上下文关联选项卡中按钮;或在绘图区域中单击鼠标右键,在弹出的快捷菜单中选择"属性"选项将其打开。可以将属性面板固定到 Revit 窗口的任一侧,也可以将其拖拽到绘图区域的任意位置成为浮动面板。

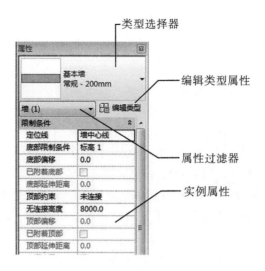

图 3-25　"属性"面板

当选择图元对象时,属性面板将显示当前所选择对象的实例属性;如果未选择任何图元,则选项板上将显示活动视图的属性。

7. 绘图区域

Revit 窗口中的绘图区域显示当前项目的楼层平面视图以及图纸和明细表视图。在 Revit 中每当切换至新视图时,都在绘图区域创建新的视图窗口,且保留所有已打开的其他视图。

默认情况下,绘图区域的背景颜色为白色。在"选项"对话框"图形"选项卡中,可以设置视图中的绘图区域背景反转为黑色。如图 3-26 所示,使用"视图"→"窗口"→"平铺"或"层叠"工具,并可设置所有已打开视图排列方式为平铺、层叠等。

图 3-26　视图排列方式

8. 视图控制栏

在楼层平面视图和三维视图中,绘图区各视图窗口底部均会出现视图控制栏,如图 3-27 所示。

图 3-27　视图控制栏

通过控制栏,可以快速访问影响当前视图的功能,其中包括下列 12 个功能:比例、详细程度、视觉样式、打开/关闭日光路径、打开/关闭阴影、显示/隐藏渲染对话框、裁剪视图、显示/隐藏裁剪区域、解锁/锁定三维视图、临时隔离/隐藏、显示隐藏的图元、分析模型的可见性。在后面将详细介绍视图控制栏中各项工具的使用。

3.2.2 视图控制

1. 项目视图种类

Revit 视图有很多种形式,每种视图类型都有特定用途,视图不同于 CAD 绘制的图纸,它是 Revit 项目中 BIM 模型根据不同的规则显示的投影。

常用的视图有平面视图、立面视图、剖面视图、详图索引视图、三维视图、图例视图、明细表视图等。同一项目可以有任意多个视图,例如,对于"1F"标高,可以根据需要创建任意数量的楼层平面视图,用于表现不同的功能要求,如"1F"梁布置视图、"1F"柱布置视图、"1F"房间功能视图、"1F"建筑平面图等。所有视图均根据模型剖切投影生成。

如图 3-28 所示,Revit 在"视图"选项卡"创建"面板中提供了创建各种视图的工具,也可以在项目浏览器中根据需要创建不同视图类型。

(1)楼层平面视图及天花板平面。楼层/结构平面视图及天花板视图是沿项目水平方向,按指定的标高偏移位置剖切项目生成的视图。大多数项目至少包含一个楼层/结构平面。楼层/结构平面视图在创建项目标高时默认可以自动创建对应的楼层平面视图(建筑样板创建的是楼层平面,结构样板创建的是结构平面);在立面中,已创建的楼层平面视图的标高标头显示为蓝色,无平面关联的标高标头是黑色。除使用项目浏览器外,在立面中可以通过双击蓝色标高标头进入对应的楼层平面视图;使用"视图"→"创建"→"平面视图"工具可以手动创建楼层平面视图。

在楼层平面视图中,当不选择任何图元时,"属性"面板将显示当前视图的属性。在"属性"面板中单击"视图范围"后的编辑按钮,将打开"视图范围"对话框,如图 3-29 所示。在该对话框中,可以定义视图的剖切位置。

图 3-28　视图工具

图 3-29　"视图范围"对话框

该对话框中,各主要功能介绍如下:

①视图主要范围。每个平面视图都具有"视图范围"视图属性,该属性也称为可见范围。视图范围是用于控制视图中模型对象的可见性和外观的一组水平平面,分别称"顶部平面""剖切面""底部平面"。顶部平面和底部平面用于制定视图范围最顶部和底部位置,剖切面是确定剖切高度的平面,这 3 个平面用于定义视图范围的"主要范围"。

②视图深度范围。"视图深度"是视图范围外的附加平面,可以设置视图深度的标高,以显示位于底裁剪平面之下的图元,默认情况下该标高与底部重合。"主要范围"的底不能超过"视图深度"设置的范围。

各深度范围图解如图 3 - 30 所示。

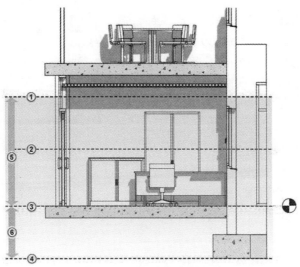

图 3 - 30　视图范围分层图
①—顶部；②—剖切面；③—底部；④—偏移量；⑤—主要范围；⑥—视图深度

③视图范围内图元样式设置（见图 3 - 31）。

图 3 - 31　"可见性/图形替换"对话框

"主要范围"内图元投影样式设置："可见性/图形"→"模型类别"→"投影/表面"选项内的对象样式设置。

"主要范围"内图元截面样式设置：视图→可见性图形设置→模型类别→"截面"选项内的对象样式设置。

"深度范围"内图元线样式设置：视图→可见性图形设置→模型类别→可见性→线

→〈超出〉。

天花板视图与楼层平面视图类似,同样沿水平方向指定标高位置对模型进行剖切生成投影。但天花板视图与楼层平面视图观察的方向相反:天花板视图为从剖切面的位置向上查看模型进行投影显示,而楼层平面视图为从剖切面位置向下查看模型进行投影显示。图3-32为天花板平面的视图范围定义。

图3-32 天花板平面视图范围定义

(2)立面视图。立面视图是项目模型在立面方向上的投影视图。在Revit中,默认每个项目将包含东、西、南、北4个立面视图,并在楼层平面视图中显示立面视图符号 。双击平面视图中立面标记中黑色小三角,会直接进入立面视图。Revit允许用户在楼层平面视图或天花板视图中创建任意立面视图。

(3)剖面视图。剖面视图允许用户在平面、立面或详图视图中通过在指定位置绘制剖面符号线,在该位置对模型进行剖切,并根据剖面视图的剖切和投影方向生成模型投影。剖面视图具有明确的剖切范围,单击剖面标头即将显示剖切深度范围,可以通过鼠标自由拖拽。

(4)详图索引视图。当需要对模型的局部细节进行放大显示时,可以使用详图索引视图。可向平面视图、剖面视图、详图视图或立面视图中添加详图索引,这个创建详图索引的视图,被称之为"父视图"。在详图索引范围内的模型部分,将以详图索引视图中设置的比例显示在独立的视图中。详图索引视图显示父视图中某一部分的放大版本,且所显示的内容与原模型关联。

绘制详图索引的视图是该详图索引视图的父视图。如果删除父视图,则该详图索引视图也将删除。

(5)三维视图。使用三维视图,可以直观查看模型的状态。Revit中三维视图分两种:正交三维视图和透视图。在正交三维视图中,不管相机距离的远近,所有构件的大小均相同,可以点击快速访问栏"默认三维视图"图标 直接进入默认三维视图,可以配合使用"Shift"键和鼠标中键根据需要灵活调整视图角度,如图3-33所示。

如图3-34所示,使用"视图"→"创建"→"三维视图"→"相机"工具创建相机视图。在透视三维视图中,越远的构件显示得越小,越近的构件显示得越大,这种视图更符合人眼的观察视角。

2. 视图基本操作

可以通过鼠标、ViewCube和视图导航来实现对Revit视图进行平移、缩放等操作。在平面、立面或三维视图中,通过滚动鼠标中键可以对视图进行缩放;按住鼠标中键并拖动,可以实现视图的平移。在默认三维视图中,按住键盘"Shift"键并按住鼠标中键拖动鼠标,可以实现对三维视图的旋转。注意,视图旋转仅对三维视图有效。

在三维视图中,Revit还提供了ViewCube,用于实现对三维视图的控制。

ViewCube默认位于屏幕右上方,如图3-35所示。通过单击ViewCube的面、顶点或边,可以在模型的各立面、等轴测视图间进行切换。用鼠标左键按住并拖拽ViewCube下方

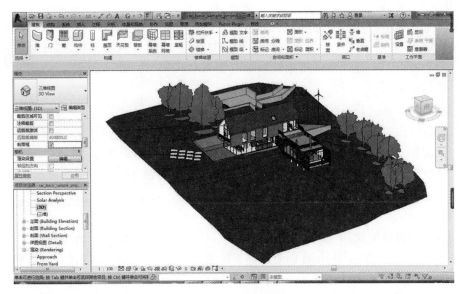

图 3-33 三维视图

的圆环指南针,还可以修改三维视图的方向为任意方向,其作用
与按住键盘"Shift"键和鼠标中键并拖拽的效果类似。

为更加灵活地进行视图缩放控制,Revit 提供了"导航栏"工
具条,如图 3-36 所示。默认情况下,导航栏位于视图右侧
ViewCube 下方,如图 3-37 所示。在任意视图中,都可通过导
航栏对视图进行控制。

导航栏主要提供两类工具:视图平移查看工具和视图缩放
工具。单击导航栏中上方第一个圆盘图标,将进入全导航控制
盘控制模式,如图 3-38 所示,导航控制盘将跟随鼠标指针的移
动而移动。全导航盘中提供"缩放""平移""动态观察(视图旋
转)"等命令,移动鼠标指针至导航盘中命令位置,按住左键不动即可执行相应的操作。

图 3-34 相机视图工具

图 3-35 ViewCube

图 3-36 "导航栏"工具

图 3-37 激活导航栏

图 3-38 全导航控制盘

55

【快捷键】显示或隐藏导航盘的快捷键为"Shift＋W"。

导航栏中提供的另外一个工具为"缩放"工具,单击缩放工具下拉列表,可以查看 Revit 提供的缩放选项,如图 3-39 所示。在实际操作中,最常使用的缩放工具为"区域放大",使用该缩放命令时,Revit 允许用户选择任意的范围窗口区域,将该区域范围内的图元放大至充满视口显示。

【快捷键】区域放大的快捷键为 ZR。

任何时候使用视图控制栏缩放列表中"缩放全部以匹配"选项,都可以将缩放显示当前视图中全部图元。在 Revit 2016 中,双击鼠标中键,也会执行该操作。

用于修改窗口中的可视区域。用鼠标点击下拉箭头,勾选下拉列表中的缩放模式,就能实现缩放。

【快捷键】缩放全部以匹配的默认快捷键为 ZF。

除对视口中进行缩放、平移、旋转外,还可以对视图窗口进行控制。前面已经介绍过,在项目浏览器中切换视图时,Revit 将创建新的视图窗口。可以对这些已打开的视图窗口进行控制。如图 3-40 所示,在"视图"选项卡"窗口"面板中提供了"平铺""切换窗口""关闭隐藏对象"等窗口操作命令。

图 3-39　缩放工具

图 3-40　窗口操作命令

使用"平铺",可以同时查看所有已打开的视图窗口,各窗口将以合适的大小并列显示。在非常多的视图中进行切换时,Revit 将打开非常多的视图。这些视图将占用大量的计算机内存资源,造成系统运行效率下降。可以使用"关闭隐藏对象"命令一次性关闭所有隐藏的视图,节省项目消耗系统资源。注意"关闭隐藏对象"工具不能在平铺、层叠视图模式下使用。切换窗口工具用于在多个已打开的视图窗口间进行切换。

【快捷键】窗口平铺的默认快捷键为 WT;窗口层叠的快捷键为 WC。

3. 视图显示及样式

通过视图控制栏(见图 3-41),可以对视图中的图元进行显示控制。视图控制栏从左至右分别为:视图比例、视图详细程度、视觉样式、打开/关闭日光路径、阴影、渲染(仅三维视图)、视图裁剪控制、视图显示控制选项。注意由于在 Revit 中各视图均采用独立的窗口显示,因此,在任何视图中进行视图控制栏的设置,均不会影响其他视图的设置。

（1）比例。视图比例用于控制模型尺寸与当前视图显示之前的关系。如图 3-42 所示，单击视图控制栏 **1 ：100** 按钮，在比例列表中选择比例值即可修改当前视图的比例。注意无论视图比例如何调整，均不会修改模型的实际尺寸，仅会影响当前视图中添加的文字、尺寸标注等注释信息的相对大小。Revit 允许为项目中的每个视图指定不同比例，也可以创建自定义视图比例。

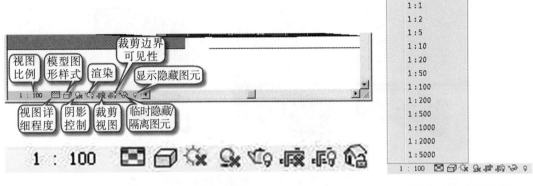

图 3-41　视图控制栏　　　　　　　　图 3-42　视图比例

（2）详细程度。Revit 提供了三种视图详细程度：粗略、中等、精细。Revit 中的图元可以在族中定义在不同视图详细程度模式下要显示的模型。如图 3-43 所示，在门族中分别定义"粗略""中等""精细"模式下图元的表现。Revit 通过视图详细程度控制同一图元在不同状态下的显示，以满足出图的要求。例如，在平面布置图中，平面视图中的窗可以显示为四条线；但在窗安装大样中，平面视图中的窗将显示为真实的窗截面。

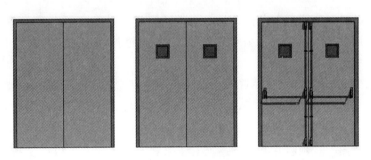

图 3-43　视图详细程度

（3）视觉样式。视觉样式用于控制模型在视图中的显示方式。如图 3-44 所示，Revit 提供了六种显示视觉样式："线框""隐藏线""着色""一致的颜色""真实""光线追踪"。显示效果逐渐增强，但所需要系统资源也越来越大。一般平面或剖面施工图可设置为线框或隐藏线模式，这样系统消耗资源较小，项目运行较快。

图 3-44　视觉样式选项

"线框"模式是显示效果最差但速度最快的一种显示模式。"隐藏线"模式下，图元将做遮挡计算，但并不显示图元的材质颜色；"着色"模式和"一致的颜色"模式都将显示对象材质"着色颜色"中定义的色彩,"着色"模式将根据光线设置显示图元明暗关系,"一致的颜色"模式下,图元将不显示明暗关系。

"真实"模式和材质定义中"外观"选项参数有关,用于显示图元渲染时的材质纹理。光线追踪模式将对视图中的模型进行实时渲染,效果最佳,但将消耗大量的计算机资源。

图3-45为在默认三维视图中同一段墙体在6种不同模式下的不同表现。

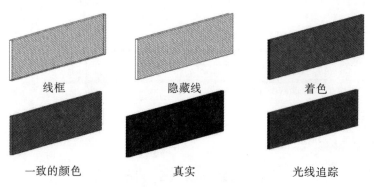

图3-45　不同模式的视觉样式

在本书后续章节中,将详细介绍如何自定义图元的材质。读者可参考相关章节内容,以便加深对本节所述内容的理解。

(4)打开/关闭日光路径、打开/关闭阴影。在视图中,可以通过打开/关闭阴影开关在视图中显示模型的光照阴影,增强模型的表现力。在日光路径按钮中,还可以对日光进行详细设置。

(5)裁剪视图、显示/隐藏裁剪区域。视图裁剪区域定义了视图中用于显示项目的范围,由两个工具组成:是否启用裁剪及是否显示剪裁区域。可以单击 按钮在视图中显示裁剪区域,再通过启用裁剪按钮将视图剪裁功能启用,通过拖拽裁剪边界,对视图进行裁剪。裁剪后,裁剪框外的图元不显示。

(6)临时隔离/隐藏选项和显示隐藏的图元选项。在视图中可以根据需要临时隐藏任意图元。如图3-46所示,选择图元后,单击临时隐藏或隔离图元(或图元类别)命令 ,将弹出隐藏或隔离图元选项,可以分别对所选择图元进行隐藏和隔离。其中隐藏图元选项将隐藏所选图元;隔离图元选项将在视图隐藏所有未被选定的图元。可以根据图元(所有选择的图元对象)或类别(所有与被选择的图元对象属于同一类别的图元)的方式对图元的隐藏或隔离进行控制。

图3-46　隐藏图元选项

所谓临时隐藏图元是指当关闭项目后,重新打开项目时被隐藏的图元将恢复显示。视图中临时隐藏或隔离图元后,视图周边将显示蓝色边框。此时,再次单击隐藏或隔离图元命令,可以选择"重设临时隐藏/隔离"选项恢复被隐藏的图元。或选择"将隐藏/隔离应用到视图"选项,此时视图周边蓝色边框消失,将永久隐藏不可见图元,即无论任何时候,图元都将不再显示。

要查看项目中隐藏的图元,如图 3-47 所示,可以单击视图控制栏中显示隐藏的图元 命令。Revit 将会显示彩色边框,所有被隐藏的图元均会显示为亮红色。

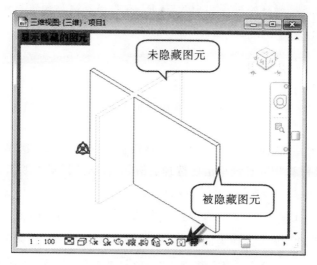

图 3-47 查看项目中隐藏的图元

如图 3-48 所示,单击选择被隐藏的图元,点击"显示隐藏的图元"→"取消隐藏图元"选项可以恢复图元在视图中的显示。注意恢复图元显示后,务必单击"切换显示隐藏图元模式"按钮或再次单击视图控制栏 按钮返回正常显示模式。

图 3-48 恢复显示被
隐藏的图元

小提示

也可以在选择隐藏的图元后单击鼠标右键,在右键菜单中选择"取消在视图中隐藏"→"按图元",取消图元的隐藏。

(7)显示/隐藏渲染对话框(仅三维视图才可使用)。单击该按钮,将打开渲染对话框,以便对渲染质量、光照等进行详细的设置。Revit 采用 Mental Ray 渲染器进行渲染。本书后续章节中,将介绍如何在 Revit 中进行渲染。读者可以参考相关章节的内容。

(8)解锁/锁定三维视图(仅三维视图才可使用)。如果需要在三维视图中进行三维尺寸标注及添加文字注释信息,需要先锁定三维视图。单击该工具将创建新的锁定三维视图。锁定的三维视图不能旋转,但可以平移和缩放。在创建三维详图大样时,将使用该方式。

(9)分析模型的可见性。临时仅显示分析模型类别:结构图元的分析线会显示一个临时视图模式,隐藏项目视图中的物理模型并仅显示分析模型类别,这是一种临时状态,并不会随项目一起保存,清除此选项则退出临时分析模型视图。

3.2.3 图元基本操作

1. 图元选择

在 Revit 中,要对图元进行修改和编辑,必须选择图元。在 Revit 中可以使用 4 种方式进行图元的选择,即点选、框选、特性选择、过滤器选择。

(1)点选。移动鼠标至任意图元上,Revit 将高亮显示该图元并在状态栏中显示有关该图元的信息,单击鼠标左键将选择被高亮显示的图元。在选择时如果多个图元彼此重叠,可以移动鼠标至图元位置,循环按键盘"Tab"键,Revit 将循环高亮预览显示各图元,当要选择的图元高亮显示后单击鼠标左键将选择该图元。

🖋 **小提示**

按"Shift+Tab"键可以按相反的顺序循环切换图元。

如图 3-49 所示,要选择多个图元,可以按住键盘"Ctrl"键后,再次单击要添加到选择集中的图元;如果按住键盘"Shift"键单击已选择的图元,将从选择集中取消该图元的选择。

Revit 中,当选择多个图元时,可以将当前选择的图元选择集进行保存,保存后的选择集可以随时被调用。如图 3-50 所示,选择多个图元后,单击"选择"→ **保存** 按钮,即可弹出"保存选择"对话框,输入选择集的名称,即可保存该选择集。要调用已保存的选择集,单击"管理"→"选择"→ **载入** 按钮,将弹出"恢复过滤器"对话框,在列表中选择已保存的选择集名称即可。

图 3-49 选择多个图元

图 3-50 保存选择

(2)框选。将光标放在要选择的图元一侧,并对角拖拽光标以形成矩形边界,可以绘制选择范围框。当从左至右拖拽光标绘制范围框时,将生成"实线范围框"。被实线范围框全部位包围的图元才能选中;当从右至左拖拽光标绘制范围框时,将生成"虚线范围框",所有被完全包围或与范围框边界相交的图元均可被选中,如图 3-51 所示。

(3)特性选择。鼠标左键单击图元,选中后高亮显示;再在图元上单击鼠标右键,用"选择全部实例"工具,在项目或视图中选择某一图元或族类型的所有实例。有公共端点的图元,在连接的构件上单击鼠标右键,然后单击"选择连接的图元",能把这些同端点链接的图元一起选中,如图 3-52 所示。

图 3-51 框选

图 3-52 特性选择

(4)过滤器选择。选择多个图元对象后,单击状态栏过滤器 ▽ ,能查看到图元类型,在"过滤器"对话框中,选择或取消部分图元的选择,如图 3-53 所示。

图 3-53 过滤器选择

2. 图元编辑

如图 3-54 所示,在修改面板中,Revit 提供了"修改""移动""复制""镜像""旋转"等命令,利用这些命令可以对图元进行编辑和修改操作。

(1)移动 ✛ :"移动"命令能将一个或多个图元从一个位置移动到另一个位置。移动的时候,可以选择图元上某点或某线来移动,也可以在空白处随意移动。

【快捷键】移动命令的默认快捷键为 MV。

(2)复制 ◌ :"复制"命令可复制一个或多个选定图元,并生成副本。点选图元,复制时,选项栏如图 3-55 所示。可以通过勾选"多个"选项实现连续复制图元。

图 3-54 图元编辑面板

图 3-55 关联选项栏

【快捷键】复制命令的默认快捷键为 CO。

(3)阵列复制 ⊞ :"阵列"命令用于创建一个或多个相同图元的线性阵列或半径阵列。在族中使用"阵列"命令,可以方便地控制阵列图元的数量和间距,如百叶窗的百叶数量和间距。阵列后的图元会自动成组,如果要修改阵列后的图元,需进入编辑组命令,然后才能对成组图元进行修改。

【快捷键】阵列复制命令的默认快捷键为 AR。

(4)对齐 ⅃ :"对齐"命令将一个或多个图元与选定位置对齐。如图 3-56 所示,对齐操作时,要求先单击选择对齐的目标位置,再单击选择要移动的对象图元,选择的对象将自动对齐至目标位置。对齐工具可以以任意的图元或参照平面为目标,在选择墙对象图元时,还可以在选项栏中指定首选的参照墙的位置;要将多个对象对齐至目标位置,在选项栏中勾选"多重对齐"选项即可。

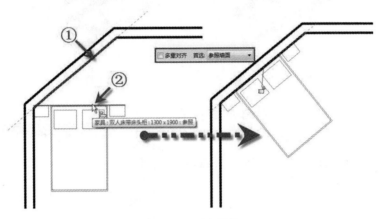

图 3 - 56 对齐操作

【快捷键】对齐工具的默认快捷键为 AL。

(5)旋转 :"旋转"命令可使图元绕指定轴旋转。默认旋转中心位于图元中心,如图 3 - 57 所示,移动鼠标至旋转中心标记位置,按住鼠标左键不放将其拖拽至新的位置松开鼠标左键,可设置旋转中心的位置。然后单击确定起点旋转角边,再确定终点旋转角边,就能确定图元旋转后的位置。在执行旋转命令时,勾选选项栏中"复制"选项可在旋转时创建所选图元的副本,而在原来位置上保留原始对象。

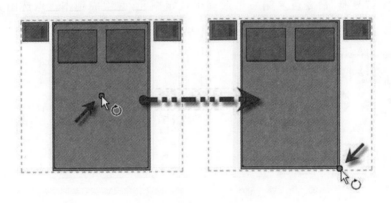

图 3 - 57 旋转操作

【快捷键】旋转命令的默认快捷键为 RO。

(6)偏移 :"偏移"命令可以生成与所选择的模型线、详图线、墙或梁等图元进行复制或在与其长度垂直的方向移动指定的距离。如图 3 - 58 所示,可以在选项栏中指定拖拽图形方式或输入距离数值方式来偏移图元。不勾选复制时,生成偏移后的图元时将删除原图元(相当于移动图元)。

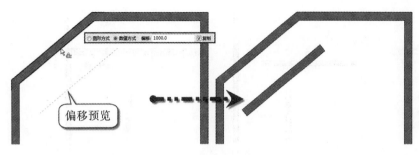

图 3-58 偏移操作

【快捷键】偏移命令的默认快捷键为 OF。

(7)镜像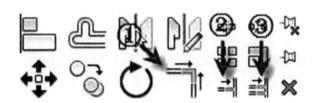:"镜像"命令使用一条线作为镜像轴,对所选模型图元执行镜像(反转其位置)。确定镜像轴时,既可以拾取已有图元作为镜像轴,也可以绘制临时轴。通过选项栏,可以确定镜像操作时是否需要复制原对象。

(8)修剪和延伸:如图 3-59 所示,修剪和延伸共有 3 个工具,从左至右分别为修剪/延伸为角、单个图元修剪和多个图元修剪工具。

图 3-59 修剪和延伸工具

【快捷键】修剪并延伸为角命令的默认快捷键为 TR。

如图 3-60 所示,使用"修剪"和"延伸"命令时必须先选择修剪或延伸的目标位置,然后选择要修剪或延伸的对象即可。对于多个图元的修剪工具,可以在选择目标后,多次选择要修改的图元,这些图元都将延伸至所选择的目标位置。可以将这些工具用于墙、线、梁或支撑等图元的编辑。对于 MEP 中的管线,也可以使用这些工具进行编辑和修改。

🖋 小提示

在修剪或延伸编辑时,鼠标单击拾取的图元位置将被保留。

(9)拆分图元　　:拆分工具有两种使用方法,即拆分图元和用间隙拆分。通过"拆分"命令,可将图元分割为两个单独的部分,可删除两个点之间的线段,也可在两面墙之间创建定义的间隙。

(10)删除图元 ✖ :"删除"命令可将选定图元从绘图中删除,和用 Delete 命令直接删除效果一样。

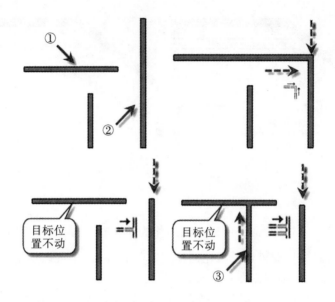

图 3-60　修剪、延伸操作

【快捷键】删除命令的默认快捷键为 DE。

3. 图元限制及临时尺寸

(1)尺寸标注的限制条件。在放置永久性尺寸标注时,可以锁定这些尺寸标注。锁定尺寸标注时,即创建了限制条件。选择限制条件的参照时,会显示该限制条件(蓝色虚线),如图 3-61 所示。

(2)相等限制条件。选择一个多段尺寸标注时,相等限制条件会在尺寸标注线附近显示为一个"EQ"符号。如果选择尺寸标注线的一个参照(如墙),则会出现"EQ"符号,在参照的中间会出现一条蓝色虚线,如图 3-62 所示。

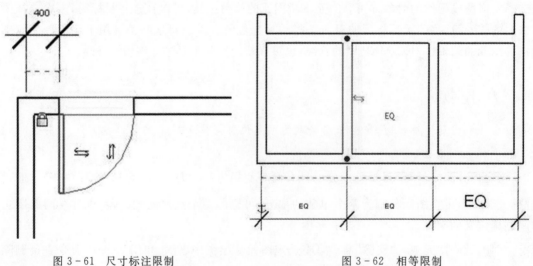

图 3-61　尺寸标注限制　　　　　　　　　图 3-62　相等限制

"EQ"符号表示应用于尺寸标注参照的相等限制条件图元。当此限制条件处于活动状态时,参照(以图形表示的墙)之间会保持相等的距离。如果选择其中一面墙并移动它,则所有墙都将随之移动一段固定的距离。

(3)临时尺寸。临时尺寸标注是相对最近的垂直构件进行创建的,并按照设置值进行递增。点选项目中的图元,图元周围就会出现蓝色的临时尺寸,修改尺寸上的数值,就可以修改图元位置。可以通过移动尺寸界线来修改临时尺寸标注,以参照所需构件,如图 3 - 63 所示。

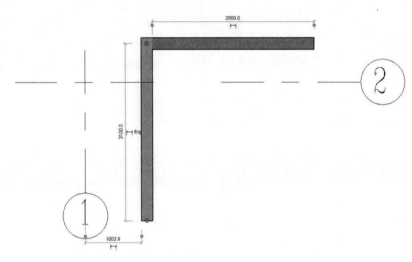

图 3 - 63　临时尺寸

单击在临时尺寸标注附近出现的尺寸标注符号 ┠┨,然后即可修改新尺寸标注的属性和类型。

3.2.4　快捷操作命令

1. 常用快捷键

为提高工作效率,汇总常用快捷键见表 3 - 2 至表 3 - 5,用户在任何时候都可以通过键盘输入快捷键直接访问至指定工具。

表 3 - 2　建模与绘图工具常用快捷键

命令	快捷键	命令	快捷键
墙	WA	对齐标注	DI
门	DR	标高	LL
窗	WN	高程点标注	EL
放置构件	CM	绘制参照平面	RP
房间	RM	模型线	LI
房间标记	RT	按类别标注	TG
轴线	GR	详图线	DL
文字	TX		

表 3-3 编辑修改工具常用快捷键

命令	快捷键	命令	快捷键
删除	DE	对齐	AL
移动	MV	拆分图元	SL
复制	CO	修剪/延伸	TR
旋转	RO	偏移	OF
定义旋转中心	R3	在整个项目中选择全部实例	SA
列阵	AR	重复上一个命令	RC
镜像、拾取轴	MM	匹配对象类型	MA
创建组	GP	线处理	LW
锁定位置	PP	填色	PT
解锁位置	UP	拆分区域	SF

表 3-4 捕捉替代常用快捷键

命令	快捷键	命令	快捷键
捕捉远距离对象	SR	捕捉到远点	PC
像限点	SQ	点	SX
垂足	SP	工作平面网格	SW
最近点	SN	切点	ST
中点	SM	关闭替换	SS
交点	SI	形状闭合	SZ
端点	SE	关闭捕捉	SO
中心	SC		

表 3-5 视图控制常用快捷键

命令	快捷键	命令	快捷键
区域放大	ZR	临时隐藏类别	RC
缩放配置	ZF	临时隔离类别	IC
上一次缩放	ZP	重设临时隐藏	HR
动态视图	F8	隐藏图元	EH
线框显示模式	WF	隐藏类别	VH
隐藏线显示模式	HL	取消隐藏图元	EU
带边框着色显示模式	SD	取消隐藏类别	VU
细线显示模式	TL	切换显示隐藏图元模式	RH
视图图元属性	VP	渲染	RR
可见性图形	VV	快捷键定义窗口	KS
临时隐藏图元	HH	视图窗口平铺	WT
临时隔离图元	HI	视图窗口层叠	WC

2. 自定义快捷键

除了系统自带的快捷键外，Revit 用户亦可以根据自己的习惯修改其中的快捷键命令。下面以修改"墙"定义快捷键"M"为例，来详细讲解如何在 Revit 中自定义快捷键。

（1）如图 3-64 所示，单击"视图"→"窗口"→"用户界面"→"快捷键"选项，如图 3-65 所示，打开"快捷键"对话框。

图 3-64　自定义快捷键

（2）如图 3-66 所示，在"搜索"文本框中，输入要定义快捷键的命令的名称"门"，将列出名称中所显示的"门"的命令或通过"过滤器"下拉框找到要定义的快捷键的命令所在的选项卡，来过滤显示该选项卡中的命令列表内容。

（3）在"指定"列表中，第一步选择所需命令"门"，第二步在"按新建"文本框中输入快捷键字符"M"，第三步单击 ➕指定(A) 按钮。新定义的快捷键将显示在选定命令的"快捷方式"列，如图 3-67 所示。

（4）如果自定义的快捷键已被指定给其他命令，则会弹出"快捷方式重复"对话框，如图 3-68 所示，通知指定的快捷键已指定给其他命令。单击"确定"按钮忽略提示，按"取消"按钮重新指定所选命令的快捷键。

图 3-65　打开自定义
快捷键命令

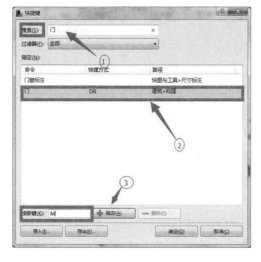

图 3-66　"快捷键"对话框搜索

图 3-67　"快捷键"对话框指定

（5）如图 3-69 所示，单击"快捷键"对话框底部 导出(E)... 按钮，弹出"导出快捷键"对话框，如图 3-70 所示，输入要导出的快捷键文件名称，单击 保存(S) 按钮可以将所有自

BIM模型项目管理应用

已定义的快捷键保存为 .xml 格式的数据文件。

图 3-68 "快捷方式重复"提示

图 3-69 "导出快捷键"对话框

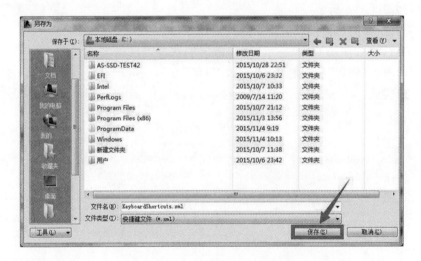

图 3-70 保存"快捷键"

（6）当重新安装 Revit 2016 时,可以通过"快捷键"对话框底部的"导入"工具,导入已保存的".xml"格式快捷键文件。同一命令可以指定给多个不同的快捷键。

第 4 章　Revit 模型的创建

教学导入

从本章开始，将在 Revit 2016 中进行操作，以软件自带项目案例为蓝本，从零开始创建基本建筑模型。对项目案例构件的建模命令、思路、流程进行阐述和实操，使读者建立模型概念、熟悉建模操作，为后续专业应用打下基础。

学习要点

- 构件的创建
- 构件的编辑

4.1　案例概述

4.1.1　项目概况

安装 Autodesk Revit 2016 软件后，打开软件界面，如图 4-1 所示，可直接看到 Revit 软件自带的项目案例与族案例图样，其项目文件储存在"用户选择的 Revit 软件安装目录（如 C:program Files(X86)）→Autodesk→Revit Copernicus→Samples"文件夹下。本章节选择"建筑样例项目"（即 rac_basic_sample_project. rvt）为案例进行讲述，如图 4-2 所示。

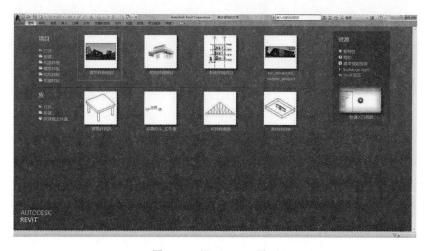

图 4-1　Revit 2016 界面

该建筑样例为一普通二层小别墅项目，总建筑面积约为 283.674m²，其中一层面积为 182.04m²，二层面积为 101.6m²。该建筑样例中已建立了基本的 Revit 模型（包含标高、轴网、视图、柱、墙、板、天花板、屋顶、门窗、栏杆、家具、场地等），方便读者直接查看已建立的模型参数并用于建模参考；除此以外，本案例还包含了对模型的进一步应用，如房间标记、生

图 4-2　小别墅项目

成明细表、渲染、生成图纸等,可基本掌握对该软件常用命令的充分认知,因而本章节选择在该案例的基础上直接进行命令讲解与拓展训练的学习。

4.1.2　项目流程

对于 Revit 项目建模,通常包括以下流程,如图 4-3 所示。

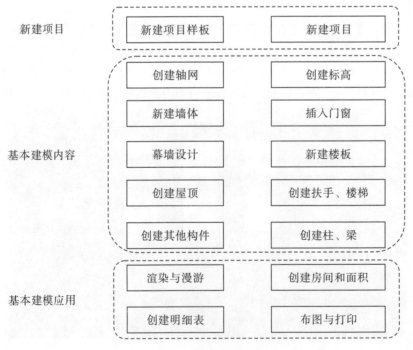

图 4-3　基本建模流程

对于整个建模过程分为新建项目、基本建模内容、基本建模应用三大板块,其中新建项目主要是新建项目样板和项目,包括项目的单位、标注、位置等的基本设置以及样板版本的统一;基本建模内容主要是对项目中的构件依次建模;基本建模应用则是通过对建立的模型进行渲染出效果图,创建房间与明细表从而对材料进行统计,并且可直接出设计图并打印。

4.2 项目准备

任何项目开始前,都需要在前期进行基本设置的准备工作,从而使得各绘图人员做到设计项目单位、对象样式、线型图案、项目位置、项目标注、其他等设置统一,如图 4-4 所示,在"管理"选项卡中可对进行各类基本设置。

图 4-4 "管理"选项卡

4.2.1 项目单位设置

切换到"管理"选项卡→"设置"面板→单击"项目单位 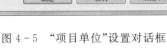"命令,弹出"项目单位"设置对话框,如图 4-5 所示。项目单位可依据不同的规程进行项目单位的设置,当在"视图属性"中修改规程时,对应的会采用所设置的项目单位,如图 4-6 所示。

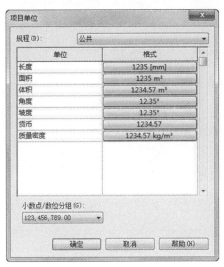

图 4-5 "项目单位"设置对话框 　　图 4-6 "视图属性"修改

目前软件可设置的单位包括长度、面积、体积、角度、坡度、货币、质量密度,单击要修改单位的格式凸显框,弹出对应单位可修改的格式信息,如长度可修改单位、舍入位数、是否带单位符号等。

4.2.2 项目位置设置

项目新建样板时,都需要对项目坐标位置进行统一设置。通过对项目地理位置的定位,得到气象等信息,便于后期的相关分析与模拟。项目位置如图 4-7 所示,可打开"管理"选项卡→"项目位置"面板进行设置。

图4-7 "项目位置"面板

单击"地点"按钮,切换至"默认城市列表",选择"北京,中国"。或者如果PC电脑处于连网状态,则软件会通过Bing地图服务显示互动的地图。其他的天气和场地用户可自定义进行设置。

4.2.3 其他基本设置

除了上述的设置外,还可对项目中的材质、尺寸标注、捕捉、项目信息、项目参数、共享参数、传递项目标准及清除未使用项等进行设置。

(1)材质设置🔲:可对项目中所涉及的各构件的材质进行标识、图形、外观、物理与热度的设置。一般在构件属性编辑器中也可对构件的材质进行编辑。

(2)项目标注:如图4-8主要是针对标记族的设置,如剖面索引、立面和剖面视图及箭头标记符号的设置,以及使用临时尺寸标注时默认的测量起点与终点,如图4-9所示。

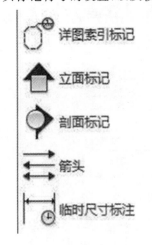

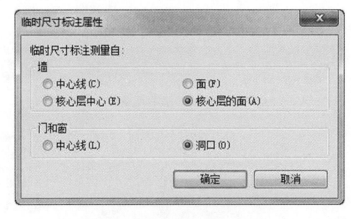

图4-8 标记族设置

图4-9 临时尺寸标注属性设置

(3)捕捉设置🔲:用于设置捕捉增量,以及启用或禁用捕捉点,其功能类似于CAD的捕捉设置。

(4)项目信息🔲:用于指定能量数据、项目状态和客户信息,某些项目信息值可直接显示在图纸的标题栏中。通过对"共享参数"的使用,可将自定义字段添加至项目信息中。

(5)项目参数🔲与共享参数🔲:两者皆为用于项目图元的参数,并在明细表中使用。区别在于项目参数仅限于本项目,不能与其他项目或族共享;而共享参数存储于一个独立于任何族文件或项目的文件中,可为族文件或项目添加尚未定义的特定数据。

(6)传递项目标准:用于传递不同项目间的数据标准,避免由于数据标准的差异影响绘图效果,包括族类型、线宽、材质、视图样板和对象样式等项目标准。

4.3 标高和轴网的创建

4.3.1 创建标高

标高用来定义楼层层高及生成平面视图,反映建筑物构件在竖向的定位情况,在 Revit 中开始进行建模前,应先对项目的层高和标高信息作出整体规划。标高不是必须作为楼层层高,其标高符号样式可定制修改。

下面以案例项目为例,介绍 Revit 中创建项目标高的一般步骤。

如图 4-10 所示,点击"新建"→"项目",打开 Revit 2016 默认的"建筑样板"。在 Revit 中,"标高"命令必须在立面和剖面视图中才能使用,因此在正式开始项目设计前,必须事先打开一个立面视图,如南立面。在立面视图中将默认样板中的标高 1 和标高 2 均修改为 1F 和 2F,其中 2F 的标高为"4.000",如图 4-11 所示,单击标高符号中的高度值,可输入"3.5",则 2F 的楼层高度改为 3.5m,如图 4-12 所示。

图 4-10 打开默认建筑样板

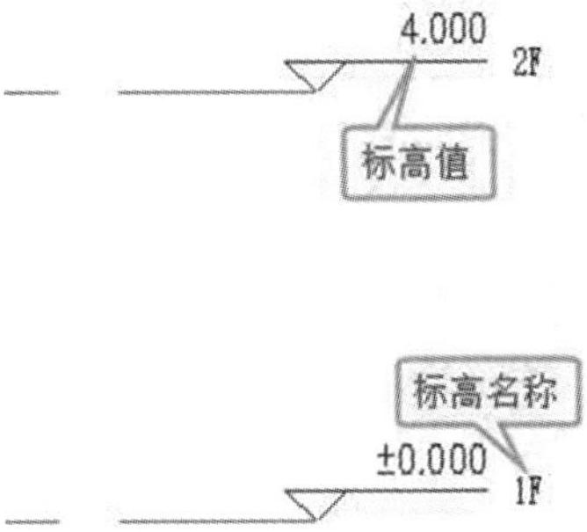

图 4-11 标高

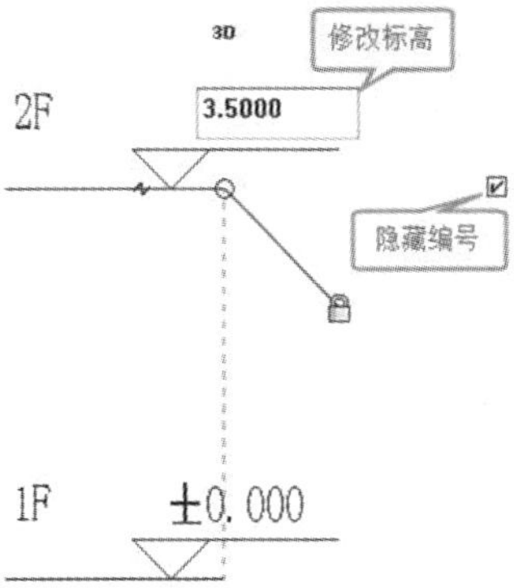

图 4-12 修改标高

除了直接修改标高值,还可通过临时尺寸标注修改两标高间的距离。单击"2F",蓝显后在 1F 与 2F 间会出现一条蓝色临时尺寸标注如图 4-13 所示,此时直接单击临时尺寸上的标注值,即可重新输入新的数值,该值单位为"mm",与标高值的单位"m"不同,读者要注意区别。

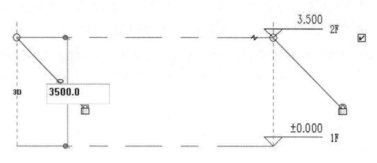

图 4 - 13   调整标高

绘制标高 3：单击"建筑"选项卡→"基准"面板→"标高"命令，移动光标到视图中"2F"左端标头上方 3000mm 处，当出现绿色标头对齐虚线时，单击鼠标左键捕捉标高起点。向右拖动鼠标，直到再次出现绿色标头对齐虚线，单击鼠标完成新楼层的绘制，并将其重命名为"3F"。

4.3.2   创建轴网

轴网用于构件定位，在 Revit 中轴网只需要在任意一个平面视图中绘制一次，其他平面和立面、剖面视图中都将自动显示。

在项目浏览器中双击"楼层平面"项下的"1F"视图，打开"楼层平面：1F"视图。选择"建筑"选项卡→"基准"面板→"轴网"命令或快捷键 GR 进行绘制。

在视图范围内单击一点后，垂直向上移动光标到合适距离再次单击，绘制第一条垂直轴线，轴号为 1。利用复制命令创建 2—7 号轴网。选择 1 号轴线，单击"修改"面板的"复制"命令，在 1 号轴线上单击捕捉一点作为复制参考点，然后水平向右移动光标，输入间距值 1200 后，单击一次鼠标复制生成 2 号轴线。保持光标位于新复制的轴线右侧，分别输入 3900、2800、1000、4000、600 后依次单击确认，绘制 3—7 号轴线，完成结果如图4-14所示。

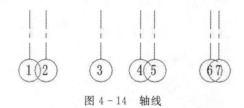

图 4 - 14   轴线

使用复制功能时，勾选选项栏中的"约束"，可使得轴网垂直复制，"多个"可单次连续复制。

继续使用"轴网"命令绘制水平轴线，移动光标到视图中 1 号轴线标头左上方位置，单击鼠标左键捕捉一点作为轴线起点。然后从左向右水平移动光标到 7 号轴线右侧一段距离后，再次单击鼠标左键捕捉轴线终点，创建第一条水平轴线。选择该水平轴线，修改标头文字为"A"，创建 A 号轴线。

同上绘制水平轴线步骤，利用"复制"命令，创建 B—E 号轴线。移动光标在 A 号轴线上单击捕捉一点作为复制参考点，然后垂直向上移动光标，保持光标位于新复制的轴线上侧，分别输入 2900、3100、2600、5700 后依次单击确认，完成复制。

重新选择 A 号轴线进行复制，垂直向上移动光标，输入值 1300，单击鼠标绘制轴线，选择新建的轴线,修改标头文字为"1/A"。完成后的轴网如图 4 - 15 所示。

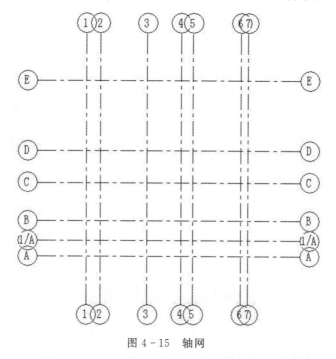

图 4 - 15　轴网

4.4　墙体的创建

墙体是建筑设计中的重要组成部分,在实际工程中墙体根据材质、功能也分多种类型,如隔墙、防火墙、叠层墙、复合墙、幕墙等,因此在绘制时,需要综合考虑墙体的高度、厚度、构造做法、图纸粗略、精细程度的显示、内外墙体区别等。随着高层建筑的不断涌现,幕墙以及异形墙体的应用越来越多,而通过Revit 能有效建立出直观的三维信息模型。

图 4 - 16　"墙"的下拉按钮

4.4.1　绘制墙体

进入平面视图中,单击"建筑"选项卡→"构建"面板→"墙"的下拉按钮,如图 4 - 16 所示。有"建筑墙""结构墙""面墙""墙饰条""墙分隔缝"五种选择,"墙饰条"和"墙分隔缝"只有在三维的视图下才能激活亮显,用于墙体绘制完后添加。其他墙可以从字面上来理解,建筑墙主要是用于分割空间,不承重;结构墙用于承重以及抗剪作用;面墙主要用于体量或常规模型创建墙面。

单击选择"墙:建筑"后,在选项卡中出现 修改 | 放置 墙 上下文选项卡,面板中出现墙体的绘制方式如图 4 - 17 所示,属性栏将由视图"属性"框转变为墙"属性",如图 4 - 18 所示,以及选项栏也变为墙体设置选项,如图 4 - 19 所示。

绘制墙体需要先选择绘制方式,如直线、矩形、多边形、圆形、弧形等,如果有导入的二维

.dwg 平面图作为底图,可以先选择"拾取线/边"命令,鼠标拾取 .dwg 平面图的墙线,自动生成 Revit 墙体。除此以外,还可利用"拾取面"功能拾取体量的面生成墙。

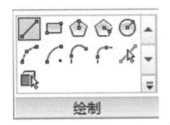

图 4 - 17　墙体的绘制方式

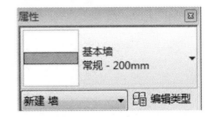

图 4 - 18　墙属性

图 4 - 19　墙体设置选项

1. 选项栏参数设置

在完成绘制方式的选择后,要设置有关墙体的参数属性。

(1)在"选项栏"中,"高度"与"深度"分别指从当前视图向上还是向下延伸墙体。

(2)"未连接"选项中还包含各个标高楼层;"4200"表示该视图墙顶部距底部 4200mm。

(3)勾选"链"表示可以连续绘制墙体。

(4)"偏移量"表示绘制墙体时,墙体距离捕捉点的距离,如图 4 - 20 设置的偏移量为 200mm,则绘制墙体时捕捉绿色虚线(即参照平面),绘制的墙体距离参照平面 200mm。

(5)"半径"表示两面直墙的端点相连接处不是折线,而是根据设定的半径值,自动生成圆弧墙,如图 4 - 21 所示,设定的半径 1000mm。

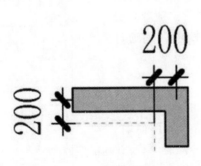

图 4 - 20　偏移量设置

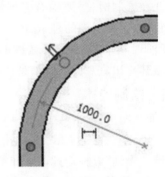

图 4 - 21　圆弧墙

2. 实例参数设置

如图 4 - 22 所示,该属性为墙的实例属性,主要设置墙体的墙体定位线、高度、底部和顶部的约束与偏移等,有些参数为暗显,该参数可在:更换为三维视图、选中构件、附着时或改为结构墙等情况下亮显。

(1)定位线:共分为墙中心线、核心层、面层面与核心面四种定位方式。在 Revit 术语中,墙的核心层是指其主结构层。在简单的砖墙中,"墙中心线"和"核心层中心线"平面将会重合,然而它们在复合墙中可能会不同。顺时针绘制墙时,其外部面(面层面:外部)默认情况下位于顶部。

　　图 4-23 为一基本墙,右侧为基本墙的结构构造。通过选择不同的定位线,从左向右绘制出的墙体与参照平面的相交方式是不同的,如图 4-24 所示。选中绘制好的墙体,单击"翻转控件" ⬍ 可调整墙体的方向。

　　(2)底部限制条件/顶部约束:表示墙体上下的约束范围。

　　(3)底/顶部偏移:在约束范围的条件下,可上下微调墙体的高度,如果同时偏移 100mm,表示墙体高度不变,整体向上偏移 100mm。+100mm 为向上偏移,-100mm 为向下偏移。

　　(4)无连接高度:表示墙体顶部在不选择"顶部约束"时高度的设置。

　　(5)房间边界:在计算房间的面积、周长和体积时,Revit 会使用房间边界。可以在平面视图和剖面视图中查看房间边界。墙则默认为房间边界。

　　(6)结构:表示该墙是否为结构墙,勾选后,则可用于作后期受力分析。

图 4-22　墙的属性

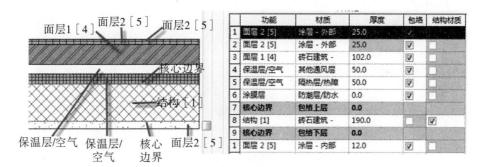

图 4-23　基本墙

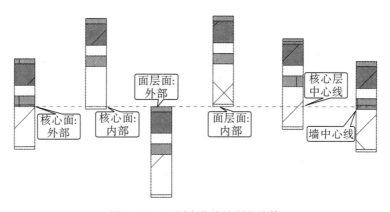

图 4-24　不同定位线绘制的墙体

3. 类型参数设置

在绘制完一段墙体后,选择该面墙,单击"属性"栏中的"编辑属性",弹出"类型属性"对话框,如图 4 - 25 所示。

(1)复制:可复制"系统族:基本墙"下不同类型的墙体,如复制新建:普通砖200mm,复制出的墙体为新的墙体。

(2)重命名:可将"类型"中的墙名称修改。

(3)结构:用于设置墙体的结构构造,单击"编辑",弹出"编辑部件"对话框,如图 4 - 26 所示。内/外部边表示墙的内外两侧,可根据需要添加墙体的内部结构构造。

(4)默认包络:"包络"指的是墙非核心构造层在断开点处的处理办法,仅是对编辑部件中勾选了"包络"的构造层进行包络,且只在墙开放的断点处进行包络。可选择"外部-带粉砖与砌块复合墙"在"楼层平面:修改类型属性"视图中查看包络差异情况,如图 4 - 27 所示为整个"外部边的包络"。

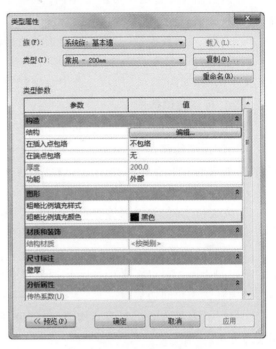

图 4 - 25 "类型属性"对话框

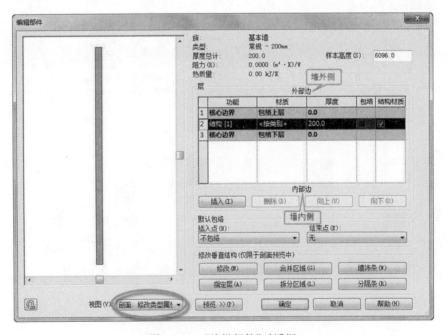

图 4 - 26 "编辑部件"对话框

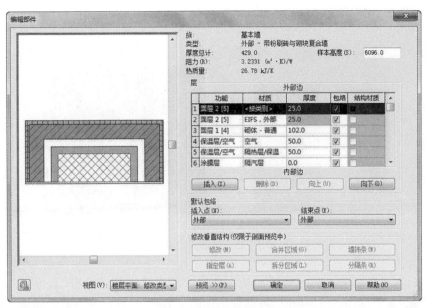

图 4-27　包络设置

（5）**修改垂直结构：**打开下方的"预览"后，选择"剖面：修改类型属性"视图后才会亮显。主要用于复合墙、墙饰条与分隔缝的创建。

复合墙：在"编辑部件"对话框中，插入一个面层 1，"厚度"改为 20mm。创建复合墙，通过利用"拆分区域"按钮拆分面层，放置在面层上会有一条高亮显示的预览拆分线，放置好高度后单击鼠标左键，在"编辑部件"对话框中再次插入新建面层 2，修改面层材质，单击该面层 2 前的数字序号，选中新建的面层，然后单击"指定层"，在视图中单击拆分后的某一段面层，选中的面层蓝色显示，点击"修改"，将新建的面层指定给了拆分后的某一段面层，如图 4-28 所示。

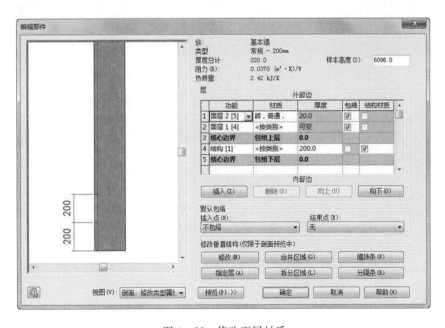

图 4-28　修改面层材质

通过对墙体面层的"指定层"与"修改",即可实现一面墙在不同高度有几个材质的要求,如图 4 - 29 所示。

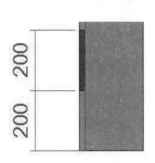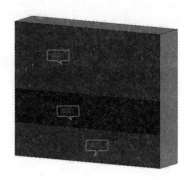

图 4 - 29　墙体面层修改

墙饰条:主要是用于绘制的墙体在某一高度处自带墙饰条。单击"墙饰条",在弹出的"墙饰条"对话框中,单击"添加"轮廓可选择不同的轮廓族,如果没有所需的轮廓,可通过"载入轮廓"载入轮廓族,设置墙饰条的各参数,则可实现绘制出的墙体直接带有墙饰条,如图 4 - 30所示。

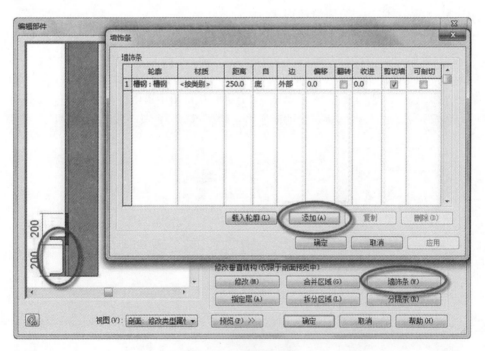

图 4 - 30　墙饰条设置

分隔缝类似于墙饰条,只需添加分隔缝的族并编辑参数即可,在此不加以赘述。

4. 墙族分类

上述所讲的墙,均以"基本墙"为例讲述。但是墙除了"基本墙",还包括"叠层墙"和"幕墙",共三大块。

（1）"叠层墙"：要绘制叠层墙，首先需要在"属性"栏中选中叠层墙的案例，编辑其类型。其由不同的材质、类型的墙在不同的高度叠加而成，墙1、墙2均为来自"基本墙"，因此没有的墙类型要在"基本墙"中新建墙体后，再添加到叠层墙中。

（2）幕墙：主要用于绘制玻璃幕墙，详见4.7节。

4.4.2 编辑墙体

在定义好墙体的高度、厚度、材质等各参数后，按照CAD底图或设计要求绘制完墙体的过程中，还需要对墙体进行编辑。可利用"修改"面板下的"移动、复制、旋转、阵列、镜像、对齐、拆分、修剪、偏移"等编辑命令进行（和CAD中对线段的编辑一样），以及编辑墙体轮廓、附着/分离墙体，使所绘墙体与实际设计保持一致。

1. 编辑墙体轮廓

选择绘制好的墙后，自动激活"修改|墙"选项卡，单击"修改|墙"下"模式"面板中的"编辑轮廓"，如图4-31所示。如果在平面视图进行了轮廓编辑操作，此时弹出"转到视图"对话框，选择任意立面或三维进行操作，进入绘制轮廓草图模式。

图4-31 "编辑轮廓"

在三维或立面中，利用不同的绘制方式工具，绘制所需形状，如图4-32所示。其创建思路为：创建一段墙体→修改|墙→编辑轮廓→绘制轮廓→修剪轮廓→完成绘制模式。

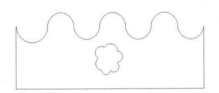

图4-32 弧形墙体

完成后，单击"完成编辑模式" ✔ 即可完成墙体的编辑，保存文件。

2. 附着/分离墙体

如果墙体在多坡屋面的下方，需要墙和屋顶有效快速连接，依靠编辑墙体轮廓的话，会花费很多时间，此时通过"附着/分离"墙体能有效解决问题。

如图4-33所示，墙与屋顶未连接，用Tab键选中所有墙体，在"修改墙"面板中选择"附着顶部/底部"，在选项卡 附着墙:◉顶部 ○底部 中选择顶部或底部，再单击选择屋顶，则墙自动附着在屋顶下，如图4-34所示。再次选择墙，单击"分离顶部/底部"，再选择屋顶，则墙会恢复原样。

图 4 - 33　墙与屋顶未连接　　　　　图 4 - 34　墙自动附着

3. 墙体连接方式

墙体相交时,可有多种连接方式,如平接、斜接和方接三种方式,如图 4 - 35 所示。单击"修改"选项卡→"几何图形"面板→"墙连接" 功能,将鼠标光标移至墙上,然后在显示的灰色方块中单击,即可实现墙体的连接。

图 4 - 35　墙体连接方式

在设置墙连接时,可指定墙连接是否以及如何在活动平面视图中进行处理,在"墙连接"命令下,将光标移至墙连接上,然后在显示的灰色方块中单击。在"选项栏"中的"显示"有"清理连接""不清理连接""使用视图设置"三个显示设置,如图 4 - 36 所示。

图 4 - 36　显示设置

默认情况下,Revit 会创建平接连接并清理平面视图中的显示,如果设置成"不清理连接",则在退出"墙连接"工具时,这些线不消失。另外,在设置墙体连接方式时,不同视图详细程度与显示设置也会在很大程度上影响显示效果。如图 4 - 37 所示。

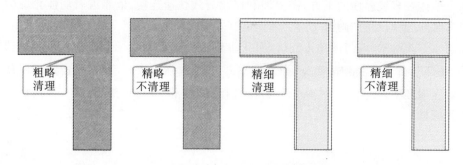

图 4 - 37　不同视图详细程度

本节主要建立了项目模型中最基础的模型——墙。通过对各类墙体的创建、属性设置，掌握各类墙体绘制、编辑和修改的方法。基本墙体创建是基础，对于复杂墙体，可利用内建族、体量等方式来创建。

4.5　门窗的创建

在三维模型中，门窗的模型与它们的平面表达并不是对应的剖切关系，在平面图中可与 CAD 图一样表达，这说明门窗模型与平立面表达可以相对独立。在 Revit 中的门窗可直接放置已有的门窗族，对于普通门窗可直接通过修改族类型参数，如门窗的宽和高、材质等，形成新的门窗类型。

4.5.1　插入门、窗

门、窗是基于主体的构件，可添加到任何类型的墙体，并在平、立、剖以及三维视图中均可添加门，且门会自动剪切墙体放置。

单击"建筑"选项卡→"构建"面板→"门""窗"命令，在类型选择器下，选择所需的门、窗类型，如果需要更多的门、窗类型，通过"载入族"命令从族库载入或者和新建墙一样新建不同尺寸的门窗。

放置前，在"选项栏"中选择"在放置时进行标记"则软件会自动标记门窗，选择"引线"可设置引线长度，如图 4-38 所示。门窗只有在墙体上才会显示，在墙主体上移动光标，参照临时尺寸标注，当门位于正确的位置时单击鼠标确定。

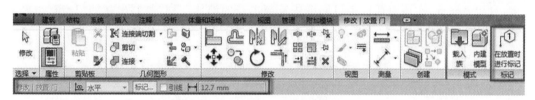

图 4-38　标记及引线设置

在放置门窗时，如果未勾选"在放置时进行标记"，还可通过第二种方式对门窗进行标记。选择"注释"选项卡中的"标记"面板，单击"按类别标记"，将光标移至放置标记的构件上，待其高亮显示时，单击鼠标则可直接标记；或者单击"全部标记"，在弹出的"标记所有未标记的对象"对话框，选中所需标记的类别后，单击"确定"即可，如图 4-39 所示。

图 4-39　通过"标记"面板设置标记

4.5.2　编辑门、窗

1. 实例属性

在视图中选择门、窗后，视图"属性"框则自动转成门/窗"属性"，如图 4-40 所示，在"属性"框中可设置门、窗的"标高"以及"底高度",该底高度即为窗台高度,顶高度为门窗高度+底高度。该"属性"框中的参数为该扇门窗的实例参数。

图4-40 门/窗"属性"设置

2. 类型属性

在"属性"框中,单击"编辑类型",在弹出的"类型属性"对话框中,可设置门、窗的高度、宽度、材质等属性,在该对话框中可同墙体复制出新的墙体一样,复制出新的门、窗,以及对当前的门、窗重命名,如图4-41所示。

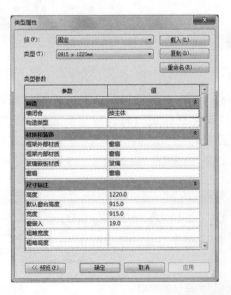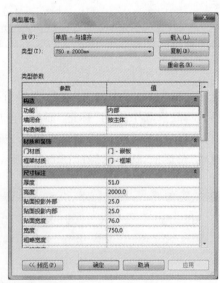

图4-41 门、窗"类型属性"设置

对于窗如果有底标高,除了在实例或类型属性处修改,还可切换至立面视图,选择窗,移动临时尺寸界线,修改临时尺寸标注值。图4-42有一面东西走向墙体,则进入"项目浏览器",用鼠标单击"立面(建筑立面)",双击"南立面"从而进入南立面视图。在南立面视图中,如图 4 - 43 所示,选中该扇窗,移动临时尺寸控制点至±0 标高线,修改临时尺寸标注值为"1000"后,按"Enter"键确认修改。

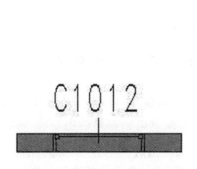

图 4 - 42　一面东西走向墙体

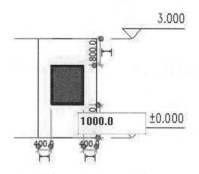

图 4 - 43　修改尺寸标注值

4.6　楼板的创建

楼板的创建不仅可以是楼面板,还可以是坡道、楼梯休息平台等,对于有坡度的楼板,通过"修改子图元"命令修改楼板的空间形状,设置楼板的构造层找坡,实现楼板的内排水和有组织排水的分水线建模绘制。

楼板共分为建筑板、结构板以及楼板边缘,建筑与结构同样是在于是否进行结构分析。楼板边缘多用于生成住宅外的小台阶。

4.6.1　新建楼板

单击"建筑"选项卡→"构建"面板→"楼板"→"楼板:建筑",在弹出的"修改|创建楼层边界"上下文选项卡(见图 4 - 44)中,可选择楼板的绘制方式,本教材以"直线"与"拾取墙"两种方式来讲解。

图 4 - 44　"修改|创建楼层边界"选项卡

使用"直线"命令绘制楼板边界则可绘制任意形状的楼板,"拾取墙"命令可根据已绘制好的墙体快速生成楼板。

1. 属性设置

在使用不同的绘制方式绘制楼板时,在"选项栏"中是不同的绘制选项,如图 4 - 45 所示,其"偏移"功能也是提高效率的有效方式,通过设置偏移值,可直接生成距离参照线一定偏移量的板边线。

图4-45 属性设置

对于楼板的实例与类型属性主要设置板的厚度、材质以及楼板的标高与偏移值。

2. 绘制楼板

偏移量设置为200mm,用"直线"命令方式绘制如图4-46所示的矩形楼板,标高为"2F",内部为"200mm"厚的常规墙,高度为1F-2F,绘制时捕捉墙的中心线,顺时针绘制楼板边界线。

边界绘制完成后,单击 ✔ 完成绘制,此时会弹出"是否希望将高达此楼层标高的墙附着到此楼层的底部",如图4-47所示,如果单击"是",将高达此楼层标高的墙附着到此楼层的底部;单击"否",将高达此楼层标高的墙将未附着,与楼板同高度,如图4-48所示。

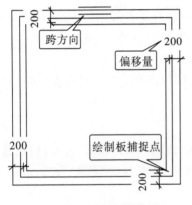

图4-46 绘制矩形楼板

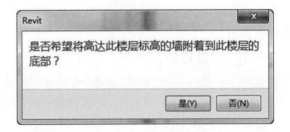

图4-47 弹出对话框

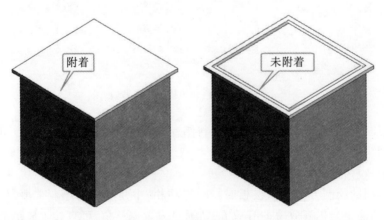

图4-48 绘制楼板

通过"边界线"绘制完楼板后,在"绘制"面板中还有"坡度箭头"的绘制,其主要用于斜楼板的绘制,可在楼板上绘制一条坡度箭头,如图 4-49 所示,并在"属性"框中设置该坡度线的"最高/低处的标高"。

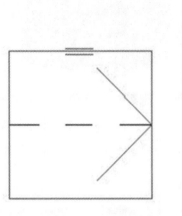

图 4-49　坡度线设置

4.6.2　编辑楼板

如果楼板边界绘制不正确,则可再次选中楼板,单击"修改|楼板"选项卡中的"编辑边界"命令,如图 4-50 所示,可再次进入编辑楼板轮廓草图模式。

图 4-50　"编辑边界"命令

1. 形状编辑

除了可编辑边界,还可通过"形状编辑"编辑楼板的形状,同样可绘制出斜楼板,如单击"修改子图元"选项后,进入编辑状态,单击视图中的绿点,出现"0"文本框,其可设置该楼板边界点的偏移高度,如 500,则该板的此点向上抬升 500mm,如图 4-51 所示。

2. 楼板洞口

楼板开洞,除了"编辑楼板边界"可开洞外,如图 4-52 所示,还有专门的开洞的方式。

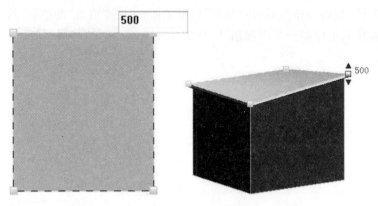

图 4 - 51　通过"形状编辑"编辑楼板的形状

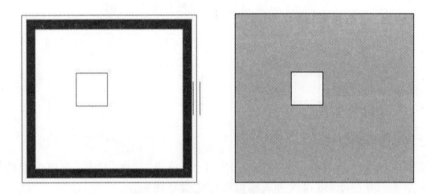

图 4 - 52　楼板洞口

4.7　幕墙设计

幕墙是现代建筑设计中被广泛应用的一种建筑外墙,由幕墙网格、竖梃和幕墙嵌板组成。其附着到建筑结构,但不承担建筑的楼板或屋顶荷载。在 Revit 中,根据幕墙的复杂程度分常规幕墙、规则幕墙系统和面幕墙系统三种创建幕墙的方法。

常规幕墙是墙体的一种特殊类型,其绘制方法和常规墙体相同,并具有常规墙体的各种属性,可以像编辑常规墙体一样用"附着""编辑立面轮廓"等命令编辑常规幕墙。规则幕墙系统和面幕墙系统可通过创建体量或常规模型来绘制,主要对于幕墙数量、面积较大或不规则曲面时使用,此节主要讲常规幕墙的创建。

4.7.1　创建玻璃幕墙、跨层窗

幕墙四种默认类型:幕墙、外部玻璃、店面与扶手。

对于上述四种类型的幕墙,均可通过幕墙网格、竖梃以及嵌板三大组成元素来进行设置,本节主要以幕墙为例。

单击"建筑"选项卡→"构建"面板→"墙:建筑"→"属性"框中选择"幕墙"类型→绘制幕墙→编辑幕墙。幕墙的绘制方式和墙体绘制相同,但是幕墙比普通墙多了部分参数的设置。

1. 类型属性

绘制幕墙前,单击"属性"框中的"编辑类型",在弹出的"类型属性"对话中设置幕墙参数,如图 4-53 所示。主要需要设置"构造""垂直网格样式""水平网格样式""垂直竖梃""水平竖梃"几大参数。"复制"和"重命名"的使用方式和其他构件一致,可用于创建新的幕墙以及对幕墙重命名。

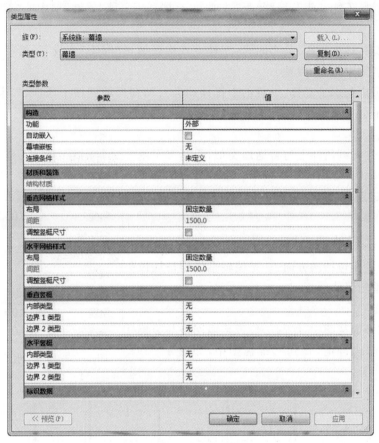

图 4-53 设置幕墙参数

（1）构造：主要用于设置幕墙的嵌入和连接方式。勾选"自动嵌入"则在普通墙体上绘制的幕墙会自动剪切墙体,如图 4-54 所示。

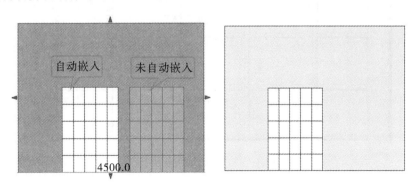

图 4-54 "自动嵌入"图示

"幕墙嵌板"中,单击"无"中的下拉框,可选择绘制幕墙的默认嵌板,一般幕墙的默认选择为"系统嵌板:玻璃"。

(2)垂直网格与竖直网格样式:用于分割幕墙表面,用于整体分割或局部细分幕墙嵌板。根据其"布局方式"可分为:"无""固定数量""固定距离""最大间距""最小间距"五种方式。

①无:绘制的幕墙没有网格线,可在绘制完幕墙后,在幕墙上添加网格线。

②固定数量:不能编辑幕墙"间距"选项,可直接利用幕墙"属性"框中的"编号"来设置幕墙网格数量。

③固定距离、最大间距、最小间距:三种方式均是通过"间距"来设置,绘制幕墙时,多用"固定数量"与"固定距离"两种。

(3)垂直竖梃与水平竖梃:设置的竖梃样式会自动在幕墙网格上添加,如果该处没有网格线,则该处不会生成竖梃。

2. 实例属性

玻璃幕墙在实例属性上与普通墙类似,只是多了垂直/水平网格样式。如图4-55所示。编号只有网格样式设置成"固定距离"时才能被激活,编号值即等于网格数。

垂直网格样式	
编号	4
对正	起点
角度	0.000°
偏移量	0.0
水平网格样式	
编号	4
对正	起点
角度	0.000°
偏移量	0.0

图4-55　垂直/水平风格样式

4.7.2　编辑玻璃幕墙

编辑玻璃主要包括两方面:一是编辑幕墙网格线段与竖梃;二是编辑幕墙嵌板。

1. 编辑幕墙网格线段

在三维或平面视图中,绘制一段带幕墙网格与竖梃的玻璃幕墙,样式自定,转到三维视图中,如图4-56所示。

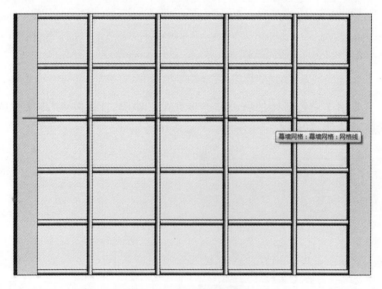

幕墙网格:幕墙网格:网格线

图4-56　绘制玻璃幕墙

90

将光标移至某根幕墙网格处,待网格虚线高亮显示时,单击鼠标左键,选中幕墙网格,则出现"修改|幕墙网格"上下文选项卡,单击"幕墙网格"面板中的"添加/删除线段"。此时,单击选中幕墙网格中需要断开的该段网格线,再单击删除网格线的地方又可添加网格线,如图4-57所示。类型属性中设置了幕墙竖梃后,添加或删除幕墙网格线,同步会添加/删除幕墙竖梃。

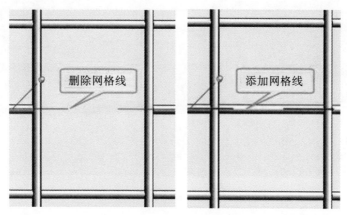

图 4-57　编辑幕墙网格线

如果不选中幕墙,同样可以添加幕墙网格,单击"建筑"选项卡→"构建"面板→"幕墙网格"或"竖梃"命令,在弹出的"修改|放置 幕墙网格(竖梃)"上下文选项卡的"放置"面板中,可以选择网格或竖梃的放置方式,如图4-58和图4-59所示。

图 4-58　修改幕墙网格

图 4-59　网格线

(1)放置幕墙网格。

①全部分段:单击添加整条网格线。

②一段:单击添加一段网格线,从而拆分嵌板。

③除拾取外的全部:单击先添加一条红色的整条网格线,再单击某段删除,其余的嵌板添加网格线。

(2)放置幕墙竖梃。

①网格线:单击一条网格线,则整条网格线均添加竖梃。

②单段网格线:在每根网格线相交后,形成的单段网格线处添加竖梃。

③全部网格线:全部网格线均加上竖梃。

2. 编辑幕墙嵌板

将鼠标放在幕墙网格上,通过多次切换 Tab 键选择幕墙嵌板,选中后,在"属性"框中的"类型选择器",可直接修改幕墙嵌板类型,如图4-60所示。如果没有所需类型,可通过载入族库中的族文件或新建族载入到项目中。

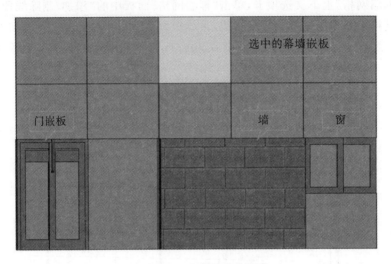

图4-60 编辑幕墙嵌板

幕墙主要是通过设置幕墙网格、幕墙嵌板和幕墙竖梃来进行设计。对于幕墙网格可采用手动编辑和自动生成幕墙网格两种方式,可以对幕墙的造型进行各种编辑。灵活使用幕墙工具,可以创建任意复杂形式的幕墙样式。

4.8 屋顶的创建

屋顶是房屋最上层起覆盖作用的围护结构,根据屋顶排水坡度的不同,常见的有平屋顶、坡屋顶两大类,坡屋顶也具有很好的排水效果。屋顶是建筑的重要组成部分。在Revit中提供了多种建模工具。如:迹线屋顶、拉伸屋顶、面屋顶、玻璃斜窗等创建屋顶的常规工具。此外,对于一些特殊造型的屋顶,还可以通过内建模型的工具来创建。

图4-61 "屋顶"下拉列表

4.8.1 创建迹线屋顶

对于大部分的屋顶的绘制,均是通过"建筑"选项卡→"构建"面板→"屋顶"下拉列表→选择绘制命令进行,如图4-61所示。其包括"迹线屋顶""拉伸屋顶""面屋顶"三种屋顶的绘制方式。

选择"迹线屋顶",迹线屋顶即是通过绘制屋顶的各条边界线,为各边界线定义坡度的过程。

1. 上下文选项卡设置

选择"迹线屋顶"命令后,进入绘制屋顶轮廓草图模式。绘图区域自动跳转至"创建屋顶迹线"上下文选项卡,如图4-62所示。其绘制方式除了边界线的绘制,还包括坡度箭头的绘制。

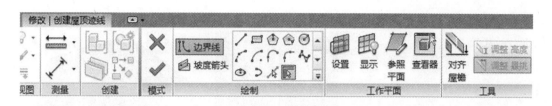

图4-62 "创建屋顶迹线"选项卡

(1)边界线绘制方式。

屋顶的边界线绘制方式和其他构件类似,在绘制前,在"选项栏中"勾选"定义坡度",则绘制的每根边界线都定义了坡度值,可在"属性"中或选中边界线,单击角度值设置坡度值。"偏移量"是相对于拾取线的偏移值;"悬挑"用于"拾取墙"命令,是对于拾取墙线的偏移。如图4-63所示。

图4-63 边界线绘制设置

(2)坡度箭头绘制方式。

除了通过边界线定义坡度来绘制屋顶,还可通过坡度箭头绘制。其边界线绘制方式和上述所讲的边界线绘制一致,但用坡度箭头绘制前需取消勾选"定义坡度",通过坡度箭头的方式来指定屋顶的坡度,如图4-64所示。

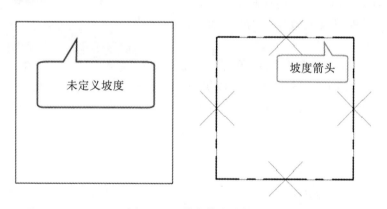

图4-64 坡度箭头绘制

图4-64所绘制的坡度箭头,需在坡度"属性"框中设置坡度的"最高/低处标高"以及"头/尾高度偏移",如图4-65所示。完成后勾选"完成编辑模式",完成后的屋顶平面与三维视图,如图4-66所示。

限制条件	☆
指定	尾高
最低处标高	默认
尾高度偏移	0.0
最高处标高	默认
头高度偏移	1000.0
尺寸标注	☆
坡度	1:1.73
长度	5000.0

图 4-65　设置坡度

图 4-66　屋顶平面与三维视图

2. 实例属性设置

对于用"边界线"方式绘制的屋顶,在"属性"框中与其他构件不同的是,多了截断标高、截断偏移、椽截面以及坡度四个概念,如图 4-67 所示。

(1)截断标高:指屋顶顶标高到达该标高截面时,屋顶会被该截面剪切出洞口,如 2F 标高处截断。

(2)截断偏移:截断面在该标高处向上或向下的偏移值,如 100mm。

(3)椽截面:指的是屋顶边界处理方式,包括垂直截面、垂直双截面与正方形双截面。

(4)坡度:各根带坡度边界线的坡度值,如 1:1.73。

图 4-68 为绘制的屋顶边界线,单击坡度箭头可调整坡度值,如图 4-69 所示为生成屋顶。根据整个的屋顶的生成过程,可以看出,屋顶是根据所绘制的边界线,按照坡度值形成一定角度向上延伸而成。

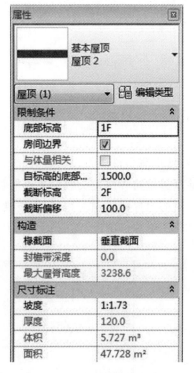

属性		☒
	基本屋顶 屋顶 2	▾
屋顶 (1)	▾	🔲 编辑类型
限制条件		☆
底部标高	1F	
房间边界	☑	
与体量相关	☐	
自标高的底部...	1500.0	
截断标高	2F	
截断偏移	100.0	
构造		☆
椽截面	垂直截面	
封檐带深度	0.0	
最大屋脊高度	3238.6	
尺寸标注		☆
坡度	1:1.73	
厚度	120.0	
体积	5.727 m³	
面积	47.728 m²	

图 4-67　屋顶属性

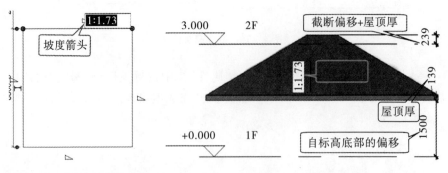

图 4-68　绘制的屋顶边界线　　　　图 4-69　生成的屋顶

4.8.2 创建拉伸屋顶

拉伸屋顶主要是通过在立面上绘制拉伸形状,按照拉伸形状在平面上拉伸而形成。拉伸屋顶的轮廓是不能在楼层平面上进行绘制的。

单击"建筑"选项卡→"构建"面板→"屋顶"下拉列表→"拉伸屋顶"命令,如果初始视图是平面,则选择"拉伸屋顶"后,会弹出"工作平面"对话框,如图 4-70 所示。

拾取平面中的一条直线,则软件自动跳转至"转到视图"界面,在平面中选择不同的线,软件弹出的"转到视图"中的选择立面是不同的。

如果选择水平直线,则跳转至"南、北"立面,如图 4-71 所示;如果选择垂直线,则跳转至"东、西"立面;如果选择的是斜线,则跳转至"东、西、南、北"立面,同时三维视图均可跳转。

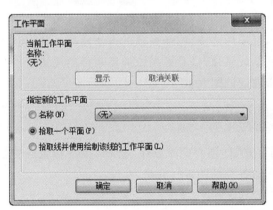

图 4-70 "工作平面"对话框

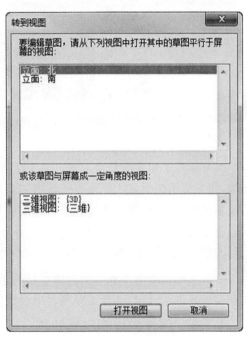

图 4-71 "转到视图"界面

选择完立面视图后,软件弹出"屋顶参照标高和偏移"对话框,在对话框中设置绘制屋顶的参照标高以及参照标高的偏移值,如图 4-72 所示。

此时,可以开始在立面或三维视图中绘制屋顶拉伸截面线,无需闭合,如图 4-73 所示。绘制完后,需在"属性"框中设置"拉伸的起点/终点"(其设置的参照与最初弹出的"工作平

图 4-72 设置屋顶参照标高和偏移

面"选取有关,均是以"工作平面"为拉伸参照)、椽截面等,如图 4-74 所示;同时在"编辑类型"中设置屋顶的构造、材质、厚度、粗略比例填充样式等类型属性,完成后的屋顶平面图,如图 4-75 所示。

图 4 - 73　屋顶拉伸截面线

限制条件	⊗
工作平面	<不关联>
房间边界	☑
与体量相关	☐
拉伸起点	400.0
拉伸终点	-400.0
参照标高	2F
标高偏移	0.0

图 4 - 74　设置拉伸起点与终点

图 4 - 75　参照平面

本节学习了屋顶的创建方法。对于屋顶,可采用迹线、拉伸屋顶的方法绘制。其中对于迹线,除了常用的指定轮廓边界线坡度生成复杂坡屋顶,以及使用拉伸屋顶可生成任意形状的屋顶模型外,还可使用坡度箭头工具生成带坡度的图元。

4.9　扶手、楼梯的创建

本节采用功能命令和案例讲解相结合的方式,详细介绍了扶手、楼梯、台阶和坡道的创建和编辑的方法,同时结合实际项目中会遇到的各类问题进行分析。

4.9.1　创建楼梯和栏杆扶手

楼梯作为建筑垂直交通当中的主要解决方式,高层建筑尽管采用电梯作为主要垂直交通工具,但是仍然要保留楼梯供紧急时逃生之用。楼梯按梯段可分为单跑楼梯、双跑楼梯和多跑楼梯;梯段的平面形状有直线的、折线的和曲线的,楼梯的种类和样式多样。楼梯主要由踢面、踏面、扶手、梯边梁以及休息平台组成,如图 4 - 76 所示。

单击"建筑"选项卡→"楼梯坡道"面板→"楼梯"下拉列表→"楼梯(按草图)"命令(按草图比按构件绘制的楼梯修改更灵活),进入绘制楼梯草图模式,自动激活"修改|创建楼梯草图"上下文选项卡,选择"绘制"面板下的"梯段"命令,即可开始直接绘制楼梯。

1. 实例属性

在"属性"框中,主要需要确定"楼梯类型""限制条件""尺寸标注"三大内容,如图 4 - 77 所示。根据设置的"限制条件"可确定楼梯的高度(1F 与 2F 间高度为 4m),"尺寸标注"可确定楼梯的宽度、所需踢面数以及实际踏板深度,通过参数的设定软件可自动计算出实际的踏步数和踢面高度。

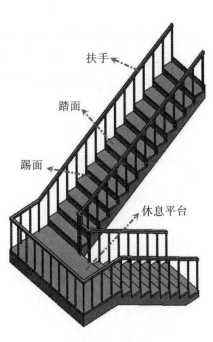

图 4 - 76　楼梯　　　　　　　　图 4 - 77　楼梯的属性

2. 类型属性

单击"属性"框中的"编辑类型",在弹出的"类型属性"对话框中,如图 4 - 78 所示,主要设置楼梯的"踏板""踢面""梯边梁"等参数。

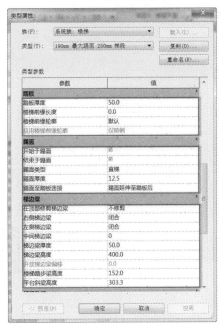

图 4 - 78　踏步设置

完成楼梯的参数设置后,可直接在平面视图中开始绘制。单击"梯段"命令,捕捉平面上的一点作为楼梯起点,向上拖动鼠标后,梯段草图下方会提示"创建了 10 个踢面,剩余 13 个"。

单击"修改|楼梯|编辑草图"上下文选项卡→"工作平面"面板→"参照平面"命令,在距离第 10 个踢面 1000mm 处绘制一根水平参照平面,如图 4-79 所示。捕捉参照平面与楼梯中线的交点继续向上绘制楼梯,直到梯段草图下方提示"创建了 23 个踢面,剩余 0 个"。

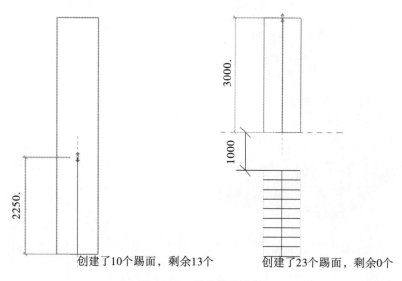

图 4-79　楼梯踏步设置

完成草图绘制的楼梯如图 4-80 所示,勾选"完成编辑模式",楼梯扶手自动生成,即可完成楼梯。

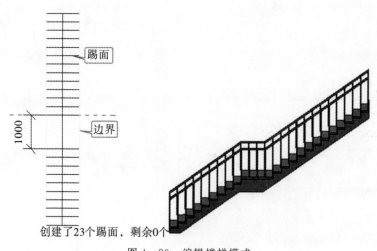

图 4-80　编辑楼梯模式

楼梯扶手除了可以自动生成,还可单独绘制。单击"建筑"选项卡→"楼梯坡道"面板→"扶手栏杆"下拉列表→"绘制路径"/"放置在主体上"。其中放置在主体上主要用于坡道或楼梯。

对于"绘制路径"方式,绘制的路径必须是一条单一且连接的草图,如果要将栏杆扶手分为几个部分,请创建两个或多个单独的栏杆扶手。但是对于楼梯平台处与梯段处的栏杆是要断开的,如图 4-81 所示。

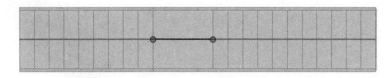

图 4-81 绘制路径

对于绘制完的栏杆路径,需要单击"修改|栏杆扶手"上下文选项卡→"工具"面板→"拾取新主体",或设置偏移值,才能使得栏杆落在主体上,如图 4-82 所示。

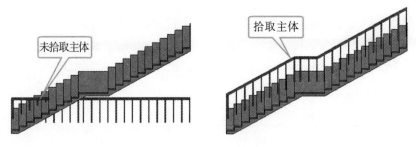

图 4-82 栏杆路径

4.9.2 编辑楼梯和栏杆扶手

1. 编辑楼梯

选中"楼梯"后,单击"修改|楼梯"上下文选项卡→"模式"面板→"草图绘制"命令,又可再次进入编辑楼梯草图模式。

单击"绘制"面板"踢面"命令,选择"起点-终点-半径弧"命令 ,单击捕捉第一跑梯段最右端的踢面线端点,再捕捉弧线中间一个端点绘制一段圆弧。

选择上述绘制的圆弧踢面,单击"修改"面板的"复制"按钮,在选项栏中勾选"约束"和"多个"。选择圆弧踢面的端点作为复制的基点,水平向左移动鼠标,在之前直线踢面的端点处单击放置圆弧踢面,如图 4-83 所示。

在放置完第一跑梯段的所有圆弧踢面后,按住 Ctrl 键选择第二跑梯段所有的直线踢面,按 Delete 键删除,如图 4-84 所示。单击"完成编辑"命令,即创建圆弧踢面楼梯。

对于楼梯边界,类似地单击"绘制"面板上的"边界"命令进行修改。

2. 编辑栏杆扶手

完成楼梯后,自动生成栏杆扶手,选中栏杆,在"属性"栏的下拉列表中可选择其他扶手替换。如果没有所需的栏杆,可通过"载入族"的方式载入。

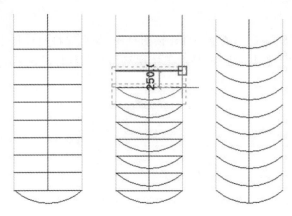
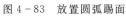

图 4-83　放置圆弧踢面

图 4-84　创建圆弧踢面楼梯

选择扶手后，单击"属性"框→"编辑类型"→"类型属性"，如图 4-85 所示。

类型属性	

族(F)：	系统族：栏杆扶手	载入(L)...
类型(T)：	900mm 圆管	复制(D)...
		重命名(R)...

类型参数

参数	值
构造	
栏杆扶手高度	900.0
扶栏结构(非连续)	编辑...
栏杆位置	编辑...
栏杆偏移	-25.0
使用平台高度调整	否
平台高度调整	0.0
斜接	添加垂直/水平线段
切线连接	延伸扶手使其相交
扶栏连接	修剪
顶部扶栏	
高度	900.0
类型	圆形 - 40mm
扶手 1	
侧向偏移	
高度	
位置	无
类型	无
扶手 2	
侧向偏移	
高度	
位置	无
类型	无

设置栏杆扶手，用以新增扶手

<< 预览(P)	确定	取消	应用

图 4-85　"栏杆扶手"类型属性

（1）扶栏结构（非结构）：单击扶栏结构的"编辑"按钮，打开"编辑扶手"对话框，如图 4 - 86 所示。可插入新的扶手，"轮廓"可通过载入"轮廓族"载入选择，对于各扶手可设置其名称、高度、偏移、材质等。

图 4 - 86 "编辑扶手"对话框

（2）栏杆位置：单击栏杆位置"编辑"按钮，打开"编辑栏杆位置"对话框，如图 4 - 87 所示。可编辑 900mm 圆管的"栏杆族"的族轮廓、偏移等参数。

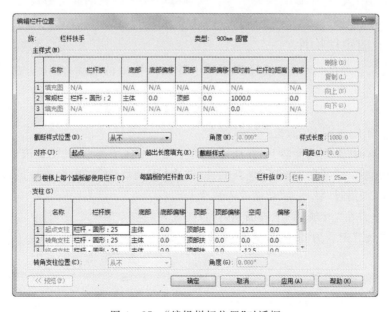

图 4 - 87 "编辑栏杆位置"对话框

(3)栏杆偏移:栏杆相对于扶手路径内侧或外侧的距离。如果为一25mm,则生成的栏杆距离扶手路径为25mm,方向可通过"翻转箭头"控件控制,如图4-88所示。

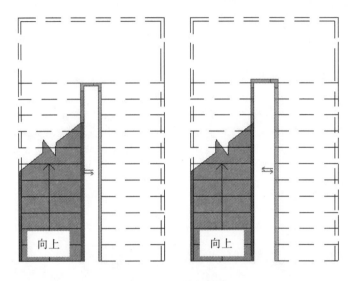

图4-88 栏杆偏移

4.10 柱、梁的创建

本节主要讲述如何创建和编辑建筑柱、结构柱以及梁、梁系统、结构支架等,使读者了解建筑柱和结构柱的应用方法和区别。根据项目需要,某些时候需要创建结构梁系统和结构支架,比如对楼层净高产生影响的大梁等。大多数时候可以在剖面上通过二维填充命令来绘制梁剖面,示意即可。

4.10.1 创建柱构件

柱分为建筑柱与结构柱,建筑柱主要用于砖混结构中的墙垛、墙上突出结构,不用于承重。

单击"建筑"选项卡→"构建"面板→"柱"下拉列表→"建筑柱"/"结构柱"命令,或者直接单击"结构"选项卡→"结构"面板→"柱"命令。

在"属性"框的"类型选择器"中选择适合尺寸规格的柱子类型,如果没有相应的柱类型,可通过"编辑类型"→"复制"功能创建新的柱,并在"类型属性"框中修改柱的尺寸规格。如果没有柱族,则需通过"载入族"功能载入柱子族。

放置柱前,需在"选项栏"中设置柱子的高度,勾选"放置后旋转"则放置柱子后,可对放置柱子直接旋转。

特别对于"结构柱",在弹出的"修改|放置 结构柱"上下文选项卡会比"建筑柱"多出"放置""多个""标记"面板,如图4-89所示。

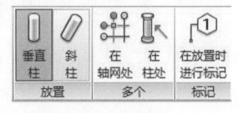

图4-89 创建柱构件

绘制多个结构柱:在结构柱中,能在轴网的交点处以及在建筑中创建结构柱。进入到"结构柱"绘制界面后,选择"垂直柱"放置,单击"多个"面板中的"在轴网处",在"属性"对话框中的"类型选择器"中选择需放置的柱类型,从右下向左上框选或交叉框选轴网,如图4-90所示。则框选中的轴网交点自动放置结构柱,单击"完成"则在轴网中放置多个同类型的结构柱,如图4-91所示。

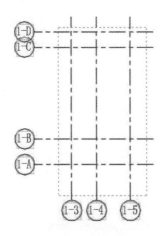

图 4-90 轴网设置(1)

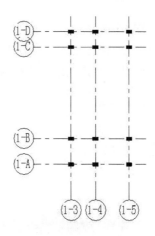

图 4-91 轴网设置(2)

除此以外,还可在建筑柱中放置结构柱,单击"多个"面板中的"在柱处",在"属性"对话框中的"类型选择器"中选择需放置的柱类型,按住 Ctrl 键可选中多根建筑柱,单击"完成",则完成在多根建筑柱中放置结构柱。

4.10.2 创建梁构件

单击"结构"选项卡→"结构"面板→"梁"命令,则进入梁的绘制界面中,如果没有梁族,则需通过"载入族"方式从族库中载入。一般梁的绘制可参照 CAD 底图,新建不同的尺寸,单击并捕捉起点和终点来绘制梁。

在选项栏中可选择梁的放置平面,还可从"结构用途"下拉箭头中选择梁的结构用途或让其处于自动状态,结构用途参数可以包括在结构框架明细表中,这样便可以计算大梁、托梁、檩条和水平支撑的数量,如图4-92所示。

图 4-92 梁的绘制界面

勾选"三维捕捉"选项,通过捕捉任何视图中的其他结构图元,可以创建新梁。这表示可以在当前工作平面之外绘制梁和支撑。例如,在启用了三维捕捉之后,不论高程如何,屋顶梁都将捕捉到柱的顶部。勾选"链"后,可绘制多段连接的梁。

也可使用"多个"面板中的"轴网"命令,拾取轴网线或框选、交叉框选轴网线,点"完成",系统自动在柱、结构墙和其他梁之间放置梁。

通过 Revit 可实现建筑工程师与结构工程师的模型相互参照,协同作业。若在当前实际项目建模过程中采用链接结构或其他模型形成完整的 BIM 模型,可实现跨专业协同作业。

4.11 其他构件的创建

4.11.1 绘制洞口

绘制洞口时,除了部分构件,如墙、楼板可"编辑边界"绘出洞口,还可使用"洞口"工具在墙、楼板、天花板、屋顶、结构梁、支撑和结构柱上剪切洞口。

单击"建筑"选项卡→"洞口"面板,均是洞口绘制的命令,包括:"按面""竖井""墙""垂直""老虎窗"。

(1)按面、垂直、竖井:主要用于创建一个垂直于屋顶、楼板或天花板选定面的洞口,均为水平构件,如图 4-93 所示。按面是针对某个平面,需在楼板、天花板或屋顶中选择一个面;垂直是也是针对选择整个图元;竖井则是在某个平面的垂直距离上均可被剪切。

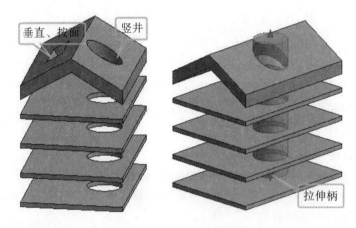

图 4-93 绘制洞口

对于"竖井"命令,可通过"拉伸柄"拉伸竖井的剪切长度。

(2)墙:主要用于创建墙洞口。如图 4-94 所示,选中绘制的"墙洞口",可通过"拉伸柄"控制洞口的大小。

(3)老虎窗:可以用于剪切屋顶,主要用于生成老虎窗。

4.11.2 台阶与坡道

Revit 中没有专用的"台阶"命令,可以采用创建在位族、外部构件族、楼板边缘甚至楼梯等方式创建各种台阶模型。本节讲述用"楼板边缘"命令创建台阶的方法。

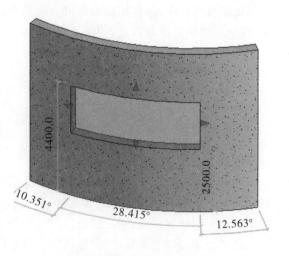

图 4-94 创建墙洞口

1. 绘制台阶

单击"建筑"选项卡→"构建"面板→"楼板"下拉列表→"楼板边"命令,直接拾取绘制好的板边界即可生成"台阶"。可通过"载入族"的方式载入所需的"楼板边缘族"。如图 4-95 所示。通过调整双向箭头可以修改楼板边的方向。

图 4-95 绘制台阶

2. 绘制坡道

可以在平面视图或三维视图绘制一段坡道或绘制边界线和踢面线来创建坡道。与楼梯类似,可以定义直梯段、L 形梯段、U 形坡道和螺旋坡道。还可以通过修改草图来更改坡道的外边界。

单击"建筑"选项卡→"楼梯坡道"面板→"坡道"命令,则在弹出的"修改|创建坡道草图"上下文选项卡中,可和楼梯一样,通过"梯段""边界""踢面"三种方式来创建坡道。

(1)实例属性。在"属性"对话框中,可设置坡道的"底部/顶部标高与偏移"以及坡道的宽度,如图 4-96 所示。"顶部标高"和"顶部偏移"属性的默认设置可能会使坡道太长。建议将"顶部标高"和"基准标高"都设置为当前标高,并将"顶部偏移"设置为较低的值。

(2)类型属性。单击"属性"框中"编辑类型"按钮,弹出"类型属性"对话框,如图 4-97 所示。

图 4-96 坡道属性设置

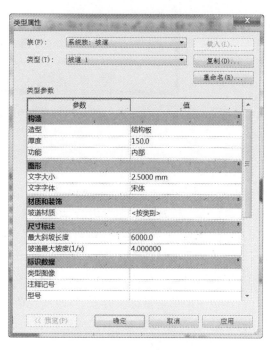

图 4-97 坡道类型属性设置

①厚度:只有在"造型"为"结构板"时才会亮显设置,如果为实体,则灰显。

②最大斜坡长度:指定要求平台前坡道中连续踢面高度的最大数量。

③坡道最大坡度(1/X):设置坡道的最大坡度。

4.11.3　设置场地

场地作为房屋的地下基础,要通过模型表达出建筑与实际地坪间的关系,以及建筑的周边道路情况。通过学习,将了解场地的相关设置与地形表面、场地构件的创建与编辑的基本方法和相关应用技巧。

单击"体量和场地"选项卡→"场地建模"面板→ 按钮。在弹出的"场地设置"对话框中,可设置等高线间隔值、经过高程、自定义的等高线、剖面填充样式、基础土层高程、角度显示等项目全局场地设置,如图4-98所示。

图4-98　场地设置

1. 创建地形表面、子面域与建筑地坪

(1)地形表面。

地形表面是建筑场地地形或地块地形的图形表示。默认情况下,楼层平面视图不显示地形表面,可以在三维视图或在专用的"场地"视图中创建。

单击打开"场地"平面视图→"体量和场地"选项栏→"场地建模"面板→"地形表面"命令,进入地形表面的绘制模式。

单击"工具"面板下"放置点"命令,在"选项栏" 高程 0.0 　　 绝对高程 ▼ 中输入高程值,在视图中单击鼠标放置点,修改高程值,放置其他点,连续放置则生成等高线。

单击地形"属性"框设置材质,完成地形表面设置。

(2)子面域与建筑地坪。

"子面域"工具是在现有地形表面中绘制的区域,不会剪切现有的地形表面。例如,可以使用子面域在地形表面绘制道路或绘制停车场区域。"子面域"工具和"建筑地坪"不同,"建筑地坪"工具会创建出单独的水平表面,并剪切地形,而创建子面域不会生成单独的地平面,而是在地形表面上圈定了某块可以定义不同属性集(例如材质)的表面区域,如图4-99

所示。

①子面域。

单击"体量和场地"选项卡→"修改场地"面板→"子面域"命令,进入绘制模式。用"线"绘制工具,绘制子面域边界轮廓线。

单击子面域"属性"中的"材质",设置子面域材质,完成子面域的绘制。

②建筑地坪。

单击"体量和场地"选项卡→"场地建模"面板→"建筑地坪"命令,进入绘制模式。用"线"绘制工具,绘制建筑地坪边界轮廓线。

在建筑地坪"属性"框中,设置该地坪的标高以及偏移值,在"类型属性"中设置建筑地坪的材质。

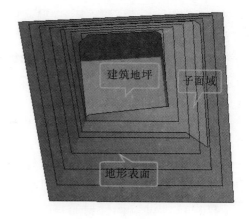

图 4-99　建筑地坪

2. 编辑地形表面

(1)编辑地形表面。

选中绘制好的地形表面,单击"修改|地形"上下文选项卡→"表面"面板→"编辑表面"命令,在弹出的"修改|编辑表面"上下文选项卡的"工具"面板中,如图 4-100 所示,可通过"放置点""通过导入创建""简化表面"三种方式修改地形表面高程点。

图 4-100　编辑地形表面

①放置点:增加高程点的放置。

②通过导入创建:通过导入外部文件创建地形表面。

③简化表面:减少地形表面中的点数。

(2)修改场地。

打开"场地"平面视图或三维视图,在"体量和场地"选项卡的"修改场地"面板中,包含多个对场地修改的命令。

①拆分表面:单击"体量和场地"选项卡→"修改场地"面板→"拆分表面"命令,选择要拆分的地形表面进入绘制模式。用"线"绘制工具,绘制表面边界轮廓线。在表面"属性"框的"材质"中设置新表面材质,完成绘制。

②合并表面:单击"体量和场地"选项卡→"修改场地"面板→"合并表面"命令,勾选选项栏 。选择要合并的主表面,再选择次表面,两个表面合二为一。

③建筑红线:创建建筑红线可通过两种方式。

单击"体量和场地"选项卡→"修改场地"面板→"建筑红线"命令,选择"通过绘制来创建"进入绘制模式,如图 4-101 所示。用"线"绘制工具,绘制封闭的建筑红线轮廓线,完成绘制。

另外也可选择"通过输入距离和方向角来创建",手动输入方向和距离。

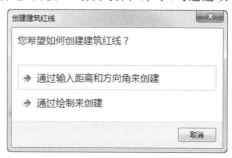

图 4-101　创建建筑红线

4.12　渲染与漫游

在 Revit 中,可使用不同的效果和内容(如:照明、植物、贴花和人物)来渲染三维模型,通过视图展现模型真实的材质和纹理,还可以创建效果图和漫游动画,全方位展示建筑师的创意和设计成果。如此,在一个软件环境中,即可完成从施工图设计到可视化设计的所有工作,改善了以往在几个软件中操作所带来的重复劳动、数据流失等弊端,提高了设计效率。

本节将重点讲解设计表现内容,包括材质设置,给构件赋材质,创建室内外相机视图,室内外渲染场景设置及渲染,以及项目漫游的创建与编辑方法。

4.12.1　设置构件材质

在渲染之前,需要先给构件设置材质。材质用于定义建筑模型中图元的外观,Revit 提供了许多可以直接使用的材质,也可以自己创建材质。

打开 Revit 2016 自带的建筑样例项目,单击"管理"选项卡→"设置"面板→"材质"命令,打开"材质浏览器"对话框,如图 4-102 所示。在该对话框中,以"Acetal Resin,Black"为例,单击"图形"栏下"着色"中的"颜色"图标,不勾选"使用渲染外观",可打开"颜色"对话框,选择着色状态下的构件颜色。单击选择倒数第三个浅灰色矩形,如图 4-103 所示,单击"确定"。

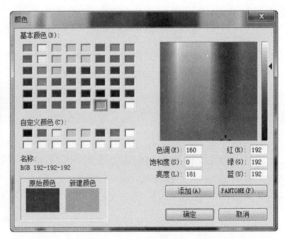

图 4-102　"材质浏览器"对话框　　　　　图 4-103　"颜色"对话框

单击"材质编辑器"中的"表面填充图案"下的"填充图案",弹出"填充样式"对话框,如图 4-104 所示。在下方"填充图案类型"中选择"模型",在填充图案样式列表中选择"soldier",单击"确定"回到"材质编辑器"对话框。

单击"截面填充图案"下的"填充图案",同样弹出"填充样式"对话框,单击左下角"无填充图案",关闭"填充样式"对话框。

单击"材质编辑器"左下方的"打开/关闭资源浏览器"按钮,打开"资源浏览器"对话框,双击"3英寸方形-白色",添加了"3英寸方形-白色"的外观到该材质中,在"材质浏览器"对话框中单击"确定",完成材质"Acetal Resin,Black"的修改,保存文件即可。在构件编辑的过程中,可对新建或修改的材质进行效果展示,如图 4 - 105 为"Cavity wall_sliders"基本墙的材质设置。

图 4 - 104 "填充样式"对话框

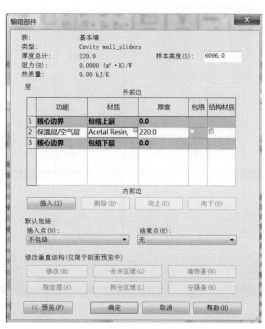

图 4 - 105 Cavity wall_sliders 基本墙的材质设置

4.12.2 创建相机视图

对构件赋予材质之后,在渲染之前,一般需先创建相机透视图,生成渲染场景。

在"项目浏览器"双击视图名称"Level 1"进入一层平面视图。单击"视图"选项卡→"三维视图"下拉菜单→"相机"命令,勾选选项栏的"透视图"选项,如果取消勾选则创建的相机视图为没有透视的正交三维视图,偏移量为 1750,如图 4 - 106 所示。

图 4 - 106 创建相机视图

移动光标至绘图区域 Level 1 视图中,在右下角单击放置相机。将光标向右上角移动,超过建筑绿色房间区域,单击放置相机视点,如图 4 - 107 所示。此时一张新创建的三维视图自动弹出,在项目浏览器"三维视图"项下,增加了相机视图"三维视图 1"。

双击进入"三维视图 1",单击"窗口"面板"平铺"(快捷键 WT)命令,此时绘图区域同时打开三维视图 1 和 Level 1 视图,在三维视图 1 中将"视图控制栏"内的"视觉样式"替换显示为"着色",单击选中三维视图的视口最外围,视口各边中点出现四个蓝色控制点,同时 Level 1 视图中同步显示出刚放置的相机,可继续拖动相机调整照射的方位,或在三维视图 1 中选择某控制点,单击并按住向外拖拽,放大视口直至找到合适的视野区域,松开鼠标。如图 4 - 108 所示,至此就创建了一个相机透视图。除此以外,三维视图中已创建了多个角度的相机视图,可打开查看各相机设置。

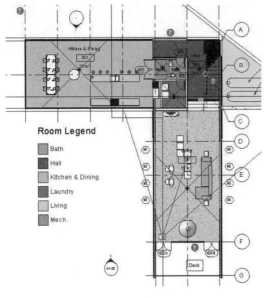
图4-107 创建三维视图

图4-108 相机透视图

4.12.3 渲染

Revit的渲染设置非常容易操作，只需要设置真实的地点、日期、时间和灯光即可渲染三维及相机透视图。单击视图控制栏中的"显示渲染对话框"命令，或"图形"面板中的"渲染"按钮，弹出"渲染"对话框，如图4-109所示。

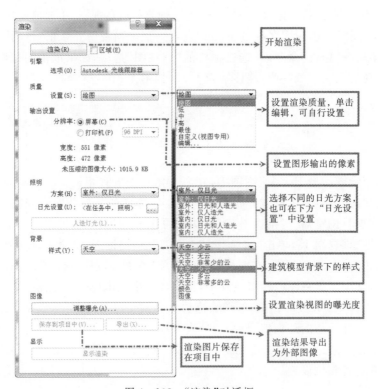
图4-109 "渲染"对话框

按照"渲染"对话框设置渲染样式,单击"渲染"按钮,开始渲染并弹出"渲染进度"工具条,显示渲染进度,如图 4-110 所示。

图 4-110 "渲染进度"工具条

完成渲染后的图形如图 4-111 所示。单击"导出..."将渲染存为图片格式。关闭渲染对话框后,图形恢复到未渲染状态。

如要查看渲染图片,则可在"项目浏览器"中的"渲染"视图中打开,如图 4-112 所示为别墅院子内拍摄的渲染角度。

图 4-111 渲染后的图形

图 4-112 渲染图片

4.12.4 漫游

上面已讲述相机的使用及生成渲染图片,另外通过设置各个相机路径,即可创建漫游动画,动态查看与展示项目设计。

1. 创建漫游

在项目浏览器中双击视图名称"Level 1"进入首层平面视图。单击"视图"选项卡→"三维视图"下拉菜单→"漫游"命令。在选项栏处相机的默认"偏移量"为 1750,也可自行修改,如图 4-113 所示。

图 4-113 创建漫游

光标移至绘图区域,在平面视图中单击开始绘制路径,即漫游所要经过的路线。光标每单击一个点,即创建一个关键帧,沿别墅外围逐个单击放置关键帧。若放置时看不到放置的相机,则在"属性"框中,取消勾选"裁剪视图"。路径围绕别墅一周后,鼠标单击选项栏"完成漫游"或按快捷键"Esc"完成漫游路径的绘制,如图 4-114 所示。

完成路径后,项目浏览器中出现"漫游"项,可以看到刚刚创建的漫游名称是"漫游 1",双击"漫游 1"打开漫游视图。单击"窗口"面板"关闭隐藏对象"命令,双击"项目浏览器"中"楼层平面"下的"Level 1",打开一层平面图,单击"窗口"面板"平铺"命令,此时绘图区域同时显示平面图和漫游视图。

在"视图控制栏"中将"漫游1"视图的"视觉样式"替换显示为"着色",选择渲染视口边界,单击视口四边上的控制点,按住向外拖拽,放大视口,如图4-115所示。

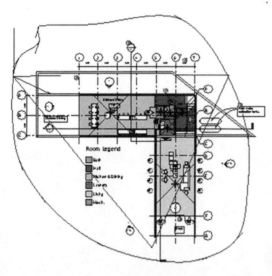

图4-114 绘制路径

图4-115 漫游视图

2. 编辑漫游

在完成漫游路径的绘制后,可在"漫游1"视图中选择外边框,从而选中绘制的漫游路径,在弹出的"修改|相机"上下文选项卡中,单击"漫游"面板中的"编辑漫游"命令。

在"选项栏"中的"控制"可选择"活动相机""路径""添加关键帧""删除关键帧"四个选项。

选择"活动相机"后,则平面视图中出现由多个关键帧围成的红色相机路径,对相机所在的各个关键帧位置,可调节相机的可视范围及相机前方的原点调整视角。完成一个位置的设置后,单击"编辑漫游"上下文选项卡→"漫游"面板→"下一关键帧"命令,如图4-116所示。设置各关键帧的相机视角,使每帧的视线方向和关键帧位置合适,得到完美的漫游,如图4-117所示。

图4-116 "下一关键帧"命令

选择"路径"后,则平面视图中出现由多个蓝点组成的漫游路径,拖动各个蓝点可调节路径,如图4-118所示。

选择"添加关键帧"和"删除关键帧"后可添加/删除路径上的关键帧。

编辑完成后可单击选项栏的"播放"键,播放刚刚完成的漫游。

漫游创建完成后可单击应用程序菜单"导出"→"图像和动画"→"漫游"命令,弹出"长度/格式"对话框,如图4-119所示。

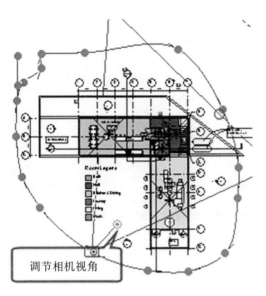

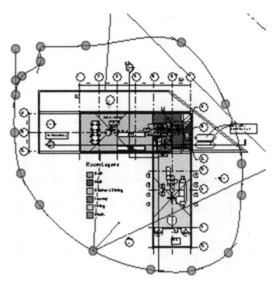

图 4 - 117　调节相机视角　　　　　　　图 4 - 118　漫游路径

其中"帧/秒"项设置导出后漫游的速度为每秒多少帧,默认为 15 帧,播放速度会比较快,将设置改为 3 帧,速度将比较合适。单击"确定"后弹出"导出漫游"对话框,输入文件名,选择文件类型与路径,单击"保存"按钮,弹出"视频压缩"对话框,默认为"全帧(非压缩的)",产生的文件会非常大,建议在下拉列表中选择压缩模式为"Microsoft Video 1",此模式为大部分系统可以读取的模式,同时可以减小文件大小,单击"确定"将漫游文件导出为外部 AVI文件。

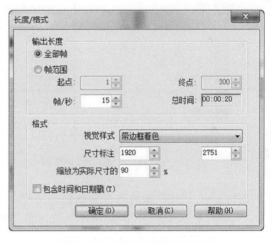

图 4 - 119　"长度/格式"对话框

4.13　房间和面积报告

在建筑设计过程中,房间的布置成为空间划分的重要手段。如对于住宅项目,需区别出客厅、厨房、主卧、次卧、阳台与卫生间等区域,传统的做法为用 CAD 手动量取每个区域的面积并标注名称,但在 Revit 中,房间的创建通过对空间分割后,可自动统计出各个房间的面积,并且在空间区域布局或房间名称修改后,相应的统计结果也会自动更新。因而通过 Revit 创建模型,可快速提高设计师的效率,避免花费过多时间做简单重复性的工作。

4.13.1　创建房间

打开 Revit 2016 自带的建筑样例项目,选择"Level 2"楼层平面,各个房间已经按颜色进行空间区域划分,如图 4 - 120 所示。选中任意房间,注意是选择两根十字交叉的线,不是房间标记,在"属性框"中可以设置房间的标高、偏移值、编号、名称与显示房间的面积、周长、体积等实例参数,如图4-121所示。

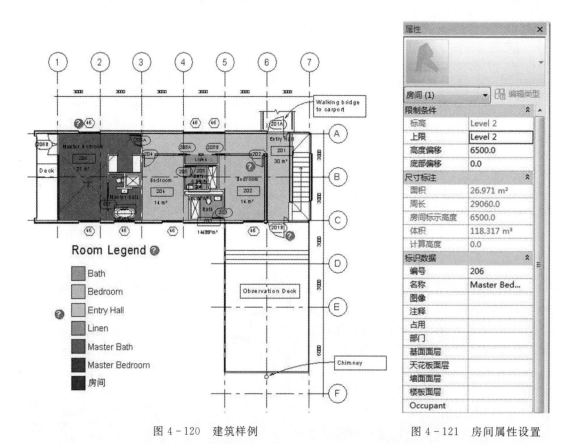

图4-120 建筑样例   图4-121 房间属性设置

以"Level 2"最左侧的阳台为例创建房间。切换至"建筑"选项卡→"房间和面积"面板→"房间"命令,如图4-122所示。将鼠标放置于阳台空间内,单击鼠标左键放置,即可出现一个房间名称。双击房间即可进入编辑状态,此时房间以红色线段围成封闭边界,直接输入"阳台",按"Enter"建确认。此时的房间变为蓝色,并在颜色图例中自动增加阳台选项,如图4-123所示。

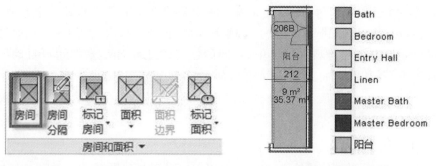

图4-122 "房间和面积"面板   图4-123 阳台

对于每个房间的颜色设置,可通过"建筑"选项卡,单击"房间和面积"面板的下三角按钮 房间和面积 ▼,选择 颜色方案。在弹出的"编辑颜色方案"对话框中,选择房间类别,可添加不同的颜色方案,如 Name 方案,并按方案来定义各房间的颜色及填充样式,如图 4 - 124 所示。对于方案定义中"标题"的属性为"Room Legend"、"颜色"的属性为"名称",表示软件将自动读取项目中的房间,并在列表中按名称显示。

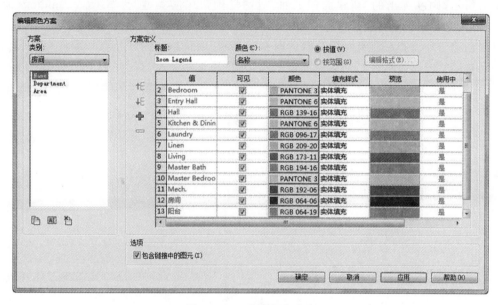

图 4 - 124 编辑颜色方案

通过放置好房间,设定完颜色方案后,如何能如上述案例一样添加颜色图例到平面视图中?切换到"注释"选项卡→"颜色填充"面板→"颜色填充图例"按钮,如图 4 - 125 所示。

图 4 - 125 "颜色填充"面板

若已有颜色方案,则直接放置颜色填充图例。若新建项目还未布置颜色方案,则在弹出的"选择空间类型和颜色方案"对话框中,对该视图选择对应的"空间类型"与"颜色方案",如图 4 - 126 所示,单击"确定"后,单击绘图区域中的"未定义颜色"图元,在"修改 | 颜色填充图例"选项卡→"方案"面板→"编辑方案"按钮中,可新建颜色方案。

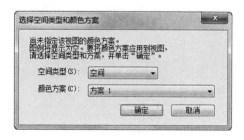

图 4 - 126 "选择空间类型和颜色方案"对话框

115

4.13.2 面积分析

除了对建筑区域进行房间分类，在建筑设计过程中，需要对图纸进行面积及防火面积的标注。在 Revit 软件中，默认提供"可出租"与"总建筑面积"两种，用户可根据项目实际需求新建"人防分区面积""防火分区面积"等不同类型的面积平面。

切换到"建筑"选项卡→"房间和面积"面板→"面积"下拉菜单→"面积平面"命令，如图4-127 所示，则在弹出的"新建面积平面"对话框中，设置"类型"为"Gross Building（总平面）"，为新建的面积平面选择"Level 1"视图，单击"确定"按钮，如图4-128 所示。弹出"是否自动创建与外墙和总建筑面积关联的面积边界线"对话框，选择"是"，如图4-129 所示，软件将自动生成以"Level 1"命名的面积平面，蓝色边框为系统自动生成的面积边界线。若选择"否"，则需手动绘制边界线。

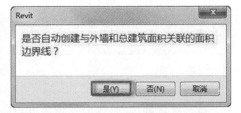

图4-127 "面积平面"命令

图4-128 "新建面积平面"对话框

图4-129 "是否自动创建与外墙和总建筑面积关联的面积边界线"对话框

由于该案例项目中未载入面积标记族，则需手动从族库中载入"标记_面积.rfa"族，如图4-130 所示。载入后，单击"房间和面积"面板→"标记面积"命令，将鼠标移至黄色亮显的面积区域，如图4-131 所示，单击即可标注面积。

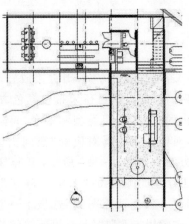

图4-130 载入族

图4-131 标注面积

4.14　明细表统计

快速生成明细表作为 Revit 依靠强大数据库功能的一大优势,被广泛接受使用,通过明细表视图可以统计出项目的各类图元对象,生成相应的明细表,如统计模型图元数量、图形柱明细表、材质数量、图纸列表、注释块和视图列表。在施工图设计过程中,最常用的统计表格是门窗统计表和图纸列表。

4.14.1　创建明细表

对于不同的图元可统计出其不同类别的信息,如门、窗图元的高度、宽度、数量、合计和面积等。下面结合 Revit 2016 自带建筑样例项目来创建所需的门、窗明细表视图,学习明细表统计的一般方法。

单击"视图"选项卡→"创建"面板→"明细表"下拉列表→"明细表/数量",弹出"新建明细表"对话框,如图 4 - 132 所示。在"类别"列表中选择"门"对象类型,即本明细表将统计项目中门对象类别的图元信息;默认的明细表名称为"门明细表",勾选"建筑构件明细表",其他参数为默认,单击"确定"按钮,弹出"明细表属性"对话框,如图 4 - 133 所示。

图 4 - 132　"新建明细表"对话框

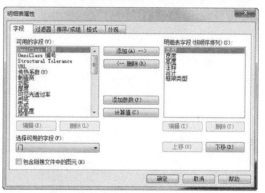

图 4 - 133　"明细表属性"对话框

在"明细表属性"对话框的"字段"选项卡中,"可用的字段"列表中包括门在明细表中统计的实例参数和类型参数,选择"门明细表"所需的字段,单击"添加"按钮到"明细表字段",如:类型、宽度、高度、注释、合计和框架类型。如需调整字段顺序,则选中所需调整的字段,单击"上移"或"下移"按钮来调整顺序。明细表字段从上至下的顺序对应于明细表从左至右各列的显示顺序。

完成"明细表字段"的添加后,单击"属性"框中的"排序/成组"按钮,切换

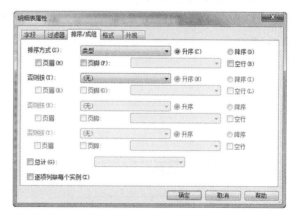

图 4 - 134　"排序/成组"选项卡

至"排序/成组"选项卡,如图 4 - 134 所示。设置"排序方式"为"类型",排序顺序为"升序";

取消勾选"逐项列举每个实例",否则生成的明细表中的各图元会按照类型逐个列举出来。单击"确定"后,"门明细表"中将按"类型"参数值汇总所选各字段。

　　切换至"格式"选项卡,可设置生成明细表的标题方向和样式,单击"条件格式"按钮,在弹出的"条件格式"对话框中,可根据不同条件选择不同字段,对符合字段要求可修改其背景颜色,如图 4 - 135 所示。

　　切换至"外观"选项卡。确认勾选"网格线"选项,设置网格线为"细线";勾选"轮廓"选项,设置"轮廓"样式为"中粗线";取消勾选"数据前的空行";其他选项参照图 4 - 136 设置,单击"确定"按钮,完成明细表属性设置。

图 4 - 135　"格式"设置

图 4 - 136　"外观"设置

　　Revit 会自动弹出"门明细表"视图,如图 4 - 137 所示,同时弹出"修改明细表/数量"上下文选项卡,以及自动在"项目浏览器"的"明细表/数量"中生成"门明细表"。

　　切换至"过滤器"选项卡,设置过滤条件,如图 4 - 138 所示,"宽度"等于"800","高度"大于"2400",单击"确定"按钮,返回明细表视图,则没有符合要求的门。其他过滤条件读者可自行尝试。

<门明细表>

A	B	C	D	E	F
类型	宽度	高度	注释	合计	框架类型
2.027 x 0.945	945	2027		3	
800 x 2100	800	2100		7	
1730 x 2134mm	1730	2134		1	
Curtain Wall Dbl	1440	2080		3	
Entrance door	1440	2660		2	

图 4 - 137　"门明细表"视图

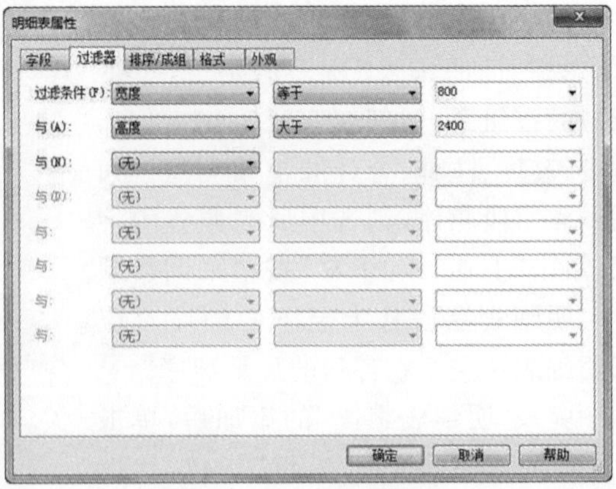

图 4 - 138　设置过滤条件

4.14.2 编辑明细表

完成明细表的生成后,如果要修改明细表各参数的顺序或表格的样式,还可继续编辑明细表。单击"项目浏览器"中的"门明细表"视图后,在"属性"框中的"其他"中,如图 4-139 所示,单击所需修改的明细表属性,可继续修改定义的属性。

通过"修改明细表/数量"上下文选项卡,可进一步编辑明细表外观样式。按住并拖动鼠标左键选择"宽度"和"高度"列页眉,单击"明细表"面板中的"成组"工具,如图 4-140 所示,合并生成新表头单元格。

图 4-139 门明细表属性

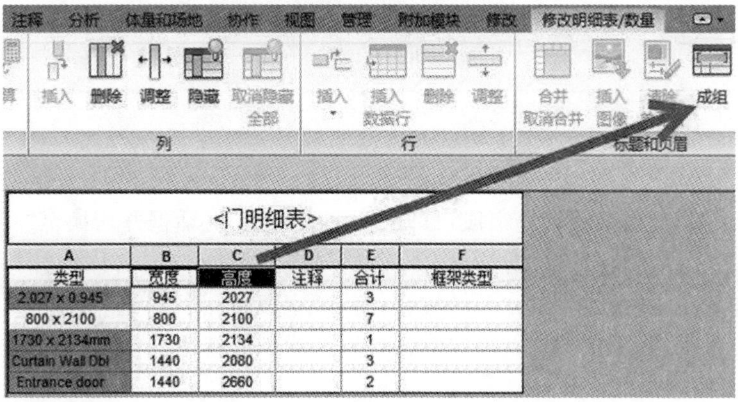

图 4-140 单击"成组"工具

单击"成组"生成新表头单元格,进入文字输入状态,输入"尺寸"作为新页眉行名称,如图 4-141 所示。

在"门明细表"视图中,单击"1730×2134mm",在"修改明细表/数量"上下文选项卡中,单击"图元"面板中的"在模型中高亮显示"按钮,如未打开视图,则会弹出"Revit"对话框,如图 4-142 所示,单击"确

图 4-141 生成"尺寸"新表头单元格

定"后,弹出"显示视图中的图元"对话框,如图 4-143 所示,单击"显示"按钮可以在包含该图元的不同视图中切换,切换到某一视图,单击"关闭"则会完成项目中对"1730×2134mm"的选择。

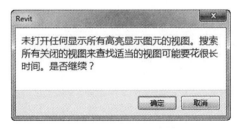

图 4-142 Revit 对话框

图 4-143 "显示视图中的图元"对话框

切换至"门明细表"视图中,将 1730×2134mm 的"注释"单元格内容修改为"双扇平开",如图 4-144 所示。修改后对应的 1730×2134mm 的实例参数中的"注释"也对应修改,即明细表和对象参数是关联的。

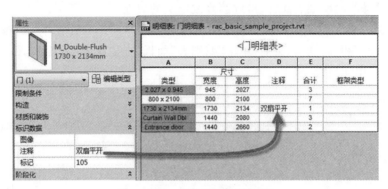

图 4-144　修改"注释"单元格

新增明细表计算字段:打开"明细表属性"对话框并切换至"字段"选项卡,单击"计算值"按钮,弹出"计算值"对话框,如图 4-145 所示。输入名称为"洞口面积",修改"类型"为"面积",单击"公式"后的"…"按钮,打开"字段"对话框,选择"宽度"及"高度"字段,修改为"宽度＊高度"公式,单击"确定"按钮,返回明细表视图。

图 4-145　"计算值"对话框

如图 4-146 所示,根据当前明细表中的门宽度和高度值计算洞口面积,并按项目设置的面积单位显示洞口面积。

<门明细表>

A	B	C	D	E	F	G
	尺寸					
类型	宽度	高度	注释	合计	框架类型	洞口面积
2.027 x 0.945	945 mm	2027 mm		3		2 m²
800 x 2100	800 mm	2100 mm		7		2 m²
1730 x 2134mm	1730 mm	2134 mm	双扇平开	1		4 m²
Curtain Wall Dbl	1440 mm	2080 mm		3		3 m²
Entrance door	1440 mm	2660 mm		2		4 m²

图 4-146　计算洞口面积

单击"应用程序按钮"→"另存为"按钮→"库"→"视图",可将任何视图保存为单独的 rvt 文件,用于与其他项目共享视图设置,如图 4-147 所示。

在弹出的"保存视图"对话框中,将视图修改为"显示所有视图和图纸",选择"楼层平面 1F"和"明细表:门明细表",单击"确定"按钮即可将所选视图另存为独立的 rvt 文件,如图 4-148 所示。

明细表功能强大,不仅可以统计项目中各类图元对象的数量、材质、视图列表等信息,还可利用"计算值"功能在明细表中进行计算。明细表与模型的数据实时关联,是 BIM 数据综合利用的体现,因此在 Revit 设计阶段,需要制定和规划各类信息的命名规则,前期工作的扎实推进才能保证后期项目不同阶段实现信息共享与统计。

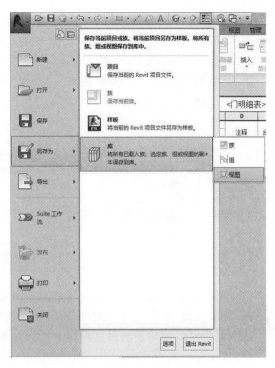

图 4-147　保存视图

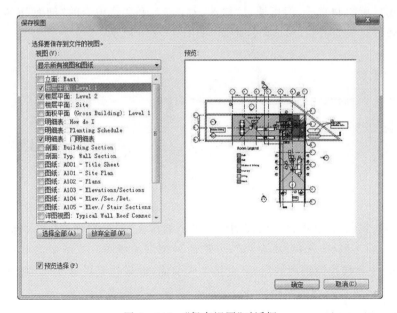

图 4-148　"保存视图"对话框

4.15　布图与打印

在 Revit 中,可以快速将不同的视图和明细表放置在同一张图纸中,从而形成施工图。除此以外,Revit 形成的施工图能够导出为 CAD 格式文件与其他软件实现信息交换。本节主要讲解在 Revit 项目内创建剖面视图、新建施工图图纸、图纸修订以及版本控制、布置视图及视图设置，以及将 Revit 视图导出为 DWG 文件、导出 CAD 时图层设置等。

4.15.1 创建剖面视图

单击"视图"选项卡→"创建"面板→"剖面"命令→绘制剖面线→处理剖面位置→重命名剖面视图。如图 4-149 所示。

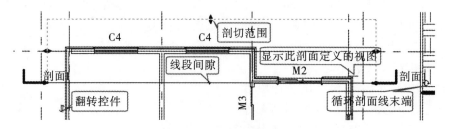

图 4-149 创建剖面视图

（1）剖切范围：通过视图宽度和视景深度控制剖切模型的视图范围。

（2）线段间隙：单击线段间隙符号，可在有隙缝的或连续的剖面线样式之间切换。

（3）翻转控件：单击查看翻转控件可翻转视图查看方向。

（4）显示此剖面定义的视图：单击可弹出该剖面视图。

（5）循环剖面线末端：控制剖面线末端的可见性与位置。

剖面线只可绘制直线，但可通过"修改|视图"上下文选项卡的"剖面"面板中的"拆分线段"命令，修改直线为折线，形成阶梯剖面，如图 4-150 所示。

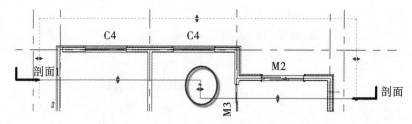

图 4-150 阶梯剖面

绘制了剖面视图后，软件自动给该剖面命名。通过在"项目浏览器"中"剖面"视图中，选择所需的剖面，右击鼠标，选择"重命名"，可重命名该剖面视图。二维中需单独绘制立面视图，但在 Revit 中直接绘制剖面线后，可直接生成剖面，如果达到设计要求，则可直接用于出剖面视图，与传统单独绘制剖面相比，Revit 剖面功能大大提高了效率。

4.15.2 新建图纸

在完成模型的创建后，如何才能将所有的模型利用，打印出所需的图纸。此时需要新建施工图图纸，指定图纸使用的标题栏族，以及将所需的视图布置在相应标题栏的图纸中，最终生成项目的施工图纸。

单击"视图"选项卡→"图纸组合"面板→"图纸"工具，弹出"新建图纸"对话框。如果此时项目中没有标题栏可供使用，单击"载入"按钮，在弹出的"载入族"对话框中，查找到系统族库,选择所需的标题栏,单击"打开"载入到项目中,如图 4 - 151 所示。

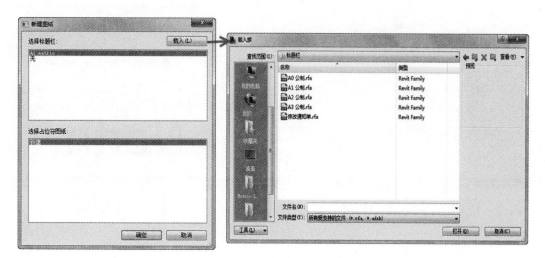

图 4 - 151 在新建图纸中载入族

单击选择"A1 公制",单击"确定"按钮,此时绘图区域打开一张新创建的 A1 图纸,如图 4 - 152 所示,完成图纸创建后,在项目浏览器"图纸"项下自动添加了图纸"A002 - 未命名"。

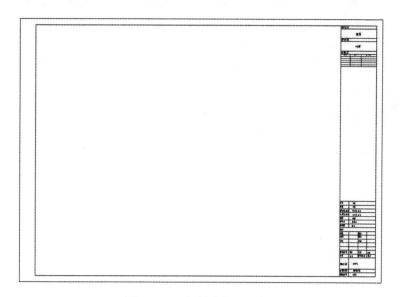

图 4 - 152 新创建的 A1 图纸

单击"视图"选项卡→"图纸组合"面板→"视图"工具,弹出"视图"对话框,在视图列表中列出当前项目中所有可用的视图,选择"立面:North"视图,单击"在图纸中添加视图"按钮,如图 4 - 153 所示。确认选项栏"在图纸上旋转"选项为"无",当显示视图范围完全位于标题范围内时,放置该视图。

在图纸中放置的视图称为"视口",Revit 自动在视图底部添加视口标题,默认将以该视图的视图名称来命名该视口,如图 4 - 154 所示。

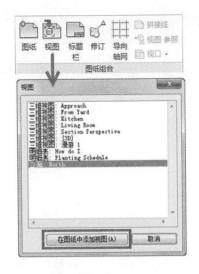

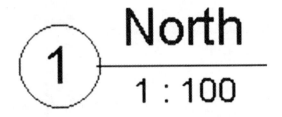

图 4-153　添加视图　　　　　　　　　　图 4-154　视口标题

4.15.3　编辑图纸

新建了图纸后,图纸上很多的标签、图号、图名等信息以及图纸的样式均需要人工修改,施工图纸需要二次修订等,所以面对这些情况均需要对图纸进行编辑。但对于一家企业而言,可事先定制好本单位的图纸,方便后期快速添加使用,提高工作效率。

1. 属性设置

在添加完图纸后,如果发现图纸尺寸不合要求,可通过选择该图纸,在"属性"框的下拉列表中可以修改成其他标题栏。如 A1 可替换为 A2。

在"属性"框中修改"图纸名称"为"North",则图纸中的"图纸名称"一栏中自动添加"North"。其他的参数,如"审核者""设计者""审图员"等,修改了参数后会自动在图纸中修改,如图 4-155 所示。

图 4-155　属性设置

2. 图纸修订与版本控制

在项目设计阶段,难免会出现图纸修订的情况。通过 Revit 可记录和追踪各修订的位置、时间、修订执行者等信息,并将所修订的信息发布到图纸上。

单击"视图"选项卡→"图纸组合"面板→"修订"工具,在弹出的"图纸发布/修订"对话框中,如图 4 - 156 所示,单击右侧的"添加"按钮,可以添加一个新的修订信息。勾选序列 1 为已发布。

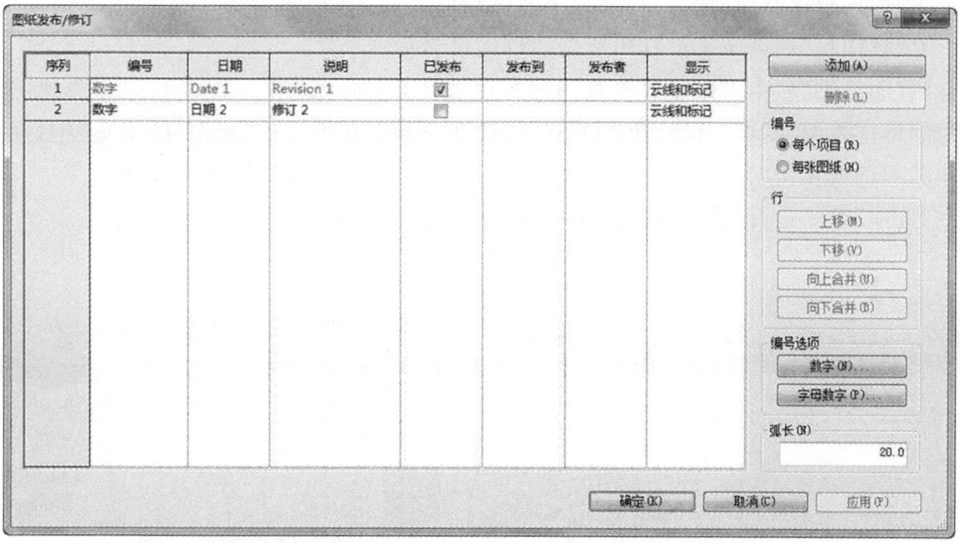

图 4 - 156 "图纸发布/修订"对话框

编号选择"每个项目",则在项目中添加的"修订编号"是唯一的。而按"每张图纸"则编号会根据当前图纸上的修订顺序自动编号,完成后单击"确定"按钮。

打开"North"立面视图,单击"注释"选项卡→"详图"面板→"云线"工具,切换到"修改|创建云线批注草图"上下文选项卡,使用"绘制线"工具按图 4 - 157 所示绘制云线批注框选问题范围,完成后勾选"完成编辑"完成云线批注。

选中绘制的云线批注,在图 4 - 158 中的"选项栏"只能选择"序列 2 - 修订 2",因为"序列 1 - Revision 1"已勾选已发布,Revit 是不允许用户向已发布的修订中添加或删除云线标注的。在"属性"框中,可以查看到"修订编号"为 2。

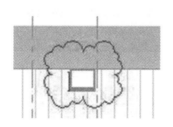

图 4 - 157 绘制云线批注

图 4 - 158 选择"序列 2 - 修订 2"

在"项目浏览器"中打开图纸"A002 - North",则在立面视图中绘制的云线标注同样添加在"A002 - North"图纸上。

打开"图纸发布/修订"对话框,通过调整"显示"属性可以指定各阶段修订是否显示云线或者标记等修订痕迹。在"显示"属性中选择"云线和标记",则绘制了云线后,会在平面图中显示。

4.15.4 图纸导出与打印

图纸布置完成后,目的是用于出图打印,可直接打印图纸视图,或将制定的视图或图纸导出成 CAD 格式,用于成果交换。

1. 打印

单击"应用程序菜单"按钮,在列表中选择"打印"选项,打开"打印"对话框,如图 4-159 所示。在"打印机"列表中选择打印所需的打印机名称。

在"打印范围"栏中可以设置要打印的视图或图纸,如果希望一次性打印多个视图和图纸,选择"所选视图/图纸"选项,单击下方的"选择"按钮,在弹出的"视图/图纸集"中,勾选所需打印的图纸或视图即可,如图 4-160 所示。单击"确定",回到"打印"对话框。

在"选项"栏中进行打印设置后,即可单击"确定"开始打印。

图 4-159　"打印"对话框 　　　图 4-160　勾选要打印的图纸或视图

2. 导出 CAD 格式

Revit 中所有的平、立、剖面、三维图和图纸视图等都可导出成 DWG、DXF/DGN 等CAD 格式图形,方便为使用 CAD 等工具的人员提供数据。虽然 Revit 不支持图层的概念,但可以设置各构件对象导出 DWG 时对应的图层,如图层、线型、颜色等均可自行设置。

单击"应用程序菜单"按钮→在列表中选择"导出"→"CAD 格式"→"DWG",弹出"DWG导出"对话框,如图 4-161 所示。

在"选出导出设置"栏中,单击"..."按钮,弹出"修改 DWG/DXF 导出设置"对话框,如图 4-162 所示。在该对话框中可对导出 CAD 时需设置的图层、线型、填充图案、颜色、字体、CAD 版本等进行设置。在"层"选项卡中,可指定各类对象类别以及其子类别的投影、截面图形在 CAD 中显示的图层、颜色 ID。可在"根据标准加载图层"下拉列表中加载图层映射标准文件。Revit 提供了 4 种国际图层映射标准。

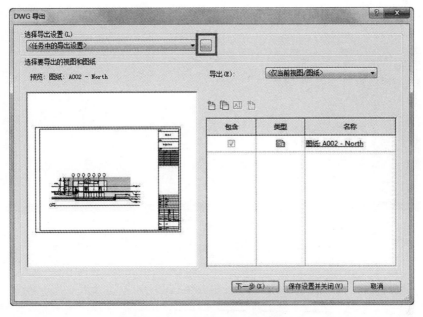

图 4-161 "DWG 导出"对话框

图 4-162 "修改 DWG/DXF 导出设置"对话框

设置完除"层"外的其他选项卡后,单击"确定"完成设置回到"DWG 导出"对话框。单击"下一步"转到"导出 CAD 格式-保存到目标文件夹"中,如图 4-163 所示。指定文件保存位置、文件格式和命名,单击"确定"按钮,即可将所选择的图纸导出成 DWG 数据格式。如果希望导出的文件采用 AutoCAD 外部参照模式,勾选"将图纸上的视图和链接作为外部参照导出",此处不勾选。

外部参照模式,除了将每个图纸视图导出为独立的与图纸视图同名的 DWG 文件外,还可单独导出与图纸视图相关的视口为单独的 DWG 文件,并以外部参照文件的方式链接至图纸视图同名的 DWG 文件中。要打开 DWG 文件,则需打开与图纸视图同名的 DWG 文件即可。

图 4-163　设置导出格式

除导出为 CAD 格式外,还可以将视图和模型分别导出为 2D 和 3D 的 DWF(Drawing Web Format)文件格式。DWF 是由 Autodesk 开发的一种开放、安全的文件格式,可以将丰富的设计数据高效地分给需要查看、评审或打印这些数据的任何人,相对较为安全、高效。其另外一个优点是:DWF 文件高度压缩,文件小,传递方便,不需安装 AutoCAD 或 Revit 软件,只需安装免费的 Design Review 即可查看 2D 或 3D 的 DWF 文件。

专业实践篇

第5章 BIM应用实施

教学导入

本章主要对项目应用 BIM 技术前的准备工作进行了简单介绍,如 BIM 技术的硬件资源配置、人员组织管理,对 BIM 的应用准则、应用计划进行了重点讲解。最后为保证 BIM 的顺利实施,对项目参与者之间的信息交换内容和格式作了简单介绍。

学习目的

- 掌握 BIM 的应用准则
- 掌握 BIM 计划的制定流程
- 了解软硬件的资源配置
- 了解 BIM 信息交换的内容

5.1 BIM 应用准备

当前企业的 IT 应用环境大多是围绕二维工程图纸而建立的,主要支持基于二维图纸的信息表达和工程应用。不同于传统的二维图纸,基于 BIM 的工程施工需要特定的应用环境。现阶段大部分企业公司对 BIM 的应用尚处于尝试阶段,在 BIM 技术应用上仍存在困惑:BIM 技术人才缺乏;工程技术人员积极性不高;对 BIM 的认识不足;初步应用的成果和效益难以体现;与日常工作结合不紧密、目标不明确、规划不完善、软件选择难;缺乏推行的决心和信心。无论在设计单位、业主方还是施工单位,在 BIM 应用中还存在较多难点和障碍,因此在 BIM 技术应用之前应做好充足的准备工作,如资源配置、人员管理。

5.1.1 软硬件资源配置

BIM 模型带有庞大的信息数据,因此,在 BIM 实施的硬件配置上也要有严格的要求,并在结合项目需求及节约成本的基础之上,根据不同的使用用途和方向,对硬件配置进行分级设置,即最大程度保证硬件设备在 BIM 实施过程中的正常运行,最大限度地控制成本。表5-1 为某公司在进行某项目实施计划时对硬件要求所作的资源配置计划。表 5-2 为某公司 BIM 软件配置表。

表 5-1 BIM 硬件配置表

配置方案 主要部件	最低配置	推荐配置
	型号	型号
处理器(CPU)	Dual-Core Intel i5	英特尔 i7 四核 3.5GHz
主板	华硕 P6×58D-E 三通道	华硕、技嘉、微星等一线主板品牌

配置方案 主要部件	最低配置	推荐配置
	型号	型号
内存	4GB(或以上)	16GB 或以上
硬盘	固态硬盘(SSD)128GB(或以上)	固态硬盘(SSD)128GB(或以上)+备份硬盘
显卡	Nvidia GeForce GTX 650(显存 1GB 或以上)	Nvidia GeForce GTX 960(显存 2GB 或以上)
显示器	三星 C27A550U	22 寸液晶两台
网络	局域网千兆配备或互联网 8 兆以上专线接入	局域网千兆配备或互联网 8 兆以上专线接入

表 5-2　BIM 软件配置表

	序号	专业	选用软件
软件标准	1	建筑专业	Revit2016
	2	结构专业	Revit2016、广联达钢筋翻样软件、脚手架模板软件
	3	机电专业	Revit2016、MagiCAD
	4	后期模拟	Navisworks、Lumion
	5	平台管理	广联达 BIM 5D

5.1.2　人员组织管理

在项目实施应用中,应加强 BIM 应用人员的组织管理,选择适合企业自身特点的 BIM 团队管理模式。同时,施工企业的 BIM 团队环境建设,要循序渐进地进行,还应与传统工作模式作好衔接和融合,做好人员计划。以某公司为例,BIM 团队的组建可以从企业结构、职责划分、培训要求等方面进行分析。

1. 企业结构

企业组织结构是企业的流程运转、部门设置及职能规划等最基本的结构依据,企业原有的结构模式不再适合新技术的应用,需制订新的计划、新的结构形式,图 5-1、图 5-2 为某公司 BIM 实施项目的企业 BIM 组织结构体系和项目 BIM 组织机构图。

2. 职责划分

在项目建设过程中需要有效地将各种专业人才的技术和经验进行整合,让他们各自的优势和经验得到充分发挥,以满足项目管理的要求,提高管理的工作效率,为此,对于岗位职责也应作出合理的划分,使员工各尽其能。表 5-3 为某公司的某项目实施计划中的部分人员职责分工表。

3. 技能培训

在启动一个应用 BIM 技术的项目时,为确保项目的高质量运行,企业需培养专业的 BIM 技术人才和管理人员,建立核心的协作团队,从而增强企业整体的软实力。目前公司多采用全员普及模式、集中管理模式对员工进行新技能的培训。全员普及模式是施工企业依据发展战略制定的整体推动 BIM 应用普及的模式;集中管理模式是企业或部门将掌握 BIM

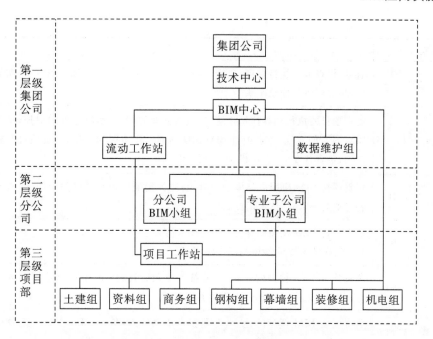

图 5-1　企业 BIM 组织结构体系

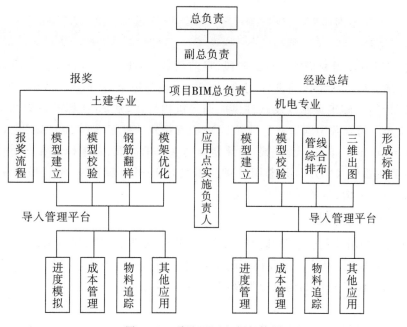

图 5-2　项目 BIM 组织机构图

技术的人员,以及支持 BIM 应用的 IT 环境集中起来,建立"BIM 中心""BIM 工作站"等类似组织的模式。现有部分公司通过成立公司网络学院,为员工提供方便快捷的学习途径及方式,提高广大员工 BIM 知识的普及率。

表 5 – 3　人员分工职责表

团队分工	职责
BIM 总监	监督、检查项目执行进展;负责对项目 BIM 应用点的监督和组织落实,实施方案审核,相关调研工作总牵头
BIM 负责人	负责项目的执行和具体操作统筹、实施方案的制订,实施进度的把控,项目调研和 BIM 技术的实施;负责项目 BIM 团队内部工作协调和安排;负责项目实施和质量控制;负责各专业 BIM 模型质量控制
BIM 技术工程师	负责项目 BIM 应用点与模型的对接;监督实施应用点的落地应用;负责施工现场各专业与 BIM 的技术衔接
BIM 结构工程师	负责结构 BIM 模型的建立,专业技术协调管理;负责 BIM 结构模型数据运维工作;负责结构专业各相关工作协调、配合
BIM 建筑工程师	负责建筑 BIM 模型的建立,专业技术协调管理;负责 BIM 建筑模型数据运维工作;负责建筑专业各相关工作协调、配合
BIM 安装工程师	负责安装 BIM 模型的建立,专业技术协调管理,负责 BIM 安装模型数据运维工作;负责安装专业管线优化、现场指导等各相关工作协调、配合

5.2　项目 BIM 应用准则

　　我国的 BIM 标准研究仍处于摸索阶段,目前虽尚未形成一个符合我国国情的 BIM 标准体系。但是,随着标准化工作的进行,也取得了一些研究成果:清华大学 BIM 课题组与我国 BIM 相关设计单位、施工企业以及软件供应商等机构合作,从 BIM 标准框架的角度展开了系统研究,提出了符合我国国情并与国际 BIM 标准接轨的框架,即 CBIMS(Chinese building information modeling standard)框架,并计划分别从技术标准、实施标准和交付标准展开详细研究。本节主要从六个方面讲述 BIM 的应用准则:BIM 资源管理、BIM 模型细度、模型组织管理、文件目录结构、命名规则、色彩规定。

5.2.1　BIM 资源管理

　　BIM 资源的利用涉及模型及其构件的产生、获取、处理、存储、传输和使用等多个环节。随着 BIM 的普及应用,BIM 资源库规模的增长将极为迅速。因此,BIM 资源管理的核心工作包括两个方面:BIM 资源的信息分类及编码、BIM 资源管理系统建设。

1. BIM 资源的信息分类及编码

　　信息分类与编码是各类信息系统中实现信息表达、交换、管理和集成的基础,是信息系统相互沟通的桥梁和纽带。随着企业对信息化建设及管理的日益重视,许多制造企业都开展了信息分类编码工作,但多数是在建设项目完成后进行信息采集、收集和整理,可能出现信息采集困难、重复采集和信息疏漏等问题。此外,为满足信息系统功能需求而设计的相互孤立的信息分类编码标准是信息孤岛产生的原因之一。基于同一数据源和统一的信息分类编码标准,建立全面、准确和实时的工厂设备信息编码数据库,将为各种管理信息系统的应用和集成奠定一定的基础,图 5 – 3 为分类编码系统体系结构。

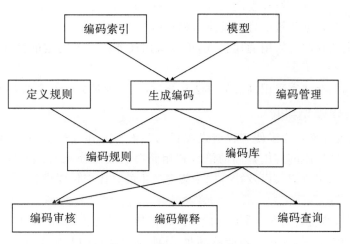

图 5 - 3　分类编码系统体系结构

　　由于 BIM 应用涵盖了建筑领域全过程、全方位的信息,信息规模庞大、内容复杂,因此,单纯的线分法已不能满足 BIM 模型信息的组织要求。企业的 BIM 资源的信息分类及编码应整体规划、分步实施,遵循信息分类编码的一些基本原则。在分类方法和分类项的设置上,应尽量向相关的国家级、行业级分类标准靠拢。

2. BIM 资源管理控制方法

　　在企业应用 BIM 过程中,BIM 资源一般以库的形式体现,如 BIM 模型库、BIM 构件库、BIM 户型库等,这里将其统称为 BIM 资源库。随着 BIM 的普及,BIM 资源库将成为企业信息资源的核心组成部分。为保证 BIM 资源的完整性与准确性,应采用一定的控制方法,如表 5 - 4 所示。

表 5 - 4　BIM 资源管理的控制方法

控制方法	内容
规范 BIM 资源的检查标准	主要是检查 BIM 模型及构件是否符合交付内容及细度要求,BIM 模型中所应包含的内容是否完整,关键几何尺寸及信息是否正确等方面的内容
规范 BIM 资源入库及更新	对于任何 BIM 模型及构件的入库操作,都应经过仔细的审核方可进行。工程人员不能直接将 BIM 模型及构件导入到企业 BIM 资源库中;一般应对需要入库的模型及构件先在本专业内部进行校审,再提交 BIM 资源库管理员进行审查及规范化处理后,由 BIM 资源库管理员完成入库操作;对于需要更新的 BIM 模型及构件,也应采用类似审核方式进行,或提出更新申请,由 BIM 资源库管理员进行更新
建立 BIM 资源入库激励制度	在企业资源库的应用过程中,特别是在资源库建设的初期,企业应考虑建立一定的激励制度,如鼓励提供新的 BIM 模型及构件、鼓励无错误提交、鼓励在库中发现问题;这样才能提高工程人员的积极性,不断完善企业 BIM 资源库

3. 模型数据资源编码与存储要求

　　模型数据资源编码与存储应满足以下要求:

（1）模型数据应进行分类和编码，并应满足数据互用的要求；

（2）模型数据应根据建筑信息模型应用和管理的需求存储；

（3）模型数据的存储可采用通用格式，也可采用任务相关方约定的格式，但均应满足数据互用的要求；

（4）模型数据的存储宜采用高效的方法和介质，并应满足数据安全的要求。

5.2.2　BIM 模型细度

定义模型细度等级是为了使工程建设项目的各参与方在描述 BIM 模型包含的内容以及模型的详细程度时，能够使用共同的语言和相同的等级划分规范；主要用于确定 BIM 模型的阶段成果，表达用户需求以及在合同中规定业主的具体交付要求。

1. 细度规范原则

BIM 模型细度规范应遵循"适度"的原则，其包括三个方面内容：模型造型精度、模型信息含量、合理的构件范围。同时，在能够满足 BIM 应用需求的基础上应尽量简化模型。适度创建模型非常重要，模型过于简单，将不能支持 BIM 的相关应用需求；模型创建得过于精细，超出应用需求，不仅带来无效劳动，还会出现因模型规模庞大而造成软件运行效率下降等问题。

2. 模型细度划分

从建筑项目全生命期 BIM 应用的角度，BIM 模型从项目策划、概念设计、方案设计、初步设计，到施工图设计，再到后续的施工和运营维护，是一个模型逐渐深化、信息不断丰富的发展过程。BIM 全生命期应用的模型细度划分为七个等级，分别是方案设计模型细度、初步设计模型细度、施工图设计模型细度、施工深化设计模型细度、施工过程模型细度、竣工验收模型细度和运维管理模型细度。参照我国《建筑工程设计文件编制深度规定》和工程实施实际需求，各阶段的模型细度要求如表 5-5 所示。

表 5-5　各阶段的模型细度

阶段	内容
方案设计	与传统二维方案设计阶段所要求的设计深度相对应；模型构件仅需表现对应建筑实体的基本形状及总体尺寸，无需表现细节特征及内部组成；构件所包含的信息应包括面积、高度、体积等基本信息，并可加入必要的语义信息
初步设计	与传统二维初步设计阶段所要求的设计深度相对应；模型构件应表现对应的建筑实体的主要几何特征及关键尺寸，无需表现细节特征、内部构件组成等；构件所包含的信息应包括构件的主要尺寸、安装尺寸、类型、规格及其他关键参数和信息等
施工图设计	与传统二维施工图设计阶段所要求的设计深度相对应；模型构件应表现对应的建筑实体的详细几何特征及精确尺寸，应表现必要的细部特征及内部组成；构件应包含在项目后续阶段（如施工算量、材料统计、造价分析等应用）需要使用的详细信息，包括构件的规格类型参数、主要技术指标、主要性能参数及技术要求等
施工深化设计	与施工深化设计需求相对应；模型应包含加工、安装所需要的详细信息，以满足施工现场的信息沟通和协调，为施工专业协调和技术交底提供支持，为工程采购提供支持

阶段	内容
施工过程	与施工过程管理需求相对应;模型应包含时间、造价信息,以满足施工进度、成本管理需求
竣工验收	与工程竣工验收需求相对应;模型应包含(或链接)分部、分项工程的质量验收资料,以及工程洽商、设计变更等文件
运维管理	与建筑运维管理需求相对应;面对运维管理需求,如空间管理、设备管理、应急管理等,模型作相应的简化和调整,模型应可包含(或链接)持续增长的运维信息,作为运维效果评估分析的基础资料

上述模型细度要求是工程企业的一般规定,具体项目的模型细度要求应当根据项目实施的实际要求而定。例如,对于建筑物的内墙饰面,在方案设计模型细度就能满足其设计表达要求时,不应机械地根据上述模型细度等级的定义,为其指定施工图设计细度等级的建模要求;对于某些对基础有特殊要求或地质构造复杂、基础施工周期较长的项目,一般在初步设计阶段就要求结构专业的基础设计达到施工图设计阶段的深度要求,在这种情况下,要为结构专业的基础设计指定施工图设计模型细度的建模要求,而不应根据细度等级定义,将其确定为初步设计模型细度。

5.2.3 模型组织管理

鉴于目前计算机软硬件的性能限制,整个项目都使用单一模型文件进行工作是不太可能实现的,必须对模型进行拆分。模型拆分属于模型扩展的逆操作,但得到的任务模型应与其他任务信息模型协调一致,并不应改变原有模型结构,可根据任务需求将模型拆分为多个任务模型,拆分得到的任务模型可包括原模型中的部分模型元素及相关信息,还可扩充新的模型元素种类及相关信息。

不同的建模软件和硬件环境对于模型的处理能力会有所不同,模型拆分也没有硬性的标准和规则,需根据实际情况灵活处理。以下是实际项目操作中比较常用的模型拆分建议。

1. 一般模型拆分原则

模型拆分的主要目的是协同工作,以及降低由于单个模型文件过大造成的工作效率降低。通过模型拆分达到以下目的:多用户访问;提高大型项目的操作效率;实现不同专业间的协作。

2. 模型拆分方式

模型拆分时采用的方法,应尽量考虑所有相关 BIM 应用团队(包括内部和外部的团队)的需求。在 BIM 应用的早期,由具有经验的工程技术人员设定拆分方法,尽量避免在早期创建孤立的、单用户文件,然后随着模型的规模不断增大或设计团队成员不断增多,被动进行模型拆分的做法。

一般按建筑、结构、水暖电专业来组织模型文件,建筑模型仅包含建筑数据(对于复杂幕墙建议单独建立幕墙模型),结构模型仅包含结构数据。水暖电专业要视使用的软件和协同工作模式而定,以 Revit 为例:

(1)使用工作集模式。水暖电各专业都在同一模型文件里分别建模,以便于专业协调。

（2）使用链接模式。水暖电各专业分别建立各自专业的模型文件，相互通过链接的方式进行专业协调。根据一般的硬件配置，一般建议单专业模型，其面积控制在 8000 m² 以内。多专业模型（水暖电各专业都在同一模型文件里）其面积控制在 5000 m² 以内，单文件的大小不应超过 100 MB。

为了避免重复或协调错误，应明确规定并记录每部分数据的责任人。如果一个项目中要包含多个模型，应考虑创建一个"容器"文件，其作用就是将多个模型组合在一起，供专业协调和冲突检测时使用，表 5-6 所示为典型的模型拆分方式。

表 5-6 典型的模型拆分方式

专业（链接）	拆分（链接或工作集）
建筑	（1）依据建筑分区拆分 （2）依据楼号拆分 （3）依据施工缝拆分 （4）依据楼层拆分 （5）依据建筑构件拆分，如外墙、屋顶、楼梯、楼板
幕墙（如果是独立建模）	（1）依据建筑立面拆分 （2）依据建筑分区拆分
结构	（1）依据结构分区拆分 （2）依据楼号拆分 （3）依据施工缝拆分 （4）依据楼层拆分 （5）依据结构构件拆分
机电专业	（1）依据建筑分区拆分 （2）依据楼号拆分 （3）依据施工缝拆分 （4）依据楼层拆分 （5）依据系统/子系统拆分
钢结构	原则：应按照建筑分区、单个楼层以及构件类别进行拆分，但应考虑其构件的完整性

3. 工作集模型拆分原则（仅适合 Revit）

借助"工作集"机制，多个用户可以通过一个"中心"文件和多个同步的"本地"副本，同时处理一个模型文件。若合理使用，工作集机制可大幅提高大型、多用户项目的效率。工作集模型拆分原则如下：

（1）应以合适的方式建立工作集，并把每个图元指定到工作集。可以逐个指定，也可以按照类别、位置、任务分配等信息进行批量指定。该部分的工作应统一由项目经理或专业负责人完成；

（2）为了提高硬件性能，建议仅打开必要的工作集；

（3）建立工作集后，建议根据有关的规定在文件名后面添加"－Central"或"－Local"后缀。

对于使用工作集的所有设计人员，应将原模型复制到本地硬盘来创建一份模型的"本地"副本，而不是通过打开中心文件再进行"另存为"操作。

4. 链接模型拆分原则（仅适合 Revit）

通过"链接"机制，用户可以在模型中引用更多的几何图形和数据作为外部参照。链接的数据可以是一个项目的其他部分，也可以是来自另一专业团队或外部公司的数据。链接模型拆分原则如下：

（1）可根据不同的目的使用不同的容器文件，每个容器只包含其中的一部分模型；

（2）在细分模型时，应考虑到任务如何分配，尽量减少用户在不同模型之间切换；

（3）模型链接时，应采用"原点对原点"的插入机制；

（4）在跨专业的模型链接情况下，参与项目的每个专业（无论是内部还是外部团队）都应拥有自己的模型，并对该模型的内容负责。一个专业团队可链接另一专业团队的共享模型作为参考。

5. 设计管理要求

在模型组织管理中的协同设计是实现基于 BIM 的工程设计的管理支撑，是建筑设计业的发展趋势。对 BIM 设计模型提出的设计管理要求主要包括模型状态管理、模型版本管理、用户权限管理。

（1）模型的状态管理机制。为保证在协同设计过程中 BIM 设计模型的完整性与一致性，必须对 BIM 模型的访问状态进行控制。通常采取服务器模型"签入—签出"机制来控制用户对 BIM 模型的操作。该机制的模型控制策略是任意时刻最多只允许一个客户端用户对服务器模型进行签出操作，其他用户不能对已签出的模型进行编辑操作；用户进行签出操作时，仅签出与用户进行操作相关的部分模型，其他用户可对未签出部分模型进行签出操作。与之相对应，服务器的 BIM 模型状态分为可编辑和只读两种状态。

（2）模型的版本管理机制。模型版本是记录模型对象的各可选状态的快照，模型的版本管理是实现网络协同设计的重要技术。随着版本管理理论的发展，逐步发展出线性版本管理方法、树状版本管理方法、有向无环图版本管理方法。其中，有向无环图版本管理方法是目前协同设计中主流的模型版本管理方法，按版本的传递路径和记录长度的不同该方法可分为向前版本管理方法、向后版本管理方法、有限记录版本管理方法和关键版本管理方法4 种。

（3）用户权限管理。对于用户的操作权限管理采用基于角色的访问控制机制，在该机制中在用户和权限之间增加角色的概念，通过定义不同角色类型实现对用户权限的管理。通过角色概念实现了用户与访问权限在逻辑上的分离，便于对用户进行管理。例如，需要调整一个用户的访问权限，只需要把该用户从现有的角色列表中删除，重新添加到合适的角色列表中即可。

5.2.4 文件目录结构

对于涉外工程项目，为了方便项目各方的沟通交流，文件目录命名宜采用英文，以下目录结构以比较详细和实用的英国 BIM 标准为基础调整而成，采用中英文对照方式，使用时根据实际项目情况选择。

1. BIM 资源文件夹结构(以 Revit 为例说明)

标准模板、图框、族和项目手册等通用数据保存在中央服务器中,并实施访问权限管理。

📁 BIM 资源(BIM_ Resource)

　📁 Revit

　　📁 族库(Families)　　　　　　　　　［族文件］

　　📁 标准(Standards)　　　　　　　　　［标准文件］

　　📁 样板(Templates)　　　　　　　　　［样板文件］

　　📁 图框(Titleblocks)　　　　　　　　［图框文件］

2. 项目文件夹

项目数据也统一集中保存在中央服务器上,对于采用 Revit 工作集模式时,只有"本地副本"才存放在客户端的本地硬盘上。以下是中央服务器上项目文件夹结构和命名方式,在实际项目中还应根据项目实际情况进行调整。

📁 项目名称(Project Name)

　📁 01 -工作(WIP)　　　　　　　　　　　　　　　　　　　　　　　［工作文件夹］

　　📁 BIM 模型(BIM_ Models)　　　　　　　　　　　　　　　［BIM 设计模型］

　　　📁 建筑(Architecture)　　　　　　　　　　　　　　　　　［建筑专业］

　　　　📁 1 层/A 区等(1 F/Zone A)　　　　　　　［视模型拆分方法而定］

　　　　📁 2 层/B 区等(2F/Zone B)

　　　　📁 n 层/n 区等(nF/Zone n)

　　　📁 结构(Structure)　　　　　　　　　　　　　　　　　　　［结构专业］

　　　　📁 1 层/A 区等(1 F/Zone A)　　　　　　　［视模型拆分方法而定］

　　　　📁 2 层/B 区等(2F/Zone B)

　　　　📁 n 层/n 区等(nF/Zone n)

　　　📁 水暖电(MEP)　　　　　　　　　　　　　　　　　　　　［水暖电专业］

　　　　📁 1 层/A 区等(1 F/Zone A)　　　　　　　［视模型拆分方法而定］

　　　　📁 2 层/B 区等(2F/Zone B)

　　　　📁 n 层/n 区等(nF/Zone n)

　　📁 出图(Sheet_ Files)　　　　　　　　　　　　［基于 BIM 模型导出的 dwg 图纸］

　　📁 输出(Export)　　　　　　　　　　　　　　［输出给其他分析软件使用的模型］

　　　📁 结构分析模型

　　　📁 建筑性能分析模型

　📁 02 -对外共享(Shared)　　　　　　　　　　　　　　　　　［给对外协作方的数据］

　　📁 BIM 模型(BIM_ Models)

　　📁 CAD

　📁 03 -发布(Published)　　　　　　　　　　　　　　　　　　　　［发布的数据］

　　📁 YYYY. MM. DD_描述(YYYY. MM. DD_ Description)　　　　　［日期和描述］

☐ YYYY.MM.DD_描述(YYYY.MM.DD_Description)		[日期和描述]
☐04 -存档(Archived)		[发布的数据]
☐ YYYY.MM.DD_描述(YYYY.MM.DD_ Description)		[日期和描述]
☐ YYYY.MM.DD_描述(YYYY.MM.DD_ Description)		[日期和描述]
☐05 -接收(Incoming)		[接收文件]
☐某顾问		
☐施工方		

注意:为避免某些文件管理系统或通过互联网进行协作造成的影响,文件夹名称不要有空格。

5.2.5 命名规则

通常情况下 BIM 应用涉及的参与人员较多,大型项目模型进行拆分后模型文件数量也较多,因此清晰、规范的文件命名将有助于众多参与人员提高对文件名标识理解的效率和准确性。本节主要以族为例对结构模型中的族库管理进行介绍。

编码说明:

(1)方框内的编码表示可以按照要求根据实际情更改。

(2)无方框的编码表示必须严格按照要求使用特定字符。

1. 族的分类

根据项目结构模型包含的钢筋混凝土构件类目,将族进行分类,如表 5-7 所示。

表 5-7 族分类表

族分类	族类型编码	族分类	族类型编码
剪力墙	Q	梁	L
柱	Z	板	B
楼梯	T	地梁	D
桩承台	C	—	—

2. 剪力墙的命名

以墙编号为 Q1,厚度为 200 的钢筋混凝土现浇剪力墙为例:

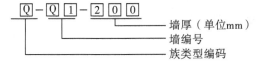

3. 梁(除地梁)的命名

以梁编号为 KL1,截面尺寸 200×300 的钢筋混凝土现浇框架梁为例:

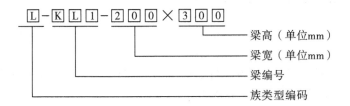

4. 柱的命名

以柱编号为 KZ1,截面尺寸 600×600 的钢筋混凝土现浇框架柱为例:

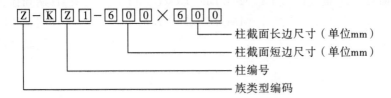

5. 板的命名

以板编号 LB1,厚度 100 的钢筋混凝土现浇楼板为例:

6. 楼梯的命名

以楼梯编号为 LT1 为例:

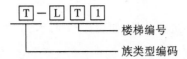

7. 基础承台的命名

以承台编号 CT1,垂直投影尺寸为 1000×1000 的钢筋混凝土现浇承台为例:

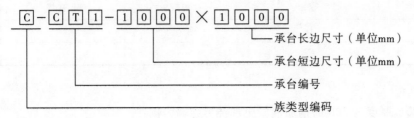

8. 地梁的命名

以地梁编号 DL1,截面尺寸 300×500 的钢筋混凝土现浇地梁为例:

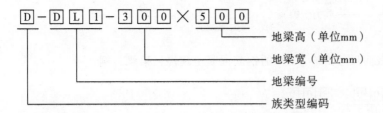

9. 补充说明

对于以上命名形式中未提及的族类目或者族类目已提及,但实例形态无法按照所列形式进行命名时,应记录在案,待后期时再进行补充或修改。

5.2.6 色彩规定

为了方便项目参与各方协同工作时易于理解模型的组成,特别是水暖电模型系统较多,通过对不同专业和系统模型赋予不同的模型颜色,将有利于直观快速识别模型。

1. 建筑专业/结构专业

各构件使用系统默认的颜色进行绘制,建模过程中,发现问题的构件使用红色进行标记。

2. 给水排水专业/暖通专业/电气专业

以下水暖电专业 BIM 模型色彩表以 2009 年 12 月 15 日发布、2010 年 1 月 1 日实施的《中国建筑股份有限公司设计勘察业务标准》的 CAD 图层标准为基础,并结合机电深化设计和管线综合的需求进行了细化和调整,请扫描下面二维码查看表 5-8 所示的 BIM 模型色彩表。如果模型来自于设计模型,可继续沿用原有模型颜色,并根据施工阶段的需求增加和调整模型颜色。如果模型是在施工阶段时创建,可参照本 BIM 模型色彩表进行颜色设置。

表 5-8　BIM 模型色彩表

5.3 项目 BIM 应用计划

工程项目具有一次性的特点,BIM 应用计划经验不足或计划不完善出现制订计划有误的情况,致使 BIM 应用效果不明显,甚至造成工程延误、成本增加等情况的出现。因此 BIM 成功应用的前提是结合项目,制订出详细全面的 BIM 计划,并在实施过程中不断地根据项目的实际情况来进行深化和修正。

5.3.1 BIM 计划的内容

一个全面的 BIM 应用计划中应涉及业主、设计、施工、运营等各个参与方,同时涉及技术、经济、法律等各个相关领域,它能使整个项目团队清楚地认识到各自的责任和义务。BIM 计划一旦制订完成,整个项目团队就可以以此为依据将 BIM 融合到整个项目的施工相关流程当中,进行正确的实施和监控,以实现 BIM 计划既定的目标。

BIM 计划制定完成后应该包括以下内容:

(1)BIM 计划概述:阐述 BIM 计划总体的制订情况,明确 BIM 的应用效益。

(2)BIM 应用流程:详述 BIM 各个参与方的工作流程。

(3)BIM 的实施范围:BIM 实施是在设计、施工、运营的哪一阶段,以及各个实施阶段的

BIM 模型所包含的元素和详细程度。

（4）各组织角色和人员配备：定义项目各阶段 BIM 计划人员职责和协调过程是 BIM 计划的主要任务之一，尤其是在 BIM 计划制订和启动阶段。确定 BIM 计划的制订和执行的合适人选也是 BIM 计划成功的关键。

（5）BIM 信息交换：以信息交换需求的形式，对支持 BIM 应用信息交换过程，模型信息需要达到的细度进行详细描述。

（6）模型质量控制：详细描述 BIM 应用需要达到的质量要求，以及对项目各参与方的监控要求。

（7）基础技术条件：详细描述为保证 BIM 技术顺利实施应创建的软件、硬件、网络等环境。

（8）项目交付需求：描述项目最终交付模型的需求。不同的项目运作模式将决定不同的模型交付策略，因此需要结合项目运作模式描述模型交付需求。

5.3.2　BIM 计划的制订

BIM 计划的制订流程需要项目各参与方的积极参与，工程项目的条件和项目各参与方的应用目标不同，所以 BIM 计划的制订需要结合项目各参与方的实际情况和能力。

BIM 计划需要包括 BIM 项目的应用价值目标、流程、信息交换要求、基础条件四个部分。BIM 计划的制订流程如图 5-4 所示。

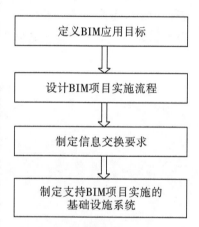

图 5-4　BIM 计划制订流程

1. 定义 BIM 应用目标

项目级 BIM 应用目标包括缩短工期，提高生产效率，保证项目质量，为项目运营获取重要信息等。定义 BIM 应用的工作内容主要包括以下方面：

（1）对个人和团队的 BIM 应用经验进行摸底；

（2）确定 BIM 应用的预期目标；

（3）确定计划实施的 BIM 应用；

（4）确定制定 BIM 应用总体流程的负责人；

（5）确定 BIM 应用各项流程的负责人；

（6）确定下一步 BIM 应用流程的工作进度安排；

（7）设计 BIM 应用流程。

2. BIM 项目实施

BIM 应用流程分为总体流程和详细流程两个层面，整体流程主要是确定不同 BIM 应用之间的顺序和相互关系，所有团队成员可以据此了解各自工作流程和其他团队成员工作流程的关系；详细流程即为项目参与方中的一个或几个完成某个特定任务的流程。BIM 项目实施流程如下：

（1）重新讨论并确定 BIM 应用目标；

（2）确定 BIM 应用总体流程；

（3）确定 BIM 应用各个阶段的详细流程；

（4）讨论并审查 BIM 应用过程中可能会出现的问题和困难；

（5）确定 BIM 应用过程中的信息交换内容；

（6）确定负责信息交换的责任方，即创建信息和接收信息的责任方；

（7）制订协调计划以详细定义信息交换需求。

3. 定义信息交换

项目不同参与方之间的信息交换的内容和格式标准都应该明确进行定义，信息交换者和信息接受者都应该对此非常了解和清楚，并且严格据此执行。定义信息交换的工作内容主要包括：

（1）重新确认 BIM 应用目标，保证项目计划仍然和应用目标保持一致；

（2）对已设计的 BIM 应用流程进行确认；

（3）定义主要的信息交换需求；

（4）定义信息交换的内容和格式，明确每次信息交换的范围和细度要求。

4. 确定 BIM 实施条件

为了保证 BIM 计划的顺利实施，应制定一系列的支持 BIM 计划的保障措施，确定 BIM 实施的基础条件，以进行模型质量控制。确定实施 BIM 计划所需的基础条件时的工作内容主要包括以下方面：

（1）制定交付成果的结构和合同；

（2）确定项目各参与方的沟通程序；

（3）确定技术架构；

（4）确定质量控制程序。

5.3.3　BIM 应用的目标

制订 BIM 计划的第一步就是要确定 BIM 应用的总体目标，这也是最为重要的一步。BIM 应用目标的制定，可以使项目各参与者明确 BIM 应用为项目带来的潜在价值。BIM 应用总体目标一般为提升项目施工效益和提升项目团队技能，如减少工程变更，提高工程质量，缩短工期，提升项目各参与方的信息交换能力等。在 BIM 应用目标确定后就可以评估 BIM 的应用效益。

BIM 目标可分为两大类，第一类是项目目标，项目目标包括缩短工期、提高现场生产率、为项目运营获取重要的信息等；第二类是企业目标，企业目标包括业主通过样板项目描述设计、施工、运营之间的信息交换，设计机构获取高效使用数字化设计工具的经验等。

企业在应用 BIM 技术进行项目管理时，需明确自身在管理过程中的需求，并结合 BIM 自身特点来确定项目管理的服务目标。在定义 BIM 目标的过程中可以用优先级表示某个 BIM 目标对该建设项目设计、施工、运营成功的重要性，对每个 BIM 目标提出相应的 BIM 应用。BIM 目标可对应于某一个或多个 BIM 应用，以某一建设项目定义 BIM 目标为例，如表 5-9 所示。

表 5 - 9　建设项目定义 BIM 目标

优先级(1-3,1 最重要)	BIM 目标描述	可能的 BIM 应用
2	提升现场生产效率	设计审查,3D 协调
3	提升设计效率	设计建模,设计审查,3D 协调
1	为物业运营准备精确的 3D 记录模型	记录模型,3D 协调
1	提升可持续目标的效率	工程分析,LEED 评估
2	施工进度跟踪	4D 模型
3	定义与阶段规划相关的问题	4D 模型
1	审查设计进度	设计审查
1	快速评估设计变更引起的成本变化	成本预算
2	消除现场冲突	3D 协调

5.3.4　BIM 应用的流程

试点项目 BIM 应用计划、流程的制订和执行都不是一个孤立的过程,要与工程施工的整体计划相结合,相关方案的制订也不是由某个人或者某个组织独立完成的,而是项目施工各方合作的结果。因此,为确保 BIM 技术能够更好的应用于现场施工过程的管理,还应制定出总体应用流程,具体如表 5-10 所示。

5.4　BIM 信息交换的内容和格式

在 BIM 应用总体流程和详细流程设计完成后,为了保证 BIM 的顺利实施,应该对项目参与者之间的信息交换进行详细定义。定义信息交换的目的在于,为项目团队成员特别是信息创建者和信息接受者明确 BIM 要交换的内容。

在进行信息交换时,可以将一个项目定义成一张总的信息交换定义表,也可以根据需求按照责任方或者是分项 BIM 拆分成若干张信息交换定义表。但不论是一张还是若干张,都应该确保信息交换的准确性和完整性。定义 BIM 信息交换可以参考以下过程:

1. 在 BIM 应用总体流程图上定义出每一个过程之间的信息交换

在总体流程图上标示出信息交换的时间点,并且将信息交换节点按照时间顺序排列出来,这样就能确保项目参与方明确在不同阶段的 BIM 应用应该交付的成果。

2. 确定项目模型的分解结构

在确定信息交换之后,需要确定一个模型元素分解结构,使得信息交换内容的定义标准化。在确定分解结构时,可以参考《建筑工程设计信息模型分类和编码标准》,也可以选择其他的分解结构。

3. 确定每个信息交换的输入、输出信息要求

信息交换的范围和细度应该由信息接收者定义,每项信息交换都应该从信息输入和信息输出来描述交换需求。有些信息交换是由多个团队合作完成的,并且每个团队对于信息交换要求存在差异,这时应该在一张信息交换定义表中分开描述信息交换需求。在信息接收者不明确的情况下,则由项目组集体进行讨论确定信息交换范围。

表 5-10　项目 BIM 应用总体流程

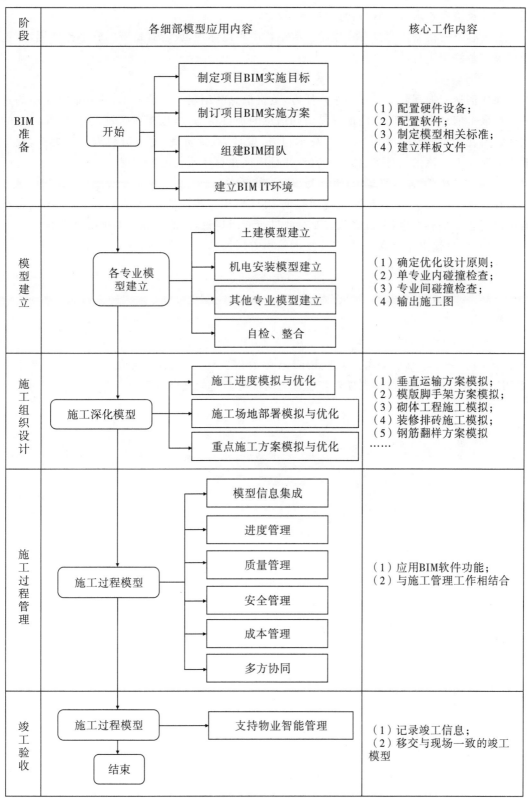

阶段	各细部模型应用内容	核心工作内容
BIM准备	开始 → 制定项目BIM实施目标 / 制订项目BIM实施方案 / 组建BIM团队 / 建立BIM IT环境	（1）配置硬件设备； （2）配置软件； （3）制定模型相关标准； （4）建立样板文件
模型建立	各专业模型建立 → 土建模型建立 / 机电安装模型建立 / 其他专业模型建立 / 自检、整合	（1）确定优化设计原则； （2）单专业内碰撞检查； （3）专业间碰撞检查； （4）输出施工图
施工组织设计	施工深化模型 → 施工进度模拟与优化 / 施工场地部署模拟与优化 / 重点施工方案模拟与优化	（1）垂直运输方案模拟； （2）模版脚手架方案模拟； （3）砌体工程施工模拟； （4）装修排砖施工模拟； （5）钢筋翻样方案模拟 ……
施工过程管理	施工过程模型 → 模型信息集成 / 进度管理 / 质量管理 / 安全管理 / 成本管理 / 多方协同	（1）应用BIM软件功能； （2）与施工管理工作相结合
竣工验收	施工过程模型 → 支持物业智能管理 ↓ 结束	（1）记录竣工信息； （2）移交与现场一致的竣工模型

模型文件的格式也需要同时确定,由有经验的工程技术人员或者外聘技术专家指定应用的软件及版本要求,以确保信息交换的可行性。

　　如果必要的模型内容没有在模型分解结构中得以体现,或者有特殊的软件操作提示,这时应该在备注中进行说明。

4. 确定每项信息交换的责任方

　　每项信息交换都需要确定一个责任方,负责信息的创建。一般来说,负责信息交换的责任方应该是信息交换时间点内最容易访问信息的项目参与方,是能够高效、准确创建信息的团队。潜在的责任方一般有业主方、总承包方、设计方、供货商、专业分包方等。另外,模型输入的时间点应该由信息接收方来确定,并且应该在总体流程图中体现。

5. 对输入和输出的内容进行比较分析

　　在信息交换需求确定以后,要逐项查询 BIM 应用过程中的输出信息与输入需求信息不匹配的问题。如有发生,项目团队需要对此进行专门讨论,一般有如下两种解决方案:

　　(1)对信息输出作出调整:信息交换的输出方增加相关的输出信息;

　　(2)修改责任方。

🌾 本章小结

　　本章对 BIM 的应用规则只作了部分简单介绍。因为 BIM 的数据存储贯穿于整个建筑全生命周期,一个项目的完成由多种 BIM 软件共同实现,因此读者可结合具体的项目案例对 BIM 的存储标准、存储格式以及各软件之间的数据交换进行学习。

第6章 BIM 技术在设计阶段的应用

教学导入

本章从工程项目管理的角度对设计阶段进行重点阐述,并结合实际案例详细讲解 BIM 技术在设计阶段的主要应用。

学习目的

- 了解 BIM 技术在设计阶段的应用概况
- 掌握 BIM 技术在设计阶段的三维设计、协同设计
- 掌握 BIM 技术在设计管理中的应用

6.1 BIM 技术设计应用范畴

6.1.1 规定

根据《建筑工程设计文件编制深度规定(2016 年版)》,该规定适用于境内和援外民用建筑、工业厂房、仓库及其配套工程的新建、改建、扩建工程设计。建筑工程一般应分为方案设计、初步设计和施工图设计三个阶段。各阶段设计文件编制深度应按以下原则进行:方案设计文件,应满足编制初步设计文件的需要,应满足方案审批或招批的需要;初步设计文件,应满足编制施工图设计文件的需要,满足初步设计审批的需要;施工图设计文件,应满足设备材料采购、非标准设备制作和施工的需要。本章主要是针对 BIM 技术在民用建筑设计阶段的应用。

6.1.2 BIM 运用的项目类型

1. 住宅和常规商业建筑项目

此类建筑物造型比较规则,有以往成熟的项目设计图纸等资源可供参考,使用常规三维 BIM 设计工具即可完成,且此类项目是组建并锻炼 BIM 团队的最佳选择。从建筑专业开始,先掌握最基本的 BIM 基本设计功能、施工图设计流程等,再由易到难逐步向复杂项目、多专业、多阶段及设计全程拓展,规避风险。

2. 体育场、剧院和文艺中心等复杂造型建筑项目

此类建筑物造型复杂,没有设计图纸等资源可以参考利用,传统 CAD 设计工具的平、立、剖面等无法表达其设计创意,现有的模型不够智能化,只能一次性表达设计创意,且此类项目可以充分发挥和体现 BIM 设计的价值。为提高设计效率,设计人员应从概念设计或方案设计阶段入手,使用可编写程序脚本的高级三维 BIM 设计工具或基于 Revit Architecture 等 BIM 设计工具编写程序、定制工具插件等完成异型设计和设计优化,再在 Revit 系列中进行管线综合设计。图 6-1 所示为某站房项目过程图。

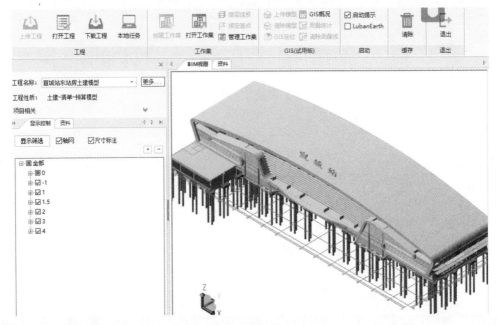

图 6 - 1　某站房项目过程

3. 工厂和医疗等建筑项目

此类建筑物造型较规则,但专业机电设备和管线系统复杂,管线综合是设计难点。可以在施工图设计阶段介入,特别是对于总承包项目,可以充分体现 BIM 设计的价值。

不同的项目设计师和业主关注的内容不同,将决定项目中实施 BIM 的异型设计、施工图设计、管线综合设计、性能分析等。

6.1.3　BIM 技术的三维参数化设计

1. 发展概述

3D 参数化设计是有别于传统 AutoCAD 等二维设计方法的一种全新的设计方法,二维的重点在于解决单个技术人员的具体工作需求,3D 的重点在于信息的模型化共享。3D 是一种可以使用各种工程参数来创建、驱动三维建筑模型,并可以利用三维建筑模型进行建筑性能等各种分析与模拟的设计方法,它是实现 BIM、提升项目设计质量和效率的重要技术保障。

2. 特点

(1)BIM 是一个全产业链的概念,对应到建筑设计阶段,准确的称呼应该为"3D 参数化设计"。在 3D 参数化设计模式下,设计质量直观可视,借助软件碰撞检测功能、模拟分析功能,能更直观地进行设计优化和评估。以常用的碰撞检测功能为例,其不仅可以对机电管线进行碰撞检测,还可以对建筑和结构、建筑和门窗、建筑和幕墙、建筑和装饰装修等全面进行碰撞检测,优化设计成果。

(2)BIM 技术作为一种更直观的可视化三维信息模型设计工具,正是应设计领域对于设计质量和协同效率更高的要求而出现的。BIM 技术直观可视,使建筑师克服传统二维图纸在表达空间三维复杂形态方面的局限,从而极大地拓展了建筑师对建筑形态探索的可实施性,也有助于建设领域各参与方快速理解建设项目从无到有的设计过程及相应成果。

(3)BIM技术使建筑、结构、给排水、空调、电气等各个专业能够基于同一个模型进行工作,从而使真正意义上的三维集成协同设计成为可能。BIM技术将整个设计整合到一个共享的建筑信息模型中,结构与设备、设备与设备间的冲突会直观地显现出来,且能准确查看到可能存在问题的地方,并及时调整自己的设计,从而极大地避免了施工中的浪费。BIM还是辅助建筑设计各专业设计人员设计、协同、传递的技术工具,三维协同和管理都是BIM新兴技术工具其中的功能。

(4)BIM技术是一种数字信息的应用,是可以用于设计、建造、管理的数字化方法,这种方法支持建筑工程的集成管理环境,可以使建筑工程效率显著提高、风险大幅度降低。因此,BIM数字模型既包括建筑物的信息模型,又包括建筑工程管理行为的模型,将两者进行了完美的结合和组合。

6.1.4 设计单位交付模型

BIM既是一种工具,也是一种管理模式,在建设项目采用BIM技术的根本目的是为了更好地管理项目。设计方完成施工图设计,同时提交业主BIM模型,通过审查后交付施工阶段使用,为保证BIM工作质量,对模型质量要求如下:

(1)所提交的模型,必须都已经经过碰撞检查,无碰撞问题存在;

(2)严格按照规划的建模要求创建模型,深度等级达到LOD300;

(3)严格保证BIM模型与二维CAD图纸包含信息一致;

(4)根据约定的软件进行模型构建;

(5)为限制文件大小,所有模型在提交时必须清除未使用项,删除所有导入文件和外部参照链接(机电模型不删除链接进来的建筑结构模型文件);

(6)与模型文件一同提交的说明文档中必须包括模型的原点坐标描述、模型建立所参照的CAD图纸情况。

从技术层面达到某种程度的BIM目标,是目前国内BIM工作进展的主要内容。以建设项目设计阶段为例,采用先进的BIM技术,改变传统的技术手段,达到更好地为工程服务的目的。表6-1所示为传统技术手段与BIM技术辅助对比。

表6-1 传统技术手段与BIM技术辅助对比

所属阶段	技术工作	传统技术阶段	BIM技术辅助
设计阶段	建筑方案分析	图片描述、计算	3D演示
	结构受力分析	公式计算	模型受力计算
	设计结果交付	2D出图,效果图	3D建模,模型

BIM模型在使用过程中,由于设计变更、用途调整、深化设计协调等原因,将伴随大量的模型修改和更新工作,事实上,模型的更新和维护是保证BIM模型信息数据准确有效的重要途径。模型更新往往遵循以下规则:

(1)已出具设计变更单,或通过其他形式已确认修改内容的,需及时更新模型;

(2)需要在相关模型基础上进行相应BIM应用的,应用前需根据实际情况更新模型;

(3)模型发生重大修改的,需立即更新模型;

(4)除此之外,模型应至少保证每60天更新一次。

6.1.5　设计企业 BIM 实施模式

设计企业的 BIM 实施模式有 BIM 外包服务、BIM 项目合作设计、自建 BIM 团队三种模式,具体如表 6-2 所示。

表 6-2　设计企业的 BIM 实施模式

模式	内容
BIM 外包服务	将特定阶段的 BIM 设计业务外包给有实力的 BIM 服务商独立完成,设计企业在服务商的成果上进一步深化设计;在此过程中 BIM 服务商扮演着"辅助设计"的角色
BIM 项目合作设计	在项目设计的特定阶段,由设计方和 BIM 服务商合作完成设计;在此过程中 BIM 服务商更多起着技术培训、设计难题技术支持、局部参与设计的"协助设计"的作用,项目设计主要由设计师完成。通过多个项目、不同类型项目的 BIM 实施,达到在设计师中逐步推广普及 BIM 应用的目的
自建 BIM 团队	成立专职的 BIM 团队或部门,使用 BIM 技术服务于设计院内部所有需要 BIM 的项目;该方式的重点是团队自身的建设与技术水平的提升,在运作前期,BIM 服务商的专业培训和技术支持至关重要

6.2　BIM 技术在设计阶段的应用

设计阶段是工程项目建设过程中非常重要的一个阶段,在这个阶段将决策整个项目实施方案,确定整个项目信息的组成,对后续阶段有决定性影响。设计阶段一般分为方案设计、初步设计、施工图设计三个阶段。

设计阶段 BIM 项目管理与应用的主体是设计方,由于设计方是项目的主要创造者,所以设计阶段通过 BIM 可以带来:①突出的设计效果。通过创建模型,更好地表达设计意图,满足业主要求。②便捷地使用和减少错误。利用模型进行专业协同设计,通过碰撞检查,把类似空间障碍等问题在出图之前解决好。③可视化的设计会审和专业协同。基于三维模型的设计信息传递和交换将更加直观、有效,有利于各方沟通。

设计阶段的项目管理主要有设计单位、业主单位等项目参与方的组织、沟通和协调等工作。随着 BIM 在建筑行业的逐步发展和应用,设计阶段将慢慢普及应用 BIM 技术,基于 BIM 技术,项目可以从设计阶段开始进行精细化管理,从而降低项目的成本,提高工程质量,提升工程绩效。三维设计、协同设计、效果图及动画展示在设计阶段扮演重要角色,不同设计阶段 BIM 应用点不同,所以 BIM 在设计阶段有重要的应用价值。

6.2.1　三维设计、协同设计、效果图及动画展示在设计阶段的重要性

1. 三维设计

三维设计在 BIM 技术设计阶段很重要。当前 BIM 技术的发展,更加发展和完善了三维设计领域。BIM 技术引入的参数化设计理念,简化了设计本身的工作量,继承了初代三维设计的形体表现技术,将设计带入一个全新的领域。通过信息的集成,使得三维设计的三维模型具备更多的可供读取的信息,对于后期的生产提供更大的支持。

BIM 由三维立体模型表述,从初始就是可视化的、协调的,基于 BIM 的三维设计能够精

确表达建筑的几何特征,其直观形象地表现出建筑建成后的样子,然后根据需要从模型中提取信息,将复杂的问题简单化。相对于二维图纸设计,三维设计不存在几何表达障碍,对任意复杂的建筑造型均能准确表现。通过进一步将非几何信息集成到三维构件中,使得建筑构件成为实体,三维模型升级为BIM模型。BIM模型可以通过图形运算并考虑专业出图规则自动获得二维图纸,并可以提取其他的文档,还可以将模型用于建筑能耗分析、日照分析、结构分析、照明分析、声学分析、客流物流分析等多方面。图6-2所示为某工程的BIM模型的三维设计效果图及施工完成后的对比。

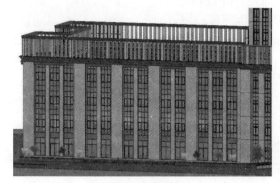 

三维设计效果图 施工完成图

图6-2 某工程设计效果图及施工完成后对比

2. 协同设计

(1)概述。

协同设计可使各专业设计人员协同工作。协同设计有两个技术分支:一个主要适合于大型公建,复杂结构的三维BIM协同;另一个主要适合普通建筑及住宅的二维CAD协同。通过协同设计建立统一的设计标准,包括图层、颜色、线型、打印样式等。所有设计专业及人员在统一的平台上进行设计,从而减少现行各专业之间由于沟通不畅或沟通不及时导致的错、漏、碰、缺。协同设计也对设计项目的规范化管理起到重要作用,包括进度管理、设计文件统一管理、人员负荷管理、审批流程管理、自动批量打印等。协同设计工作是以一种协作的方式,使成本降低、设计效率提高,由流程、协作和管理三类模块构成,设计、校审和管理等不同角色人员利用该平台中的相关功能实现各自工作。

协同设计很大程度上是指基于网络的一种设计沟通手段和设计流程的组织管理方式。通过CAD文件之间的外部参照,使工种之间的数据得到可视化共享;通过网络消息、视频会议等方式,使设计人员之间可以跨越部门、地域甚至国界进行成果交流、开展方案评审或讨论设计变更;通过建立网络资源库,使设计者能获得统一的设计标准;通过网络管理软件的辅助,使项目组成员以特定角色登录,可以保证成果的实时性及唯一性,并实现正确的设计流程管理。

BIM技术与协同设计技术将成为互相依赖、密不可分的整体。协同是BIM的核心概念,同一构建元素,只需输入一次。各工种共享元素数据,并于不同专业角度操作该构件元素。从这个意义上说,基于BIM的协同设计已经不再是简单的文件参照。协同设计又细分为2D协同设计与3D协同设计,这是设计软件本身具备的协同功能。

（2）2D协同设计。

2D协同设计是以AutoCAD外部参照功能为基础的dwg文件之间的文件级协同,是一种文件定期更新的阶段性协同设计模式。如将一个建筑设计的轴网、标高、外立面墙与门窗、内墙与门窗布局、核心筒、楼梯与坡道、卫浴家具构件等拆分为多个dwg文件,由几位设计师分别设计,设计过程中根据需要通过外部参照的方式将其链接组装为多个建筑平立面图,这时如果轴网文件发生变更,所有参照该文件的图纸都可以自动更新。

（3）3D协同设计。

3D协同设计在专业内和专业间的模式不同,具体内容如下：

①专业内3D协同设计：是一种数据级的实时协同设计模式,即工作组成员在本地计算机上对同一个3D工程信息模型进行设计,每个人的设计内容都可以及时同步到文件服务器上的项目中心文件中,甚至成员间还可以互相借用属于对方的某些建筑图元进行交叉设计,从而实现成员间的实时数据共享。

②专业间3D协同设计：当每个专业都有了3D工程信息模型文件时,即可通过外部链接的方式,在专业模型间进行管线综合设计。这个工作可以在设计过程中的每个关键时间点进行,因此专业间3D协同设计和2D协同设计同样是文件级的阶段性协同设计模式。

除上述两种模式外,不同BIM设计软件间的数据交互也属于同设计的范畴。如在Revit系列、AutoCAD、Navisworks、3ds Max、SketchUp、Ecotect、PKPM等工具间的数据交互,都可以通过专用的导入或导出工具、dwg/dxf/fbx/sat/ifc等中间数据格式进行交互。不同工具的协同方式与数据交互方式略有不同。

协同作业是设计之外的各种设计文件与办公文档管理、人员权限管理、设计校审流程、计划任务、项目状态查询统计等的与设计相关的管理功能,以及设计方与业主、施工方、监理方、材料供应商、运营商等与项目相关各方,进行文件交互、沟通交流等的协同管理系统。

3. 设计效果图及动画展示

BIM系列软件具有强大的建模、渲染和动画功能,可将专业、抽象的二维建筑描述通俗化、直观化,使业主等非专业人员对项目功能性的判断更为明确和高效。若设计意图或使用功能发生改变,基于已有BIM模型,可以短时间内修改完毕,效果图和动画也能及时更新。且效果图和动画的制作功能是BIM技术的一个附加功能,其成本较专门的动画设计或效果图的制作大大降低,从而使得企业在较少的投入下能获得更多的回报。如对于规划方案,基于BIM能够进行预演,方便业主和设计方进行场地分析、建筑性能预测和成本估算,对不合理或不健全的方案及时进行更新和补充。

利用BIM技术输出建筑的效果图,通过图片传媒来表达建筑所需要的效果;通过BIM技术和虚拟现实技术来模拟真实环境和建筑。效果图的主要功能是将平面的图纸三维化,通过高仿真的制作,来检查设计方案的细微瑕疵或进行项目方案修改的推敲。动画展示更加形象具体,现在的建筑形式越来越复杂,利用BIM提供的三维模型,可以更好地将复杂多变的建筑物转化为动画的形式,使设计者的设计意图更直观、真实、详尽地展现出来,既能为建筑投资方提供直观的感受,也能为施工阶段提供很好的依据。图6-3所示为某工程室内餐厅、卫生间、多功能厅、室外园林的效果图展示。

4. 设计各阶段BIM实施

在建筑设计阶段实施BIM的最终结果一定是所有设计师将其应用到设计全程。但在目前

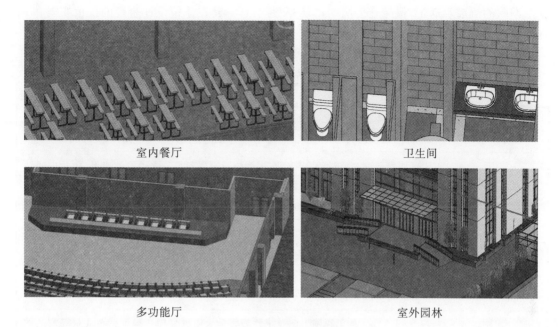

图 6-3　某工程效果图展示

尚不具备全程应用条件的情况下,局部项目、局部专业、局部过程的应用将成为未来过渡期内的一种常态。因此,根据具体项目设计需求、BIM 团队情况、设计周期等条件,可以选择在以下不同的设计阶段中实施 BIM。表 6-3 所示为设计各阶段 BIM 实施内容。

表 6-3　设计各阶段 BIM 实施内容

阶段	内容
概念设计阶段	在前期概念设计中使用 BIM,在完美表现设计创意的同时,还可以进行各种面积分析、体形系数分析、商业地产收益分析、可视度分析、日照轨迹分析等
方案设计阶段	此阶段使用 BIM,特别是对复杂造型设计项目将起到重要的设计优化、方案对比和方案可行性分析作用;同时建筑性能分析、能耗分析、采光分析、日照分析、疏散分析等都将对建筑设计起到重要的设计优化作用
施工图设计阶段	对复杂造型设计等用二维设计手段施工图无法表达的项目,BIM 则是最佳的解决方案。当然在目前 BIM 人才紧缺、施工图设计任务重、时间紧的情况下,可以采用 BIM 与 AutoCAD 相结合的模式,前提是基于 BIM 成果用 AutoCAD 深化设计,以尽可能保证设计质量
专业管线综合阶段	对大型工厂设计、机场与地铁等交通枢纽、医疗体育剧院等公共项目的复杂专业管线设计,BIM 是彻底、高效解决这一难题的唯一途径
可视化设计阶段	效果图、动画、实时漫游、虚拟现实系统等项目展示手段也是 BIM 应用的一部分

5. BIM 在设计阶段的价值

在建筑项目设计中实施 BIM 的最终目的是要提高项目设计质量和效率,从而减少后续施工期间的洽商和返工,保障施工周期,节约项目资金。其在建筑设计阶段的价值主要体现在以下几个方面,如表6-4所示。

表6-4 BIM在设计阶段的价值

特征	内容
可视化 (visualization)	BIM将专业、抽象的二维建筑描述通俗化、三维直观化,使得专业设计师和业主等非专业人员对项目需求是否得到满足的判断更为明确、高效,决策更为准确
协调 (coordination)	BIM将专业内多成员间、多专业、多系统间原本各自独立的设计成果(包括中间结果与过程),置于统一、直观的三维协同设计环境中,避免因误解或沟通不及时造成不必要的设计错误,提高设计质量和效率
模拟 (simulation)	BIM将原本需要在真实场景中实现的建造过程与结果,在数字虚拟世界中预先实现,可以最大限度减少未来真实世界的遗憾
优化 (optimization)	由于有了前面的三大特征,使得设计优化成为可能,进一步保障真实世界的完美。这点对目前越来越多的复杂造型建筑设计尤其重要
出图 (documentation)	基于BIM成果的工程施工图及统计表将最大限度保障工程设计企业最终产品的准确、高质量、富于创新

BIM提供设计阶段进行方案优化的基础;提供了全新三维状态下可视化的设计方法;提供了各个专业协同设计的数据共享平台。图6-4所示为某工程施工场地临设布置可视化展示。

(1)在设计阶段方便迅速地进行方案经济技术优化。在BIM技术下进行设计,专业设计完成后建立起工程各个构件的基本数据,导入专门的工程量计算软件,则可分析出拟建建筑的工程预算和经济指标,能够立即对建筑的技术、经济性进行优化设计,达到方案选择的目的。

(2)实现了可视化条件下的设计。可视化设计方便了建筑概念设计和方案设计。在三维可视化条件下进行设计,三维状态的建筑能够借助电脑呈现,并且能够从各个角度观察,虚拟阳光、灯光照射下建筑各个部位的光线视觉,为建筑概念设计和方案设计提供了方便。在三维可视化条件下进行设计,建筑各个构件的空间位置都能够准确定位和再现,为各个专业的协同设计提供了共享平台,因此通过BIM数据的共享,设备、电气工程师等能够在建筑空间内合理布置设备和管线位置,并通过专门的碰撞检查,消除了各种构件相互间的矛盾。通过软件的虚拟功能,设计人员可以在虚拟建筑内各位置进行细部尺寸的观察,方便进行图纸检查和修改,从而提高图纸的质量。

(3)在BIM技术下的设计,各专业通过相关的三维设计软件协同工作,能够最大程度的提高设计速度,并建立各个专业间互享的数据平台,实现各个专业的有机合作,提高图纸质量。如欧特克通过开发的AutoCAD Architecture、AutoCAD Revit、Revit Architecture、Autodesk Robot structural analysis系列软件,使建筑工程师在完成建筑选型、建筑平面、立面图形布置后,即可将数据保存为BIM信息,导入结构工程师、设备水电工程师专业数据,由结构工程师进行承重构件的设计和结构计算,设备及水电专业工程师同时进行各自专业设

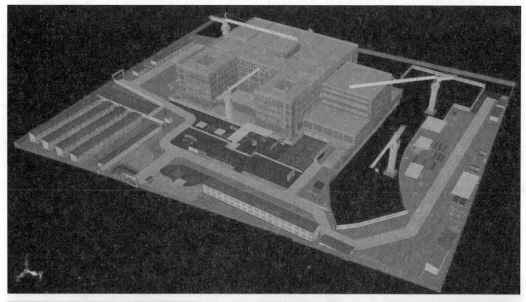

图 6-4　某工程施工场地临设布置

计。在建筑和结构专业都完成后,将包含建筑和结构专业数据的 BIM 信息导入水电、暖通、电梯、智能专业进行优化。同时水电、暖通、设备等专业的 BIM 信息也可以导入建筑、结构专业,达到了各个专业间数据的共享和互通,真正实现在共享平台下的协同设计,在设计过程中能够进行各个专业间的有效协调,避免各个专业间的构件矛盾。

6.2.2　BIM 在方案设计阶段的应用

1. 概述

方案设计是指从建筑项目的需求出发,根据建筑项目的表达设计条件,研究分析满足建筑功能和性能的总体方案,提出空间架构设想、创意表达形式及结构方式的初步解决方法等,为项目设计后续若干阶段的工作提供依据及指导性的文件,并对建筑的总体方案进行初步的评价、优化和确定。传统方案设计在构思方案(概念)时,一般使用二维图辅助记录思维过程;到方案模型推敲时,一般制作简单的实体模型或利用建模软件创建简单的体量模型进行建筑规模、体型、比例等的推敲;在概念深化阶段时,是确定轴网、防火分区、层高、疏散距离等问题,通常以二维的平、立、剖面图来表达方案。若将BIM运用到方案设计阶段,利用BIM思维进行设计,不仅可以提高工作效率,还可以在方案初期更注重建筑性能,更注重建筑的人性化,为方案的可靠性和可行性提供了准确的数据。

方案设计阶段的BIM应用主要是利用BIM技术对项目的可行性进行验证,对下一步深化工作进行推导和方案细化。利用BIM软件对建筑项目所处的场地环境进行必要的分析,如坡度、方向、高程、纵横断面、填挖方、等高线、流域等,作为方案设计的依据。进一步利用BIM软件建立建筑模型,输入场地环境相应的信息,进而对建筑物的物理环境(如气候、风速、地标热辐射、采光、通风等)、出入口、人车流动、结构、节能排放等方面进行模拟分析,选择最优的工程设计方案。

基于BIM技术条件下,方案设计的工作是围绕BIM模型展开的,整个流程都是以其为核心,在设计阶段的每个阶段进行双向的辅助工作。具体介绍如下:

(1)概念方案体型推敲比较阶段一般是制作简单的实体建筑切块模型或者利用Auto-CAD,SketchUp等软件进行建筑规模、体型、比例、材质等因素的推敲。

(2)概念方案深化阶段承担对概念方案的具体落实职责,对合理的柱网确定、防火分区、疏散距离、建筑高度、结构选型等一系列与建筑规范密切相关的问题应着重考虑。传统设计模式是以具体的建筑平面、立面、剖面来进行表达。

(3)设计方案表达阶段成果是设计方与业主交流的主要纽带与平台,也是投标与项目方案汇报的重头戏,大量直接设计成本集中于此。图纸内容一般包括建筑填色的建筑总平面图,功能及相关分析图、建筑单体平面、立面、剖面图,以及各类效果图等。同时根据业主的要求,有时还要提供建筑动画、实体模型等。

2. 概念设计

概念设计即是利用设计概念并以其为主线贯穿全部设计过程的设计方法。它是完整而全面的设计过程,通过设计概念将设计者抽象的思维上升到统一的理性思维从而完成整个设计。概念设计阶段是整个设计阶段的开始,设计成果是否合理、是否满足业主要求对整个项目的后续阶段实施具有关键性作用。

基于BIM技术的高度可视化、协同性和参数化的特性,建筑师在概念设计阶段可实现在设计思路上的快速精确表达的同时实现与各领域工程师无障碍信息交流与传递,从而实现了设计初期的质量、信息管理的可视化和协同化。

(1)空间设计。

①空间造型。即对建筑进行空间流线的概念化设计。当对形体结构复杂的建筑进行空间造型设计时,利用BIM技术的参数化设计可实现空间形体基于变量的形体生成和调整。从而避免传统概念设计中的工作重复及表达不直观等问题。

②空间功能。即对各个空间组成部分的功能合理性进行分析设计。传统方式中可采用列表分析、图例比较方法对空间进行分析、思考各空间的相互关系、人流量的大小、空间地位的主次、私密性的比较及相对空间的动静研究等。基于BIM技术可对建筑空间外部和内部进行仿真模拟,在符合建筑设计功能规范要求的基础上,高度可视化模型可帮助建筑设计师更好地分析其空间功能是否合理,从而实现进一步的改进、完善。

(2)饰面装饰初步设计。材料的选择是影响饰面装饰设计概念的重要因素。选择具有人性化的带有民族风格的天然材料还是选择高科技的、现代感强烈的饰面材料都是由不同的设计概念而决定的。基于BIM技术,可对模型进行外部材质选择和渲染,甚至还可对建筑周边环境景观进行模拟,从而能够帮助建筑师高度仿真地置身整体模型中对饰面装修设计方案进行体验和修改。

(3)室内装饰初步设计。色彩的选择往往决定了整个室内气氛,同时是表达设计概念的重要组成部分。在室内设计中设计概念是设计思维的演变过程,是设计得出所能表达概念的结果。基于BIM技术,可对建筑模型进行高度仿真性内部渲染,从而有利于建筑设计师更好地选择和优化室内装饰初步方案,图6-5所示为某工程室内装饰初步设计。

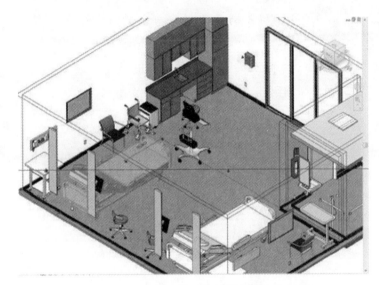

图6-5 某工程室内装饰初步设计

3. 场地规划

场地规划是指为了达到需求而对土地进行人工改造和利用。实质是对所有和谐的适应关系的一种图示。所有这些土地利用都与场地地形相适应。基于BIM技术的场地实施规划内容如表6-5所示。

表6-5 场地规划内容

流程	内容
数据准备	(1)地勘报告、工程水文资料、规划文件、建设地块信息 (2)电子地图(周边地形、建筑属性、道路用地性质等信息)、GIS数据
操作实施	(1)建立相应的场地模型,借助软件模拟分析场地数据 (2)根据场地分析结果,评估场地设计方案或工程设计方案的可行性,判断是否需要调整设计方案;模拟分析、设计方案调整是一个需多次推敲的过程,直到最终确定最佳场地设计方案或工程设计方案
成果	(1)场地模型:应体现场地边界、地形表面、建筑地坪、场地道路等 (2)场地分析报告:应体现三维场地模型图像、场地分析结果,以及对场地设计方案或工程设计方案的场地分析数据对比

(1)场地分析。场地分析是对建筑物的定位、建筑物的空间方位及外观、建筑物和周边环境的关系、建筑物将来的车流、物流、人流等各方面的因素进行集成数据分析的综合。传统的场地分析存在定量分析不足、主观因素过重、无法处理大量数据信息等弊端。通过 BIM 技术,结合 GIS 进行场地分析模拟,得出较好的分析数据,能够为设计单位后期设计提供最理想的场地规划、交通流线组织关系、建筑布局等关键决策。图 6-6 所示为某项目场地布局空间化。

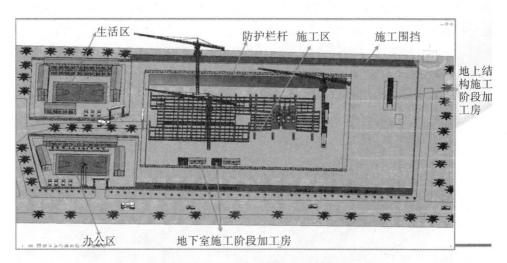

图 6-6　某项目场地布局空间化

(2)总体规划。通过 BIM 技术建立模型能更好地对项目作出总体规划,并得出大量的直观数据作为方案决策的支撑。并且 BIM 能帮助提高技术经济可行性论证结果的准确性和可靠性。通过对项目与周边环境的关系、朝向可视度、形体、色彩、经济指标等进行分析对比,化解功能与投资之间的矛盾,使策划方案更合理,为下一步的方案设计提供数据基础。

4. 方案比较与选择

应用 BIM 技术进行设计方案比较与选择的主要目的是选出最佳的设计方案,为初步设计阶段提供设计方案模型。基于 BIM 技术的方案设计是利用 BIM 软件,通过制作或局部调整方式,形成多个备选的建筑设计方案模型,进行比较选择,使建筑项目方案的沟通与决策在可视化的三维场景下进行,使得项目设计方案决策更加直观和高效。

BIM 技术在方案设计阶段的作用是为方案设计的分析提供支持。BIM 技术使信息进行传递与共享,BIM 模型中建立的各建筑构件是模拟真实环境下的智能构件,包含建筑所需的全部信息,BIM 建模软件提供了一些方案分析的工具,同时也提供了开放式的数据接口,实现了在建筑信息模型基础上进行计算、分析和模拟的目的。

6.2.3　BIM 在初步设计阶段的应用

初步设计阶段介于方案设计阶段和施工图设计阶段之间,是对方案设计进行细化的阶段。根据初步设计的各专业图纸,建立和完善模型,并配合结构建模进行核查设计。应用 BIM 技术,对设计进行初步检验,对平面、立面及剖面进行一致性检查,将修正后的模型进行剖切,生成平面、立面、剖面及节点大样图,并进行各专业间的碰撞检查,生成检查报告,提出相应的优化建议。拿到设计方修改的图纸后,更新复合模型,帮助优化项目设计,从而减少之后更改带来的浪费。

1. 结构分析

利用计算机软件进行结构分析有前处理、内力分析、后处理三个步骤,具体介绍如下:

(1)前处理。该阶段通过人机交互式输入结构简图、荷载、材料参数及其他结构分析参数的过程,是整个结构分析中的关键步骤,因此该过程是比较耗时的过程。

(2)内力分析。该阶段是结构分析软件的自动执行过程,其性能取决于软件和硬件,内力分析过程的结果是结构构件在不同工况下的位移和内力值。

(3)后处理。该阶段将内力值与材料的抗力值进行对比产生安全提示,或者按照相应的设计规范计算出满足内里承载能力要求的钢筋配置数据。该过程人工干预程度也较低,主要由软件自动执行。

基于 BIM 技术的结构分析主要体现在以下方面:

(1)通过 IFC 或 Structure Model Center 数据计算模型;

(2)开展抗震、抗风、抗火等结构性能设计;

(3)结构计算结果存储在 BIM 模型或信息管理平台中,便于后续应用。图 6-7 所示为某项目的结构三维模型及局部梁三维模型。

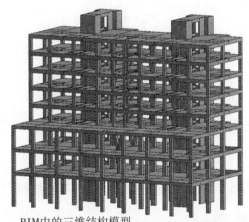
BIM中的三维结构模型

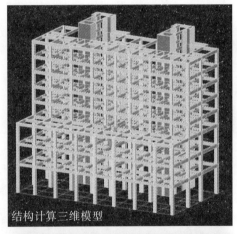
结构计算三维模型

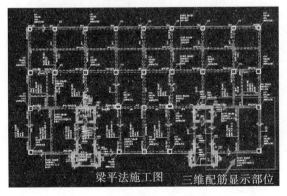
梁平法施工图 三维配筋显示部位

梁柱墙三维配筋图

图 6-7 某项目的结构三维模型及局部梁三维模型

2. 性能分析

建设项目建筑节能设计的景观可视度、日照、风环境、热环境、声环境等性能指标在开发前就已经基本确定,但由于缺少合适的手段,一般项目很难有时间和费用对各性能指标进行多方案分析模拟,BIM技术为建筑性能普及应用提供了平台。利用BIM技术,可以赋予虚拟建筑模型大量建筑信息,并将BIM模型导入相关性能分析软件,可得到相应分析结果,降低工作周期,提高设计质量。

基于BIM的建筑性能化分析的内容,如表6-6所示。

表6-6　基于BIM的建筑性能化分析

分项	内容
室外风环境模拟	改善住区建筑周边人行区域的舒适度,通过调整规划方案建筑布局、景观绿化布置,改善住区空间分布,提高住区环境质量;分析大风情况下,可能因狭管效应引发安全隐患等
自然采光模拟	分析相关设计方案的室内自然采光效果,通过调整建筑布局、饰面材料、围护结构的可见光透射比等,改善室内自然采光效果,并根据采光效果调整室内布局等
室内自然通风模拟	分析相关设计方案,通过调整风口位置、尺寸、建筑布局等改善室内流场分布情况,并引导室内气流组织有效的通风换气,改善室内舒适情况
小区热环境模拟分析	模拟分析住宅区的热岛效应,采用合理优化建筑单体设计、群体布局和加强绿化等方式削弱热岛效应。
建筑环境噪声模拟分析	计算机声环境模拟的优势在于,建立几何模型之后,能够在短时间内通过材质的变化及房间内部装修的变化,来预测建筑的声学质量,以及对建筑声学改造方案进行可行性预测

图6-8所示为某项目模拟能耗分析。

图6-8　某项目模拟能耗分析

3. 工程量计算

利用 BIM 技术,可以加快工程量计算的速度,在三维模型中加入工程建设的所有信息,且模型能自动生成符合国家工程量清单计价规范标准的工程量清单及报表,快速统计和查询各专业工程量,对材料计划和使用作精细化管理控制,避免材料浪费。图 6-9 所示为某工程鲁班软件利用施工要求和楼层、构件参数条件统计工程量。

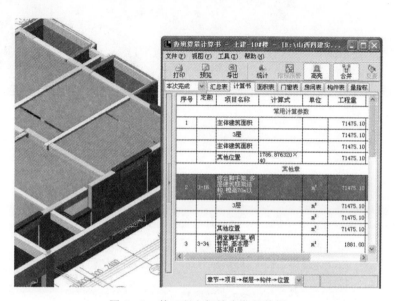

图 6-9 某工程空间维度获得数据

(1)土方工程量计算。利用 BIM 模型,对场地平整的工程量,可直接根据模型中建筑物首层面积计算。挖土方量和回填土方量按结构基础的体积、所占面积以及所处的层高进行工程量计算。

(2)基础工程量计算。BIM 自带表单功能可以自动统计出基础的工程量,也可以通过属性窗口获取任意位置的基础工程量。大部分类型的基础都可以按特定的基础族模板建模,某些特殊基础没有特定的建模方式,可利用软件中的梁、板、柱等建模,只需改变这些构件的类别属性,与其来源建筑类型的元素相区分,利于工程量的数据统计。

(3)混凝土构件工程量计算。BIM 软件能精确计算混凝土梁、板、柱和墙的工程量,BIM 软件能根据表单得出单个混凝土构件的工程量,对板和墙可扣除预留洞所占体积的工程量。

(4)钢筋工程量计算。BIM 结构设计软件提供了用于混凝土柱、梁、板、墙和基础中的钢筋建模工具,可调入钢筋系统族或创建新的族来选择钢筋类型。计算钢筋质量所需要的长度都是按照考虑钢筋量度差值的精确长度。

(5)墙体工程量计算。墙体有多种建模方式:一是已知结构构件位置和尺寸时,以墙体实际设计尺寸进行建模,将墙体与结构构件边界线对齐,这种方式有悖于常规建筑设计顺序,且建模的效率很低,出现误差的几率较大;二是直接将墙体设置到楼层建筑或结构标高处,这样可以大幅度提升建模速度。BIM 技术可以精确计算出墙体面积和体积。

还有门窗工程量计算和装饰工程量计算,此处不作详细介绍。图 6-10 所示为某工程按不同楼层不同构件提取工程量。

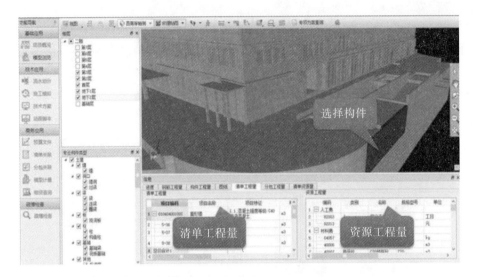

工程量提取(1)

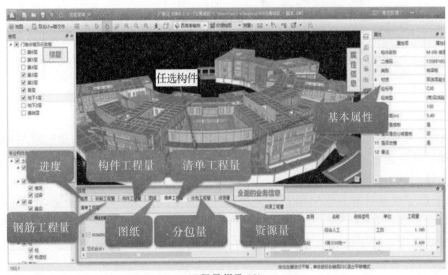

工程量提取(2)

图 6-10　某工程不同楼层不同构件提取工程量

6.2.4　BIM 在施工图设计阶段的应用

施工图阶段建立施工图模型、碰撞检查及设计优化,是建筑项目设计的重要阶段,是项目设计和施工的桥梁,通过施工图纸,表达建筑项目的设计意图和设计结果,作为项目现场施工的依据。

基于施工图的 BIM 模型是工程在设计阶段的信息集成,为后续深化设计调整提供准确的各专业汇总信息,更新模型为重大工程调整和中小工程调整提供信息整合的数据平台和工作节点,有助于工程各相关方在准确的项目信息的基础上进行深化调整,作出准确的决策。根据最终版的施工图,建立包含建筑、结构、给排水、暖通、机电等完整的 BIM 模型,且模型深度要满足施工图深度规范要求,并进行碰撞检查,提出优化建议,根据更新后图纸复核更新模型。根据递交相关的图纸,代入到模型中,在模型中进行设计校核。

1. 碰撞检查

各设计专业分工协作,依赖于人工协调项目内容和分段,这也导致设计往往存在专业间碰撞。同时,在机电设备和管道线路的安装方面也存在软碰撞的问题。传统二维图纸设计中,在结构、水暖电等各专业设计图纸汇总后,由总工程师人工发现和协调问题,这种做法难度大且效率低。碰撞检查可以及时地发现项目中图元之间的冲突,这些图元可能是模型中的一组选定图元,也可能是所有图元,图6-11所示为某工程碰撞检查。在设计过程中,可以使用此工具来协调主要的建筑图元和系统。使用该工具可以防止冲突,并可降低建筑变更及成本超限的风险。常见的碰撞内容如下:

(1)建筑与结构专业。标高、剪力墙、柱等位置不一致,或梁与门冲突。

(2)结构与设备专业。设备管道与梁柱冲突。

(3)设备内部各专业。各专业间管线冲突。

(4)设备与室内装修。管线末端与室内吊顶冲突。

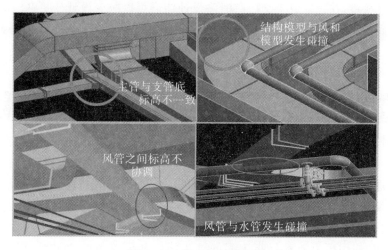

图6-11　某工程碰撞检查

BIM技术在三维碰撞检查中的应用已经比较成熟,国内外都有相关软件可以实现,这些软件都是应用BIM可视化技术,在建造之前就可以对项目的土建、管线、工艺设备等进行管线综合及碰撞检查,不但能够彻底消除硬碰撞、软碰撞,优化工程设计,减少在建筑施工阶段可能存在的错误损失和返工的可能性,而且可以达到优化净空的目的。

2. 施工图纸生成

施工图是含有大量技术标注的图纸,在建筑工程的施工方法仍然以人工操作为主的技术条件下,施工图有重要作用。BIM模型可以完整描述建筑空间与构件,图纸可以看作模型在某一视角上的平行投影视图。BIM模型自动生成图纸是一种理想的图纸产出方式,基于唯一的模型数据源,任何对工程设计的实质性修改都将反映在模型中,软件可以依据模型的大量图纸修改时间。施工图生成也是优秀建模软件努力发展的主要功能之一。目前,软件的自动出图功能还在发展中,其效率还不尽如人意,随着软件的发展,该功能会逐步增强,工作效率会逐步提高。

3. 设计变更

设计变更是指设计单位依据建设单位要求调整,或对原设计内容进行修改、完善、优化。设计变更应以图纸或设计变更通知单的形式发出。由建设单位组织、设计单位和施工企业参加的设计交底会上,经施工企业和建设单位提出,各方研究同意而改变施工图的做法,都属于设计变更,为此而增加新的图纸或设计变更说明都由设计单位或建设单位负责。引入BIM技术后,利用BIM技术的参数化功能,可以直接修改原始模型,并可实时查看变更是否合理,减少反复变更,提高变更的质量。

工程开工后,建设单位提出要求改变某些施工方法,增减某些具体工程项目或施工企业在施工过程中,由于施工方面、资源市场的原因,如材料供应或施工条件不成熟,认为需改用其他材料代替,或需改变某些工程项目的具体设计等引起的设计变更,也会因利用BIM技术而简洁、准确、实用、高效地完成项目的变更。BIM为项目全寿命周期提供了保障,可以对设计时间进行压缩,从而进行功能分析。

设计是一个虚拟的过程,如今BIM在设计阶段中用三维的表述,更加直观。①三维可视化,实现三维校审,在设计成果交付前消除设计错误可以减少设计变更;②BIM增加设计协同能力,从而减少各专业间冲突,规避协调综合过程中的不合理方案或问题方案,使设计变更大大减少;③BIM技术可以做到真正意义上的协同变更,可以避免变更后的再次变更(详细见以下6.3.2设计变更管理内容)。

6.3　BIM 技术在设计管理中的应用

对于我国建筑行业而言,BIM技术在设计阶段、施工阶段以及后期运维阶段都有着举足轻重的作用。在BIM技术初期应用阶段,BIM技术更多地被应用在设计阶段,施工企业对于BIM技术并没有足够的认识,相关实践也很少。随着BIM技术的不断普及,相关软件的不断成熟,一批施工企业认识到了BIM的价值所在,并纷纷予以应用。BIM技术的不断深入应用对我国建筑施工行业的创新发展将带来巨大的价值。

BIM技术的应用可有效地提高工程的可实施性和可控制性,减少过程的返工。应用BIM技术可以支持建筑环境、经济、施工工艺等多方面的分析和模拟,实现虚拟的设计、虚拟的建造、虚拟的管理以及全生命期、全方位的预测和控制。BIM技术还可以有效提高施工建造阶段的协同工作效率。对建设项目不同阶段的有效设计、方案和措施都以项目参与人员对项目全面、快速、准确理解为基础。BIM技术不仅基于三维数字化参数模型,它的核心是在整个建造过程中各参与方实现基于统一的模型进行信息交换和共享。

实际上,BIM技术已经不再是单纯的技术应用,它正在深入到项目管理的各个方面,包括成本管理、进度管理、质量管理、贯标管理、施工图设计审查、设计变更管理等,与项目管理集成应用成为BIM应用的一个趋势。

6.3.1　BIM 技术在施工图设计审查中的应用

我国传统的设计、施工、竣工、归档以及送审资料的蓝图提交方式,存在着审批环节多、差错多、施工图版本多、人力和资金成本浪费、建设周期长、效率低下及政府监管不到位等诸多问题。传统的纸质资料及蓝图提交方式已不适应政府网上并联审批、电子化审查、BIM技术及工厂化装配式建筑推广应用的要求。为推进建筑业发展和改革、推进建筑产业的现代化、转变建筑业发展方式,随着互联网和信息技术的发展,建立大数据信息化管理技术平台,是促进建筑业健康可持续发展的方向。

1. BIM技术数字化审查的开展状况

长期以来,由于建设单位无法知晓资料送审后每一个环节的进度和问题所在,不了解整改告知书类别和具体内容,不了解设计质量的真实情况,质疑审查时间过长,审查手续复杂。全面推行数字化审查后,会减少中间环节,建设单位、设计单位、审图机构和政府审批各部门可以在网上共享平台操作,建设单位可以实时了解审查进度和审查中发现的问题,了解审查相关的技术标准和规定的时限要求,可以及时补充相关资料作好协调工作。数字化审查有快捷高效、即时审查、过程留痕、监管有据、数据共享的好处,提高了透明度和整体效率,是推进行政审批制度改革,质量监管,促进施工图审查和提高勘察设计质量的有效方法。

2. 数字化审查电子文档和白图交付

我国传统的施工图交付方式是先打印可长期保存的底图,经签字、加盖出图章和注册工程师章后,晒成蓝图后交付使用。随着科技的发展,现在设计院采用直接打印数字化签名的蓝图方式,加盖出图红章后交付使用,这种施工图可以修改后多次打印,不具备底图的特征,档案馆拒收,审图机构也难以证伪,称之为"白图"。推行数字化审查后,上海要求将"白图"和数字化审查电子文档同时作为归档资料,设计、施工、归档及政府监管部门都以审查通过的电子文档作为正确版本。

3. 数字化审图软件系统

数字化审图系统必须在政务外网上操作,可实现施工图转化、上传、下载、审查、审查信息反馈以及入库的关键流程,审查全过程的所有数据均保存在指定的服务器中。软件分为建设版、勘察版、设计版和审查版。勘察、设计单位需要下载操作软件,通过转化程序将施工图转化为数字化待审施工图,然后上传、保存并提交给建设单位,由建设单位提供给审查机构下载审查。设计文件审查申请、建筑单体的设立、项目资料上传、施工图数字化报审均由建设单位操作。审查机构除下载操作软件外,还需申请企业、项目负责人的登录账号和密码,审查人员只需申请开通登录账号和密码即可,项目负责人具有审图人员任务分配、企业对外操作的权限,包括资料签收、退回、审查意见的发送等。

6.3.2 BIM技术在设计变更管理中的应用

在实践中,工程变更管理存在很多问题,主要表现在:工程变更管理不重视设计阶段的预先控制,导致后期的工程变更增多;工程变更发生之后的信息管理手段落后,缺乏系统的软件支持;项目参与方之间沟通协调困难。BIM技术的应用正好可以有效地解决这些问题,达到缩短工期、节约成本、减少变更的作用。在6.2.4中已对设计变更的概念作了详细介绍。

首先,BIM技术的发展使设计精度、设计效率大大提高,可以减少因为设计带来的变更。其次,工程变更管理手段过于单一,基本上停留在手工作业上,导致处理时间过长,效率低下,由于项目在建成过程中的高效动态变化,数据不容易获取,尤其当发生变更时,不光是设计人员工作量增加,相应的施工人员和造价工程师等的劳动量也增加。再次,传统的变更管理多依赖与项目管理者的经验,难以形成标准化、规范化管理模式,组织关系混乱,管理结构和人员权责不明确。

结合BIM技术的应用现状,通过前面对工程变更管理现存问题分析,总结出工程变更管理中需要 BIM 技术的以下功能,这些功能的综合应用可以实现对工程变更的有效管理的动态控制。

1. 参数化变更管理

BIM 中建筑基本单元是参数化构件。构件参数化可以为设计提供开放式的图形式系统,可以逐步细化设计用途,参数化之间的相互关系可以用于支持 BIM 所提供的协调和变更管理功能。BIM 的一个基本特性是能够协调变更并始终保持一致,所有 BIM 模型信息都存储在一个位置,比如说建筑专业添加了一堵墙,那么 MEP 专业无需再添加任何墙,会自动更新到 MEP 专业中,因为这堵墙在整个 BIM 模型中是唯一的。任何一处变更都可以同时有效地更新到整个模型,所有相关内容随之自动变更,无需用户干预即可实现关联内容的更新,信息更新快,对设计修改比较容易。

2. 可视化程度高

BIM 软件在管线综合排布的时候,可以任意调到各种视图,如平面、立面、剖面。平面有利于布置水平管线,立面有利于垂直管线的布置,剖面有利于建筑物内部管线的布置。可以任意调到各种角度查看构件位置,解决传统绘图各专业靠空间想象力来描绘建筑物全貌的问题。可以实现水暖电系统图表达精准化、各专业大样图表达形象化,提高设计深度。

3. 协同设计

以前在建筑、结构完成之后,水暖电各专业都是在建筑和结构的基础上为建筑物添加管道和设备,虽然水暖电各专业都是基于同样的建筑设计来确定管线设备位置,但不容易确定水暖电各专业之间的碰撞交叉点的位置,各个专业的设计师沟通不及时,提出的修改意见要经过书面报告,信息传递速度慢。BIM 技术可以通过中心文件来实现项目共享,在中心文件上可以实时看到其他专业的模型更新或修改信息,通过计算机的操作来实现协同共享,无需通过中间过程的传递。BIM 的协同设计可以解决各专业之间配合不当的问题。

4. 施工资源动态跟踪

施工信息动态跟踪是在 3D 实体模型的基础上增加了资源的使用情况,建立基于 BIM 的 4D 模型。4D 模型的应用可以实现建设项目资源的动态管理和成本实时监控,对施工工程量、造价统计和分析、及时发现和解决施工资源与成本的矛盾与冲突、减少工程变更发生的可能性,变更资料的搜集更加快速、有效。如图 6 - 12 所示,BIM 技术的应用在数据管理方面有巨大的优势,可以知道任意节点的资源使用情况,帮助管理者实时掌握工程量的计划完工和实际完工情况。

5. BIM 信息平台

BIM 信息平台就是项目参与方在同一个平台下工作,这个平台叫做 BIM 平台,不同专业人员将自己各自创建的模型上传到 BIM 平台,通过服务器可以从平台上查看和下载其他专业部件的信息,为建设方、设计方等众多单位在同一个平台上实现数据共享,使沟通更为便捷,管理更为有效,传统的沟通方式杂乱无序,杂乱的沟通方式导致工作效率不高,沟通不畅有可能导致变更的发生。基于 BIM 平台之后,项目参与方拿到的模型都是一致的,通过 BIM 平台进行沟通交流,对于业主的需求通过 BIM 模型来展现,让设计方、承包方明白其意图,便于沟通交流和管理,对于不满意的方案可以直接调用修改模型。利用 BIM 模型促进项目参与方之间沟通稳而有序,保证信息传递的可靠性。

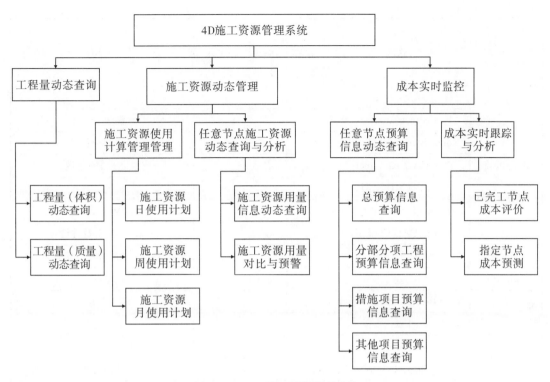

图 6-12　4D 施工资源管理系统

6.4　BIM 技术的设计应用软件

目前,市场上 BIM 技术的设计阶段应用软件种类繁多。本节选择总结了国内外应用较为广泛、市场占有率较高的部分软件,方便读者了解。具体如表 6-7 所示。

表 6-7　BIM 设计应用软件

公司	软件	应用范围			主要用途
		方案设计	初步设计	施工图设计	
Trimble	SketchUp	√	√		3D 概念建模、多专业建模
	Takla Structures		√	√	3D 概念建模、结构建模
Robert McNeel	Rhino	√	√		建筑建模
AutoDesSys	Bonzai3D	√	√		建筑建模
Autodesk	Vasari	√			3D 概念建模
	Revit	√	√	√	建筑、结构、机电建模
	Showcase	√	√		

续表 6 − 7

公司	软件	应用范围			主要用途
		方案设计	初步设计	施工图设计	
Autodesk	Navisworks		√	√	
	Ecotect Analysis		√		能量分析
	Robot Structural Analysis		√	√	结构分析
	AutoCAD Architecture	√	√	√	建筑建模、场地设计
	AutoCAD MEP	√	√	√	机电建模
	AutoCAD Structural Detailing	√	√	√	钢结构、混凝土结构细部设计
	AutoCAD Civil 3D		√	√	土木工程、土石方设计
Graphisoft	ArchiCAD	√	√	√	3D 概念、建筑、机电、场地建模
Progman Oy	MagiCAD		√	√	机电建模
Bentley	AECOsim Building Designer	√	√	√	多专业建模
	AECOsim Energy simulator		√	√	能量分析
	Hevacomp		√	√	建筑节能设计
	STAAD. Pro		√	√	结构分析
	ProSteel			√	钢结构建模
	Navigator		√	√	
FORUM 8	UC − Win/Road	√	√		道路、桥梁建模
Nemetschek	Vectorworks	√	√	√	建筑建模
Gehry Technology	Digital Project	√	√	√	多专业建模、结构分析
Solibri	Model Checker	√	√	√	模型检测
	Model Viewer	√	√	√	模型浏览
	IFC Optimizer	√	√	√	IFC 标准优化
	Issue Locator	√	√	√	

 知识拓展

　　本章主要介绍了 BIM 技术在设计阶段中的应用，但是由于在实际工程中，BIM 在设计阶段的应用相对于在施工阶段的应用少一些，对 BIM 技术在设计管理中的应用，需读者在实际应用过程中，根据自身情况作进一步的学习。

第 7 章　BIM 技术在施工阶段的应用

教学导入

本章主要结合实际工程案例,对建设工程施工阶段 BIM 技术的应用进行详细阐述,重点介绍了目前实际工程中 BIM 技术在施工阶段的主要应用点。

学习目的

- 掌握 BIM 技术的施工技术应用
- 掌握 BIM 技术在施工项目管理中主要应用
- 了解 BIM 技术的施工应用软件

7.1　BIM 技术的施工应用分析

7.1.1　建设工程项目施工概述

建设工程项目施工是投资及设计意图的实现阶段,是一个"投入—转换—产出"的过程,即投入一定的资源,经过一系列的物质转换及价值增值,最后以建筑物或构筑物的形式产出并服务社会。建设工程项目施工阶段投入量大、工期长、协调关系复杂,是整个建设工程项目实施与管理过程中的关键一环。依据建设工程项目实施过程,具体实施步骤可分为以下几个阶段:

1. 招投标阶段

建设工程施工招投标是指建设单位通过公开招标或邀请招标的方式发布拟建工程项目施工信息,多家建筑企业按照招标文件的要求参与投标,经由建设单位按一定程序择优选择中标单位负责建设工程施工的过程。其中,以招标人和其代理人为主进行的选择最优建筑企业的活动,即为招标;以投标人和其代理人为主进行的参与竞选建设工程项目施工的活动,即为投标。两者的有机结合,构成了完整的建设工程项目施工招投标活动。

2. 施工准备阶段

施工准备工作由建设单位和建筑企业共同承担,按计划、有步骤、分阶段地连贯配合进行,为建设工程项目的施工作好准备。

建设单位的建设准备工作,主要包括:拟建场地施工条件准备、材料和机械设备采购、临时设施建设、建设行政报批手续办理及建设工程项目施工管理文件的编制的工作。

BIM 技术在场地布置方面的应用效果比较突出,可以用于模拟施工现场,也可进行场地布置,如图 7-1 和图 7-2 所示。因工程复杂,施工场地较为狭窄,又涉及多专业交叉作业,如何对现场进行科学平面布置,是施工的难点。同二维场地布置图相比,三维场地布置更加直观,同时兼顾考虑了施工过程中的空间冲突问题。

建筑企业的施工准备工作,主要包括:技术准备(施工图深化设计、施工预算编制、施工

图7-1　某项目施工方案模拟图

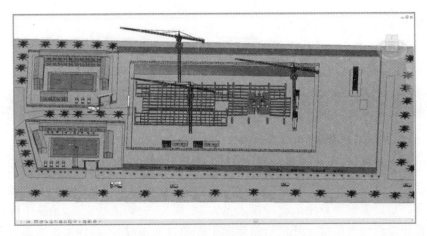

图7-2　某项目施工场地空间布置图

组织设计编制),物资准备(落实货源、安排运输、正常储备),劳动组织准备(人员安排、劳动力进场、技术交底、安全文明教育),施工现场准备(建筑施工控制测量、临时设施搭设、材料和机械设备进场、冬雨期施工安排)。

3. 施工阶段

施工阶段即建筑物或构筑物的建造过程,指凡是涉及建设工程项目施工中的各个方面和各个阶段的联系配合问题,诸如施工部署、施工方案优选、建设程序、资源配置、生产生活规划等。施工过程不仅需要建设单位、建筑企业、监理等多个施工相关方参与,还涉及土建工程、采暖工程、通风工程、照明工程以及热力设备及安装工程、电气设备及安装工程等多专业、多工种的协同配合,施工组织关系复杂,综合协调工作量大。

4. 竣工验收阶段

实行竣工验收制度,是全面检查工程项目是否符合设计文件要求和工程质量是否符合验收标准,能否交付使用、投产、发挥投资效益的重要环节。

建设工程项目竣工验收是指依照国家有关法律、法规及工程建设规范、标准的规定,完成建设工程设计文件要求和合同约定的各项内容,建设单位已取得政府有关主管部门(或其委托机构)出具的建设工程施工质量、消防、规划、环保、城建等验收文件或准许使用文件后,组织设计、施工、监理等有关单位及质量监督部门进行建设工程项目竣工验收。其主要工作包括收尾工作(竣工图的绘制、竣工结算的编制)、工程初验、正式验收(工程决算)、竣工资料移交、竣工验收备案。

7.1.2　BIM 技术施工应用领域

建设工程项目的施工阶段参与方众多,周期较长,工作交叠,任务繁重。如何科学高效地实现施工阶段的"价值增值与产出成果",是当代建设工程项目管理科学一直思考的命题。

BIM 技术以建筑信息化三维模型为核心,利用强大的数据支撑和软件支撑能力,协同建设工程项目全信息,实现虚拟建造,全面提升建设工程项目施工技术和精细化管理水平,大幅提高质量,加快进度,降低成本,为企业创造更多的利润,推动中国建筑业进入智慧建造阶段。凭借信息化、可视化、模型化及高度协同化等 BIM 技术优势,BIM 技术在施工阶段的应用可以归结为两大方面:一是 BIM 在施工技术方面的应用,二是 BIM 在施工管理方面的应用。

1. BIM 在施工技术方面的应用

建筑企业是建设工程项目施工技术的提供者。BIM 技术将传统 2D 建造技术升级到 3D 信息化的建造技术,本质上以三维建筑信息化模型为载体实现虚拟建造,大幅度地提高建筑企业施工技术的精准度,尤其是操作技术、施工工艺、施工方法、施工方案的优化水平,在施工前可以发现、解决和避免施工技术问题。具体应用情况如表 7-1 所示。

表 7-1　BIM 施工技术应用

阶段	应用范围	应用点	应用目标
招投标阶段	施工图	施工图模型化检查	施工图设计标准、规范
	技术标	3D 施工技术方案	施工方案可视化动画展示
施工准备阶段	施工图深化设计	专业性深化设计	施工图实操性增强
		综合性深化设计 (碰撞检查、管线综合)	各专业深化设计高度集成
	施工组织设计	三维场布	施工场地布置优化
		虚拟施工	施工方案优化
施工阶段	预制加工	预制构件数字化制造	预制构件生产准确高效
	施工工艺	各专业关键施工工艺模拟 (土建、钢筋、安装、钢构)	施工工艺优化
竣工验收阶段	竣工图	竣工图辅助制作	出图准确迅速
	竣工验收	数字化交付	隐蔽工程不再"隐身"

2. BIM 在施工管理方面的应用

施工管理(即施工阶段的项目管理)是指以建设单位、建筑企业勘察设计单位为主及其他施工参与方,围绕着特定的建设条件和预期的建设目标,遵循客观的自然规律和经济规律,应用科学的管理思想、管理理论、组织方法和手段,进行从工程招投标阶段开始到竣工验收等全过程的组织管理活动,实现生产要素的优化配置和动态管理,以控制投资、质量、进度和安全,提高建设工程项目建设的经济效益、社会效益和环境效益。

建设单位、建筑企业、勘察设计单位是建设工程项目的主要参与方,各方的项目管理目标和任务均不相同,但是都是按照各自的项目管理要求、目标及任务开展不同层面的施工管理工作,彼此之间相互联系、共同协作以实现施工阶段的项目管理任务"三控三管一协调",即"投资控制、进度控制、质量控制,合同管理、职业健康安全与环境管理,全面组织协调"。

由此可见,施工管理面临多方协同管理的问题。BIM技术以全面信息化建筑模型及高度协同化平台很好地解决了这一管理难题。BIM技术在施工管理中的具体应用如表7-2所示。

表7-2 BIM施工管理应用

应用范围	应用阶段	参与方	应用点	应用目标
投资（成本）管理	招投标阶段	建设单位	招标控制价	精算
		建筑企业	投标报价	精算
	施工准备阶段	建筑企业	施工预算	精算
	施工阶段	建设单位	进度款支付	支付准确高效
		建筑企业	成本核算、分析	成本控制优化
	竣工验收阶段	建设单位	竣工决算	精算
		建筑企业	工程结算	精算
进度管理	全寿命阶段	建设单位	施工进度跟踪	进度有效控制
		建筑企业	施工进度模拟	缩短工期
质量管理	全寿命阶段	建设单位	施工质量可视化监测	质量有效控制
		建筑企业	施工质量可视化管控	提高质量水平
合同管理	全寿命阶段	全参与方	全信息化合同协同	增加合同效用
安全管理	全寿命阶段	建设单位	施工安全可视化监控	降低施工事故率
	施工准备阶段	建筑企业	施工安全仿真分析	
	施工阶段		施工安全可视化监测	
资源管理	施工准备阶段	建设单位	精准物料采购	降低物料浪费率
	施工阶段		物料使用实时追踪	
	施工阶段	建筑企业	施工物联网管理	物料管理智能化

7.2 BIM技术的施工技术应用

7.2.1 施工图深化设计

1. 概述

施工图深化设计是指在业主或设计单位提供的条件图或原理图的基础上,建筑企业结合施工现场实际情况,建造组织过程,对图纸进行细化、补充和完善,形成各专业的详细施工图及对各专业图之间进行集成、协调、修订与校核,解决设计与现场施工的诸多冲突,满足完全指导施工的需求,实现建造过程的增值深化。

利用BIM技术的施工图深化设计,可以有效地解决以上问题,提高深化设计的准确度及操作性。其工作范围主要分为专业性深化设计和综合性深化设计。其中专业深化设计一般包括建筑、结构(土建结构、钢结构)、机电各专业(暖通空调系统、给排水系统、消防系统、强弱电系统)、电梯系统、幕墙、蓄冷系统、机械停车库、室内装修、景观绿化深化设计。综合型设计是对各个专业深化设计初步成果进行集成、协调、修订与校核,并形成综合图。

2. 基于BIM的施工图深化设计流程

基于BIM的施工图深化设计流程在已有深化设计流程的基础上,又要符合BIM技术的应用特征,特别是对于程序中的每一个环节涉及BIM的数据都要尽可能地详尽规定。

(1)制订BIM深化设计实施方案和细则。总承包单位应组织所有相关的参与单位共同编制深化设计实施方案/细则,并会签上报。经BIM顾问单位、设计单位、建设单位批准后执行,用于指导和规范基于BIM技术的深化设计管理工作。

其中深化设计实施方案/细则的内容包括:深化设计的组织机构、管理职责及管理流程;深化设计进度计划;深化设计质量保证文件,BIM表达形式和比例、送审BIM模型说明及清单、BIM模型版本及必要的标识,以及深化设计成果的内容、格式、技术标准等的统一规定;协调、会签、审批的程序和制度等。

(2)深化设计交底。

①深化设计开始前,由建设单位、监理单位组织原设计单位对施工图/合同图进行交底,明确设计意图和关键事项,并回答总承包单位和分包单位就原施工图/合同图提出的问题;

②深化设计开始前,总承包单位应就"深化设计实施方案/细则"的有关事项向分包单位进行交底;

③BIM顾问单位提供支持BIM建模、校验与复核,同时建设单位、设计单位参与沟通并提供支持;

④各专业深化设计完成并经审批同意、发布后,总承包单位负责组织分包单位召开深化设计交底会,进行深化设计交底,并作好交底记录;各深化设计单位根据各自负责的内容分别向相关单位和人员交底。

(3)深化设计会签。

①总承包单位负责对深化设计会签进行统一管理,明确会签期限、会签传递程序;各分包单位应服从总承包单位的深化设计会签规定。

②深化设计图纸完成后,应在深化设计单位内部组织会签。

③机电深化设计图纸在提交总承包单位审核前,应由机电主承包单位组织相关专业单位进行会签。

④深化设计图在提交建设单位审核前,应由总承包单位组织相关单位进行会签。

⑤深化设计会签时应确认相应BIM模型的版本号是否一致。

(4)深化设计成果报批。

①各主要专业深化设计成果应在BIM模型基础上生成,具体包括如下内容:

A. 土建结构:构造图、平面图、立面图、剖面图、加工详图等;

B. 机电各专业:系统图、平面图、剖面图、综合布置图、详图、预留预埋图;

C. 钢结构:平面图、立面图、剖面图、结构布置图、节点详图、构件图等;

D. 幕墙:平面图、立面图、节点大样图、加工详图等;

E. 室内装修专业:六面体图、大样图、构造图。

②深化设计审批图应提交电子版光盘(内含 BIM 模型)和满足施工要求的蓝图。

③深化设计竣工图应提交电子版光盘和满足施工要求的蓝图。

(5)深化设计的审核和审批。

①各分包单位深化设计成果由总承包单位审核并提出审核意见,各分包单位根据审核意见进行修改。

②各类深化设计成果经总承包单位审核通过,经总承包单位汇总、各相关专业会签后,提交建设单位、BIM 顾问单位、设计单位、工程咨询单位审核。

③对于根据 BIM 服务合同约定需要利用 BIM 进行校验或复核的专业和部位,承包单位应将有关深化设计文件提交 BIM 顾问单位,以及时完成深化设计的建模工作,并进行相关的校验和复核。

④深化设计成果应分阶段报批,审核单位应根据分阶段报批计划审查承包单位提交的深化设计成果,并在规定时间内给予审核意见,承包单位应认真对待审核单位的审查意见,及时修订重报。

⑤各审核单位的意见由建设单位负责汇总后反馈给总承包单位,总承包单位根据审核意见进行修改或退回各分包单位进行修改。修改后的图纸、文件应在修改处予以标识,并且在 BIM 模型中进行标出与说明后生成新的 BIM 模型版本号码,修改后的深化设计应再次提交各审核单位审核。

⑥经各审核单位审核通过的深化设计成果,提交建设单位审批;经建设单位审批通过的深化设计成果,由总承包单位统一签发,作为现场施工的依据。

⑦深化设计成果文件发布,实行"统一发布,统一管理"的原则,即深化设计成果文件经深化设计审批流程审批同意后,由总承包单位向项目各参与单位统一发布、统一管理。

3. 施工图深化设计的 BIM 核心应用点

BIM 技术在施工图深化设计中核心应用可以总结为"碰撞检查、管线综合、模型出图"。下面以土建结构深化设计、机电专业深化设计、钢结构深化设计为例重点介绍以上应用点。

(1)土建结构深化设计。土建结构深化设计的难点在于对二次结构的深化设计。二次结构往往是在主体结构即将施工完成、机电安装陆续插入时进行的,质量将直接影响后期与精装修、电梯之间的交接,较主体结构施工更复杂。以上不难看出,二次结构具有多专业穿插施工的复杂性及综合性特征。对于二次结构深化设计,BIM 技术较传统方式可解决的问题如下:

①建立二次结构模型解决图纸描述问题。通过 BIM 技术中的相关建模软件建立土建模型及钢筋模型,在此基础上直接添加非承重结构及围护结构等二次结构,形成二次结构模型。三维模型的碰撞检测功能可以准确定位土建结构、钢筋结构、二次结构的冲突位置,发现图纸设计失误并及时修改;可视化及漫游功能可以直观清晰地查看建筑物或构筑物内部结构的排布,包括任意位置的平面图、立面图、剖面图,实现模型不同层、不同部位的切换,解决图纸中对二次结构文字叙述描述不清、不直观的问题。

例如墙体植筋,由于三维建筑模型的可视性,可以按照施工图准确定位所有涉及植筋的墙体部位,快速布置不同直径、型号的钢筋。这不仅可以清晰地查看布筋情况及规律,也可以快速统计钢筋植入的根数,便于严格控制钢筋工程量,节约了昂贵的植筋成本。

②综合各相关专业模型解决洞口留置问题。基于三维建筑模型,能够抛弃二维图纸叠

图的传统方式,精准实现建筑物机电管线的综合排布,进行建筑专业间的碰撞检查,解决专业内与专业间的冲突问题,精准定位二次结构上的洞口留置位置。例如,砌筑墙体内的机电管线、门窗、暖通设备、消火栓箱、电梯井道内钢梁埋件等洞口留置麻烦,开槽频繁影响墙体受力,后期修补堵洞权责混淆且费用高昂。如果以上问题不能综合考虑,实现统一布局,会造成二次结构后期拆改,导致进度拖延和经济损失。三维建筑模型的高度仿真技术能够解决以上所有问题。

③最大优化间隔梁、圈梁。对于复杂结构,由于层高较高、墙体复杂多变等因素,增加了间隔梁、圈梁等数量,加大了混凝土浇筑量和运输的困难。尤其是电梯井道,既要增加圈梁,又要考虑间隔梁的位置,且间隔梁间距不一,呈不规律分布。运用 BIM 的碰撞检测技术,综合考虑圈梁、门洞口过梁及间隔梁的排布。首先查漏补缺,检查施工图设计遗漏问题,其次优化已有设计,检查施工图设计重复问题。从两个方向同时排查,实现混凝土浇筑体量、植筋根数最优。

④排砖深化降低材料损耗。不同建设工程采用不同砌块尺寸,要求横竖向灰缝厚度也不一样,尤其一些门窗洞口、构造柱等细部处理,均需要手动绘制。制图工程量极大,并且不同工程不能重复利用。运用 BIM 技术中的相关土建建模软件,可以对墙体模型表面填充图案进行编辑。软件内设砌块族库,包括不同类型的图案及尺寸大小,可以直接选择使用。一旦导入所选砌块,可通过整体图案的 x、y 坐标来确定最终最少的排砖方式,做到精细化管理、控制成本。若所需用砌块属性与族库中的不符,可以自定义制作所需砌块的相关属性,将文件导入软件内即可,以备后续使用,完善族库内容如图 7-3 所示。

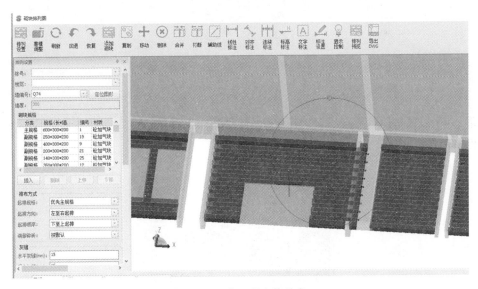

图 7-3　某工程砌体排布

⑤数据统计细化成本。利用标准层砌筑深化模型进行量的统计,可以精确计算出建筑物砌筑量、构造柱个数、抹灰砂浆面积、钢筋植筋根数等二次结构工程量。例如,建筑企业根据砌块等二次结构使用数量,可以合理控制材料进场时间,节约施工场地。尤其在建设工程项目施工用地非常紧张的情况下,精细化管理更为重要;通过标准层砌筑深化模型可知每层

植筋根数,根据相关施工规范可知钢筋等二次结构检验批容量及样本容量值,据此可以准确安排检验批进行试验,提高施工速度,合理安排施工进度。

(2)机电专业深化设计。传统的二维管线深化设计是将各设备专业的平面管线布置图进行简单的叠加,再按照规范确定各种系统管线的相对位置,进而确定各管线的原则性标高,针对关键部位绘制局部的剖面图。由于该做法反映的实体比较抽象、缺乏直观的可视效果,设备及管线布置不合理往往在施工过程中或施工完后才发现,从而造成返工、浪费材料、拖延工期、增加成本。

基于BIM技术的三维建筑环境及可视化功能够解决上述问题,此处以陕建五建浐灞商务中心为例。运用机电模型设计软件可以实现以下应用点:

①管线综合排布。

第一步,需先将建筑结构模型链接至机电文件中,图7-4所示为已链接的建筑结构模型。

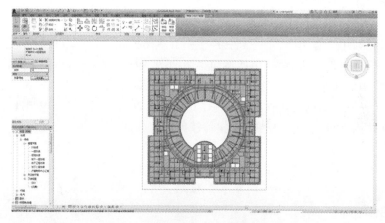

图7-4 已链接的建筑结构模型

第二步,依照机电各专业图纸,完成管线综合排布。如图7-5所示,管线综合排布完成后的界面。

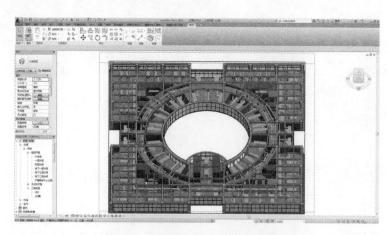

图7-5 管线综合排布完成后的界面

②综合管线碰撞检测。

第一,选择碰撞检测的专业。排除本专业内部系统之间的碰撞,然后选择两种专业的系统文件进行碰撞检测,即排除完内部碰撞点以后,进行不同专业之间的碰撞检测。机电模型建立完成后,进行机电与土建、机电各专业间的碰撞检测,并完善模型。

例如在浐灞商务中心项目中,经过碰撞检测发现,弱电桥架与土建模型发生了碰撞,如图7-6所示。

图7-6 弱电桥架与土建模型碰撞

在发现碰撞后,技术人员对其进行了修改,并对模型进行了完善,修改后的模型如图7-7所示。

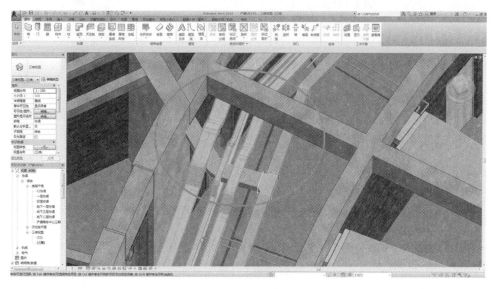

图7-7 修改后的模型

碰撞检测完成后,技术人员可借助 BIM 模型迅速生成碰撞检测报告,如图 7-8 所示。同时,在碰撞检测过程中发现土建模型错位(见图 7-9),技术人员之后在模型中进行了修改,图 7-10 所示为完善后的模型。

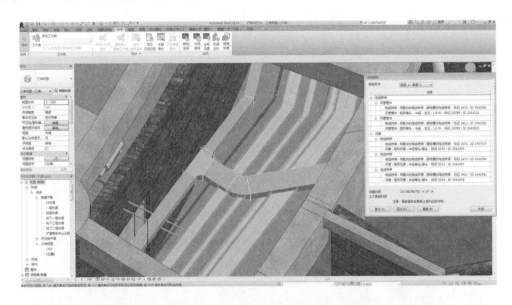

图 7-8　桥架与风管碰撞,生成碰撞报告

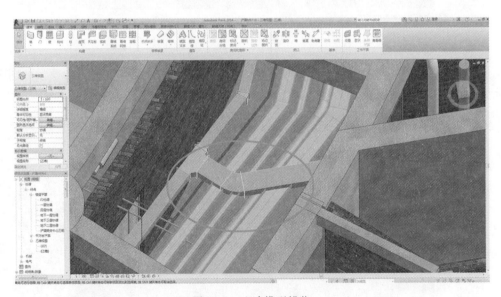

图 7-9　土建模型错位

第二,选择碰撞检测的类型(硬碰撞、间隙碰撞)。碰撞检测分为硬碰撞、硬碰撞(保守)、间隙碰撞、重复项,其中,在碰撞检测中硬碰撞和间隙碰撞为常用类型碰撞。通常先检测硬碰撞,即解决模型构件之间直接发生的物理碰撞;然后对已测模型利用漫游功能检查间隙碰撞,即构件间必要的空间距离,如图 7-11 所示。如供电设备正上方不能有风管的风口,保温风管的保温隔热处理需考虑保温层厚度及风管之间的距离。

图 7 - 10　完善后的模型

图 7 - 11　通过漫游指导再调整

　　第三,碰撞点所属专业统计分析及孔洞预留应用。碰撞检测报告可以实现对建设工程项目碰撞点所属专业的分析及设备区墙体孔洞预留应用。通常按照通风与空调专业、动力配电与照明、弱电专业、给排水及消防、土建结构各系统进行分类,以表格形式统计主动碰撞属性和被动碰撞属性。根据图表数据可以显示出容易产生碰撞的构件、碰撞点差异大的构件,以示重点关注,优化构件布置及管线优化。根据以上结果,完成对设备区砌筑墙预留孔洞的设计并统计相关数据,解决孔洞开孔错误情况,提高开孔准确性。

　　该项目在孔洞预留时采用的软件为 MagiCAD for Revit,通过对模型进行预留孔洞创建,可生成预留孔洞族,并且将尺寸、标高等信息导出生成预留孔洞明细表,实现孔洞精确定位,方便施工。图 7 - 12 所示为剖面图中预留孔洞的效果,图 7 - 13 所示为预留孔洞的三维效果,图 7 - 14 所示为预留孔洞明细表。

　　③管道支吊架设计。通过支吊架设计系统软件,可以快速设置并自动生成支吊架模型,

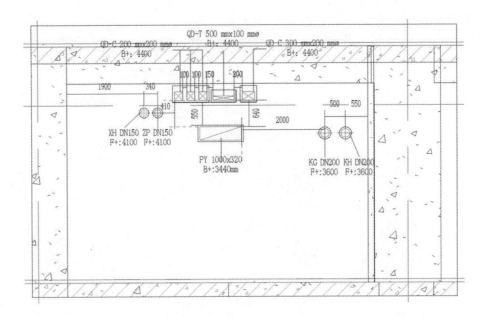

图 7-12　剖面图中预留孔洞

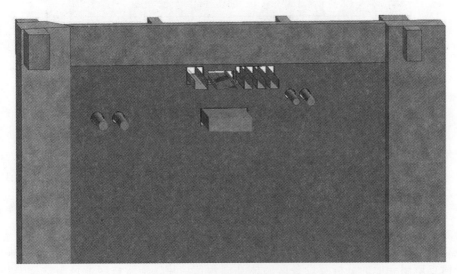

图 7-13　孔洞预留三维效果

实现了自动分析计算,并出具了计算书。支吊架模型可以转换为其他格式模型,进行可视化施工交底,提高了被交底人理解的准确性,从而为提高现场施工质量起到了积极作用。管道吊架模型可在 BIM 中三维显示,通过模型施工人员可以简单明了地看出具体的施工位置,减少了出错的几率。

　　模型修改完毕后,根据管道、桥架、风管的大小及流量等参数,选取合适尺寸的槽钢角钢,进行管道支吊架设计。图 7-15 所示为支吊架设计图,图 7-16 所示为成型的支吊架在模型中的效果。

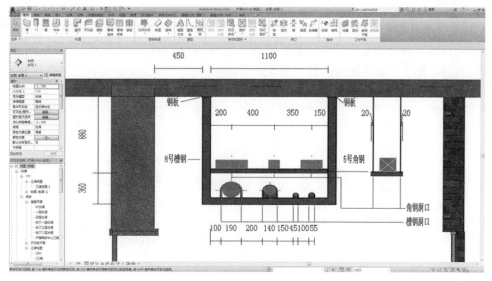

部件类型	底部高度 mm	所有者	长 mm	高 mm	宽 mm	直径 mm	个数
预留孔洞	2875	消防	300	0	0	250	32
预留孔洞	2475	消防	300	0	0	250	11
预留孔洞	2375	消防	300	0	0	250	15
预留孔洞	3700	排水	300	0	0	200	2
预留孔洞	4350	电气	300	300	400	0	1
预留孔洞	4350	电气	300	300	300	0	3
预留孔洞	3450	水	300	0	0	300	4
预留孔洞	3975	消防	300	0	0	250	1
预留孔洞	3390	通风	300	420	1100	0	1
预留孔洞	4350	电气	300	200	600	0	1

图 7-14 预留孔洞明细表

图 7-15 支吊架设计图

④管道预制化加工。BIM技术还可以实现构件精细化、预制化加工，现场管道组合安装。例如，对于机房与管井等区域的管道，可以借助三维建筑模型进行分段预制及加工设计，再由工厂制作并预安装，到现场可以采用直接吊装与拼接的施工方法。由此可见，三维建筑模型提供信息的精准度及高度统一的可视化环境，有利于发现施工图纸上不易发现的设计盲点，为现场施工的准确性制订科学合理的解决方案提供保障，实现施工现场大量构件的精细化工厂预制和现场安装，极大地降低了成本，提高了管道的安装效率及质量水平。

⑤施工工序的合理化安排。以三维建筑模型为仿真样本，对建设工程进行分解。首先，将建筑及结构模型作为基础，根据施工图添加各机电专业设计信息，确定相关设备管线及主要大型设备位置。其次，将各细部关键部位（如空调风管、消防水管、给水管等）设计信息添加到以上模型中。通过以上的建筑模型的建立过程，能够清晰地梳理出建设工程施工程序，

BIM模型项目管理应用

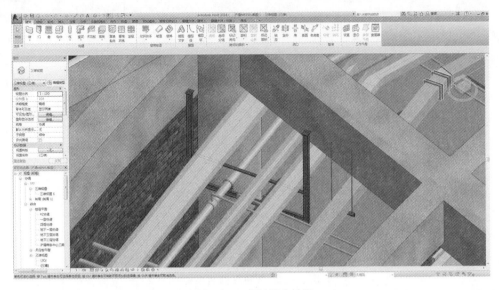

图 7-16 成型的支吊架

以此可以合理高效地安排施工工序,提高施工效率。通过 BIM 技术,可以实现施工工序模拟可视化,提高了管道安装效率及质量水平。图 7-17 所示为管段拆分图。图 7-18 所示为管段拼装过程,图 7-19 所示为拼装完毕效果图,图 7-20 所示为安装完成后的泵房效果图。

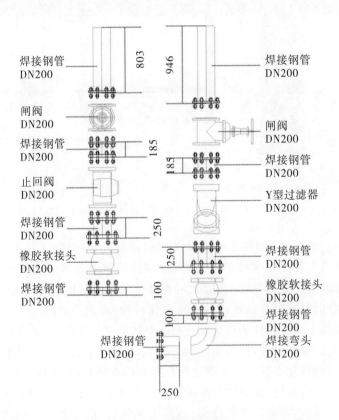

图 7-17 管段拆分图

图 7 - 18   管段拼装过程

图 7 - 19   拼装完毕效果图

图 7 - 20   泵房效果图

（3）钢结构深化设计。BIM技术中钢结构深化设计类软件通过创建三维模型后自动生成钢结构详图和各种报表的强大功能,提高了详图设计人员的工作效率、作图质量及竞争能力,高度符合钢构生产厂家对施工详图深化设计的要求。由于图纸与报表均以三维模型为准,而在三维模型中操作者很容易发现构件之间连接有无错误,所以它保证了钢结构详图深化设计中构件之间的装配正确性。同时软件自动生成的各种报表和接口文件（数控切割文件）,可以服务（或在设备直接使用）于整个工程。通过仿真模拟建筑物所具有的真实信息,形成一种三维的立体实物图形展示,便于检查出结构间的软碰撞、硬碰撞及各工种配合的合理性,实际中可结合多种技术达到更好的效果。

①借助有限元分析软件,深化设计提升单元和提升节点。利用大型通用有限元分析软件可以高效地解决钢结构整体提升的施工问题。

考虑地面组装、提升、到位后从下至上连接各杆件时的工况,确定临时加固杆件位置及截面尺寸,提升到位后,按照从下到上连接的原则,确定各杆件的准确连接顺序。尤其是可以实现对受力最不利位置的杆件进行有限元分析,确定局部加固措施。

②基于钢结构施工虚拟仿真技术设计复杂节点。

A. 钢结构施工虚拟仿真技术。

将钢结构用房屋建筑结构分析与设计软件建立结构计算模型,导出CAD文件,通过CAD转化成钢结构深化模型,从而建立钢结构综合模型。采用虚拟仿真技术展现钢结构整体建造过程,细化施工节点,确定预留部分精确尺寸,优化施工方案,提高了施工质量,加快了施工进度,降低了施工成本。

B. 复杂节点设计分析。

钢结构梁柱连接节点为传力最重要部位。采用钢结构深化设计软件对钢结构部分进行深化设计的模型搭建,主要是针对钢管柱、柱脚、钢梁、桥面板、梁柱节点、主次梁节点等进行深化。考虑到尊重原设计意图中各杆件的传力路径,以及后续工厂制作的可操作性和现场安装的可行性及简便性,按照以下原则进行节点设计和优化:桁架平面内比平面外重要;主桁架比次桁架重要;桁架单元比联系杆件重要;所有杆件都要统筹兼顾、协同作业。为了保证各节点施工质量,节点部位在钢结构制作车间内用大型机械制做成整体节点,由于构件截面比较大,在制作过程中需要对每个杆件进行精准定位后安装,采用钢结构深化软件进行深化设计,优化节点设计,达到精确放样,从而保证了节点制作、安装质量。图7-21所示为钢筋节点优化。

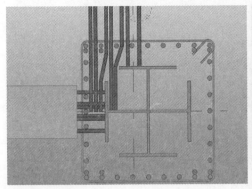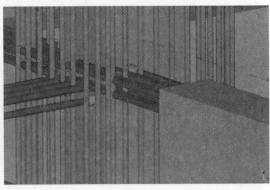

图7-21　钢筋节点优化

7.2.2 施工组织设计

施工组织设计是指以拟建工程为对象而编制的,用以指导其施工全过程各项施工活动的技术、经济、组织的综合性文件。其主要内容包括:工程概况、施工部署、施工进度计划、施工准备与资源配置计划、主要施工方案、施工现场平面布置图、主要施工管理计划。

BIM技术在施工组织设计中最大的应用价值在于施工方案的分析与优化以及施工场地的布置优化,以三维建筑信息模型为载体,将整个建筑环境可视化并模拟建造过程,直观了解关键施工与组织控制点,确定施工重难点,分析资源配置合理性,准确客观地编制建设工程项目的施工组织设计。

1. 施工方案的优化

选择合理的施工方案是施工组织设计的核心,直接影响到现场的施工技术、施工管理。BIM技术发挥以下的功能优势,以建筑信息化技术取代人工经验,更科学地优化施工方案。

(1)三维建模。BIM技术中以"Revit"为代表的建筑结构建模系列软件的三维建模功能十分强大。利用相关软件来对建设工程项目主体工程进行1:1三维建模,可以查询模型结构的所有信息(如构件截面尺寸、体积、配筋形式、材质、装饰等属性),或可以对模型任意截面进行剖切,从各个角度展示其内部情况。建好的三维模型可导出多种文件格式,同时也可以再导入到其他软件进行编辑和处理。一定数量的模型集合可以建立模型库,以供随时调用。建模的过程就是一个集成的流程,支持在实际建造前以数字化方式探索项目中的关键物理特征和功能特征。这既直观又准确,有助于编制人员充分了解工程实体结构的所有特征。

(2)三维地形处理。BIM技术中以"Civil 3D"为代表的土石方解决系列软件可以创建三维地形曲面。三维地形模型全面集成了勘测功能,可以直接导入原始勘测数据及相关资料,编辑并自动创建勘测图形和曲面。借助曲面简化工具,充分利用航拍测量的大型数据集以及数字高程模型,创建有效的高程和坡面分析。利用以上协调一致的数字模型,实现地块布局、地理空间分析、地图绘制、土方量计算和可视化优化等其他功能。三维地形模型中包含丰富的动态数据以及能够快速高效地创建与设计变更保持同步的可视化效果,以便于根据分析和性能结果作出更明智的决策,选择最佳地形设计方案。

(3)施工方案全景展示。BIM技术中以"3ds Max"为代表的三维动画渲染和制作系列软件侧重于快速方案表现和虚拟漫游效果展示,可以在虚拟环境中快速布置建筑物、构筑物、机械设备、道路等,对建设工程项目施工阶段进行全景三维仿真,包括施工场地布置、施工现场准备、施工工艺、施工进度以及建(构)筑物内部结构等一一进行展示,快速表达方案效果。

①施工方案快速表现。将建筑结构、地形曲面和机械设备等三维素材导入软件重组,可以展现从建设工程项目开工到竣工全过程中所有关键节点施工现场的情况。通过自由选择软件选项板内置的常见三维素材样式(也可自行添加样式),根据需要增减素材或调整其尺寸对施工方案进行快速修改,如图7-22所示。

②全景展示。利用软件动画制作功能,可以创建演示动画或视频,直接、生动、形象地展现建设工程施工全过程。采用动画演示方式,将工程人员从海量的文字和二维图纸中解放出来,实现数字化的技术交底,让参与者获得更加直观的认识,让沟通变得更为顺畅,极大地提高工作效率,对指导施工具有实际意义,如图7-23所示。

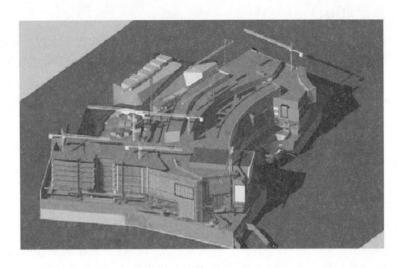

图 7-22 三维施工方案

图 7-23 施工动态模拟

（4）实时动态仿真。BIM 技术中以"Navisworks"为代表的全面审阅解决方案系列软件具有实时审阅、虚拟漫游等功能。将精确的错误查找和冲突管理功能与动态的四维项目进度仿真和照片级可视化功能完美结合。

①实时审阅。三维虚拟模型可以兼容大多数主流的三维文件和激光扫描格式，以便建设工程项目相关方审阅几何图元、对象信息及关联数据库。软件中的动态导航漫游功能和直观的项目审阅工具包能够帮助工程人员加深对项目的理解，可以自由查看所有仿真内容和工程图，共享所有分析结果，便可以在整个项目中实现有效协作。

②碰撞检测。通过对三维建筑模型中潜在冲突进行有效的辨别、检查与报告，快速审阅

和反复检查由多种三维设计软件创建的几何图元,将精确的错误查找功能与基于硬冲突、软冲突、净空冲突与时间冲突的管理相结合,能够帮助工程人员减少错误频出的手动检查。通过对三维设计的高效分析与协调,用户能够进行更好的控制,及早预测和发现错误。对项目中发现的所有冲突进行完整记录。

③虚拟漫游。利用现有的建筑信息数据,在建设工程项目真正竣工前对三维建筑模型进行实时的可视化、漫游和体验以及其中包含的所有建设工程项目信息,而无需预编程的动画或先进的硬件。冲突检测、重力和第三方视角进一步提高了漫游体验的真实性,支持项目相关人员通过交互式、逼真的渲染图和漫游动画来查看其未来的工作成果,帮助建设工程项目相关人员对所有相关方案进行深入研究,提高工作和协作效率,并在设计与建造完毕后提供有价值的信息。

下面以西安浐灞新都汇为例对虚拟漫游以及施工动态模拟进行说明,具体步骤如下:

第一步,通过 Revit 中附加模块导出 Navisworks 格式的文件,如图 7-24 和图 7-25 所示。

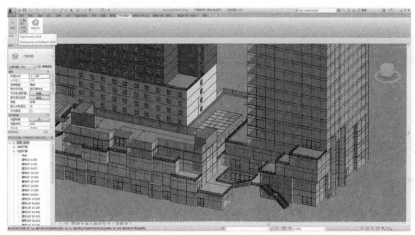

图 7-24 Revit 模型

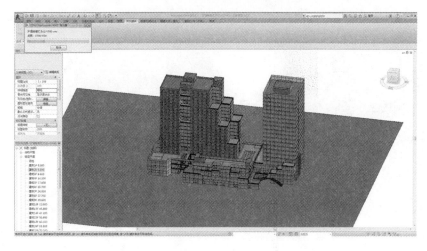

图 7-25 导出 Navisworks 格式的文件

第二步,在 Navisworks 中进行模型漫游演示,如图 7-26 至图 7-28 所示。

第三步,在 Navisworks 的 Timeliner 功能中,可以导入已经做好的 Project 进度计划,或者直接在任务栏里新建进度计划,之后和模型进行挂接,完成 4D 施工模拟。这里我们通过新建进度计划的方式进行演示说明,如图 7-29 至图 7-32 所示。

此外,Navisworks 还支持将软件里新建的进度计划导出功能,实现与 Project 双向互导,如图 7-33 所示。

综上所述,运用 BIM 技术,以建筑信息模型为评价载体,以虚拟现实技术为评价手段,能够客观、准确、科学地分析和评价施工方案中的关键因素。如工期是否适当,在技术上是否可行,施工复杂程度如何,安全可靠性如何,劳动力和机械设备能否满足要求,是否充分发挥了现有机械设备的作用,保证质量的措施是否完善可靠,季节性施工情况怎样,施工场地的利用是否合理等。

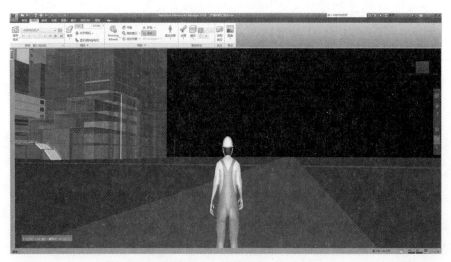

图 7-26　漫游演示(1)

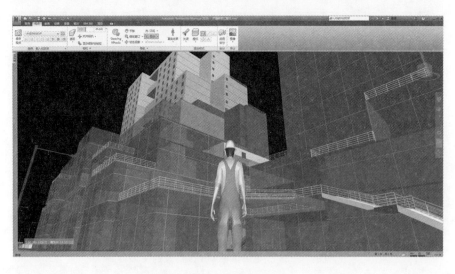

图 7-27　漫游演示(2)

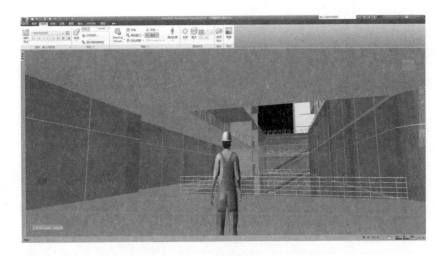

图 7 - 28　漫游演示(3)

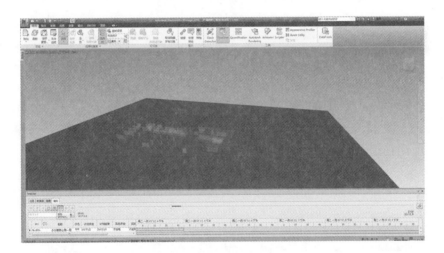

图 7 - 29　新建进度计划(1)

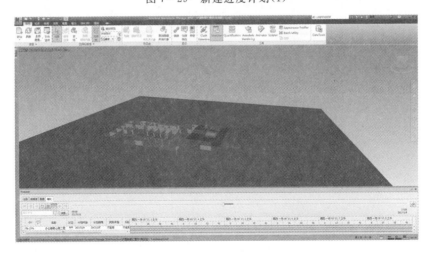

图 7 - 30　新建进度计划(2)

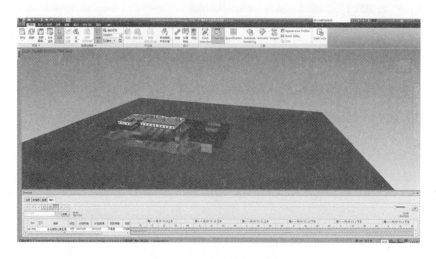

图 7-31　新建进度计划(3)

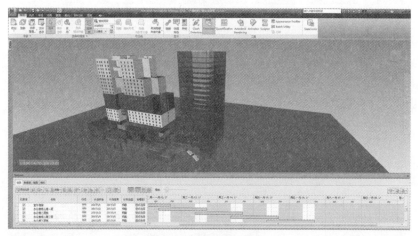

图 7-32　新建进度计划(4)

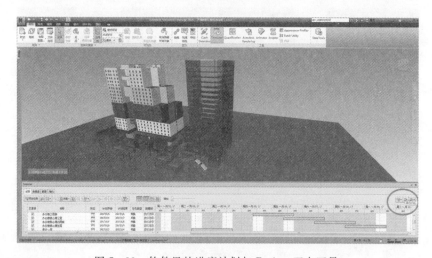

图 7-33　软件里的进度计划与 Project 双向互导

2. 施工场地的布置优化

施工现场平面布置是施工组织设计的又一重要组成部分,必须进行科学合理的规划。施工现场平面布置图是施工实施阶段设置围墙、道路、铺设临水临电线路、搭建临时设施、堆放物料和设置机械设备的指导性文件,如图7-34所示。

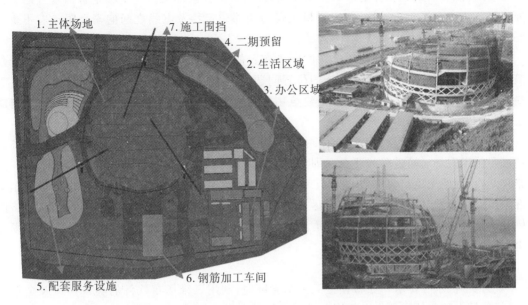

图7-34　某项目场地布置

目前,施工现场布置还局限于平面布置,无论视觉上还是实施中都存在不直观、不准确、不经济等问题。BIM技术通过相关的三维场布软件可以实现三维的施工现场布置效果图。不仅能够完全满足施工现场布置的内容要求,而且能够凭借虚拟施工现场实际情况及所需物料、机械设备等完成施工现场的布置要点,如图7-35所示。

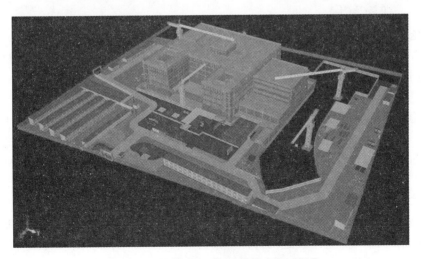

图7-35　某项目施工场地临设布置可视化

（1）塔吊的布置。由于三维场布中的塔吊半径的运动轨迹可以清晰地模拟出来，所以可以直观有效地解决以下问题：拟建工程平面和施工主材堆放场地控制在塔吊的工作范围之内，尽量减少死角；当塔吊布置在建筑物凹角内时，可以充分考虑到塔吊拆除时大臂可以顺利拆下；当建筑物外架采用爬升架时，能够解决塔吊附墙位置不会影响爬升架的升降；在群塔布置时，能够考虑到相邻塔吊的安全距离，即塔吊的任何部位在水平和垂直两个方向上都要保证不少于 2 m 的安全距离，且塔机大臂与相邻建筑物及电线之间的安全距离应不少于 2 m，如图 7-35 所示。

（2）施工电梯的布置。施工电梯的三维布置能够综合考虑到当施工电梯和塔吊处于建筑物同侧时的对应塔吊和施工电梯的位置问题，直观地观察到塔吊安装时的大臂方向有无受到塔吊拆除时施工电梯的阻碍；当建筑物外架采用爬升架时，能够和爬升架沟通，确定施工电梯位置不会影响爬升架的降落。

（3）运输道路的布置。利用 BIM 技术的高度仿真功能，模拟运输道路的铺设，快速高效地满足施工现场运输道路的要求。即施工现场应优先利用永久性道路，或者先建永久性道路路基，作为施工道路使用，在建设工程项目竣工前再铺路面。运输道路要沿生产性和生活性施工设施布置，使其畅通无阻，并尽可能形成环形路线。道路宽度不小于 3.5 m，道路两侧要设排水沟，保持路面排水畅通，道路每隔一定距离要设置一个回车场，每个施工现场至少要有两个道路出口。

（4）水电管网的布置。

①施工供水和排水。在布置施工供水管网时，利用三维场布软件的实景模拟及全景展示，能够最大程度地实现供水管网总长度最短的布置目标；能够综合考量施工生产和生活用水的情况，确定现场消防用水及其设施布置；能够合理规划永久性地下排水管道的铺设方案，排除现场地面水和地下水；能够模拟排水沟的修筑过程，做好雨季地面排水。

②施工供电设施。在布置施工供水管网时，利用三维场布软件的实景模拟及全景展示，能够最大程度地实现施工现场供电线最短的架空铺设目标，能够准确计算出施工用电总量，选择相应变压器，计算支路导线截面积，确定供电网形式。

7.2.3　现场施工

现场施工是建设工程项目建造阶段，是施工图成为建（构）筑物的关键一环。现场施工技术的 BIM 技术应用主要体现在预制构件数字化制造和各专业关键施工工艺模拟（土建、钢筋、机电安装、钢结构）两大部分。

1. 预制构件数字化制造

预制构件是指预先在工厂批量生产或在预制场预先制造的构件，包括混凝土、钢结构、管道预制。其显著优点是不受季节气候和施工现场条件的影响，制造过程能最大限度地实现标准化和工厂化，符合绿色施工的省工、省料、保质、保量、优速等要求。将 BIM 技术应用于预制加工，通过信息化的手段很大程度上提高了预制构件的设计、制造、装配全过程的技术精细化水平，实现了预制构件的数字化制造，极大地推进了绿色环保建筑的发展。

BIM 技术的高度协同实现了预制构件的数字化制造。首先，三维建筑模型能够集成全部二维图纸信息，清晰准确地表达出构件的截面形状、尺寸大小、装配节点、配筋关系、组合排布等。其次，聚合以上信息的建筑模型可以运用相关软件转换成加工模型，自动生成构件数控代码，输入到数控机床，实现机械的自动化生产，提高了预制构件的精确度及合适度，更加紧密地实现与构件预制工厂的对接。最后,综合上述成果,以协同平台为基础,能够实现预制构件设计、加工、仓储、现场安装一体化的协同工作。

2. 施工工艺模拟

(1)施工工艺模拟用于辅助决策。基于施工工艺模拟的三维建筑模型,可以参与到对施工方案的论证中,并为建设工程项目相关方提供支持。如考虑内支撑梁拆除施工工艺,如图7-36所示,对于内支撑梁的拆除顺序,需要考虑拆除后支撑结构体系的稳定性和地下室施工搭接关系等多种因素。借助建筑模型的三维视图,可以清晰可见内支撑结构,即应用隐藏构件的功能,可以快速、直观地展示部分梁拆除后的内支撑结构体系,辅助建设工程设计单位和施工单位进行决策。

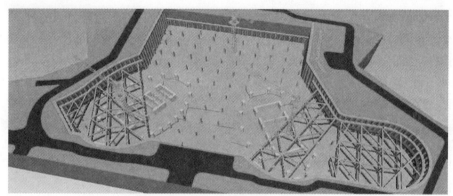

图7-36　内支撑拆除施工工艺模拟

(2)施工工艺模拟动画用于指导施工。对于复杂的施工工艺,施工工艺模拟动画可以进行更加直观明了的技术交底,可以让施工人员更好地理解施工图和施工方案,避免由于理解不当造成的施工错误。

以钢管混凝土柱中冷凝水管施工为例,为解决建筑外侧空调机冷凝水管排水的问题,设计方创新地将冷凝水管安装在钢管混凝土柱中。这一施工工艺需解决的问题是:如何保证冷凝水管道的密封性以及浇筑混凝土时如何避免冷凝水管道的堵塞。基于设计方和施工方提出的设计方案、施工方案,制作施工工艺模拟动画,生动形象地进行"试施工",不仅能防患于未然,解决可能会出现的施工技术问题,而且在施工前对施工人员进行技术交底,保证了施工方案意图的有效执行。如图7-37所示。

图7-37　钢管混凝土柱中冷凝水管施工

7.2.4 竣工验收

1. 竣工图的概念及内容

竣工图是记录竣工工程翔实情况的技术文件,反映竣工时建筑物、构筑物的实际建造状况,是对建设工程进行交工验收、维护、改进、扩建的依据,是国家的重要技术档案。

竣工图主要内容如下:

(1)平面竣工测量:建筑物的平面位置、长度、宽度,建筑物的地坪、海拔高度,其他地物。

(2)建筑物立体空间测量:建筑物的空间位置、顶层结构。

(3)地下管线竣工测量:地下管线的位置、深度、直径、走向、功能等属性。

2. 基于 BIM 技术的竣工图编制

施工单位在建造过程中,需要结合施工现场实际施工情况详细编制竣工图资料。因此,竣工图编制技术要求较高,能够反映出竣工图与施工图的差异,准确记录建设工程项目施工的真实情况。目前,基于 BIM 技术的竣工图编制关键技术如下:

(1)基于 BIM 的测绘技术。竣工图作为建设工程竣工验收的主要资料,施工单位建立项目经理负责制,并组织专门技术人员进行竣工图的测绘工作,重点采用基于三维建筑模型的 GPS 技术,即首先运用 GPS 对建筑集合地块、主要道路、机电管道及井位进行数字化测绘,将建设工程项目内道路的路型进行定位,对机电管线长度测量注重测量精度的控制;其次,将以上测绘信息及时反馈到建筑模型中,形成三维建筑模型与测绘信息的实时联动,保证了数据采集的准确、细致、全面、连贯等特性。

(2)基于 BIM 技术的建筑物地理空间分析。地理信息系统(GIS)技术可以利用空间分析功能以及数字高程模型数据对施工地块进行坡度分析、坡向分析、等高线分析、流域分析等,以三维视角从任意角度、方向、路线对建筑物的高度、体量、外观以及与整个城市的空间关系进行分析,从而为从空间角度评价建筑提供更直接、有效的手段。建筑模型集合以上 GIS 所采集的信息,清晰地再现了建筑物施工现场的具体情况。

(3)基于 BIM 技术的工程数据优化。竣工图包含着大量的建设工程施工信息,也成为施工单位进行竣工结算的重要资料。工程数据能否反演出全部施工过程是施工技术人员必须解决的问题。BIM 技术不仅可以建立三维建筑模型,精准定义建筑物的建筑高度、外观尺寸以及内部空间信息,还可以不间断地聚合施工过程中的所有信息,包括工程变更,保证了竣工图内容与真实施工情况的一致性。例如,通过三维建筑信息模型可以直接得到以下重要信息:

①道路工程图方面:道路平面图的尺寸标注、原地面标高、现路面标高、人防顶板标高等重要信息,同时与纵断面图、横断面图存在相互对应关系;道路结构层图、路侧石大样详图等。

②排水工程图方面:重点关注雨污水管道平面图、管线及检查井的位置、管道流水高程、原地面高程、井顶高程、检查井与道路的位置关系等信息。

BIM 技术的发展促进了由信息技术与计算机技术而衍生的丰富的信息呈现方式,如三维建筑模型、视频动画等电子文件,这些信息可以通过移动客户端和计算机客户端随时查阅共享。建设工程数字化交付体现了建筑信息模型的有效延伸,能获得更高的附加值,即设计院创建的建筑信息模型可以应用于建设工程项目全寿命周期,不仅可以用于建设工程项目设计,也可以辅助施工以及运维管理,实现建设工程全面项目管理。

目前我国还没有出台关于建设工程数字化竣工交付的工作流程、质量要求、技术标准等政策。结合 BIM 技术发展水平及应用情况,对实现建设工程数字化交付的关键技术总结如下:

(1)明确的信息交付需求与标准。数字化交付的实质是利用上游环节产生的工程信息支撑下游环节的工程实施并借此提升整个建设工程项目的建造与管理质量和效率。面对项目全过程的大量信息,数字化交付首先面临的关键问题就是如何提出切实可行的信息交付需求和制定明确的交付标准(模型、数据、文档等)。为达到建设工程项目多阶段的信息整合和共享,必须寻求到建设工程项目各主要参与方(设计、施工、运维管理)信息共享的利益驱动力,促使行业层面的信息全面沟通与协调机制健康发展。

(2)数据传递。数字化交付需要建设工程项目各阶段产生的数据在各环节流转,然而不同阶段的参与方产生、输出与应用的数据格式不完全一致。如果要实现数据的无损传递与互用,就需要一套标准数据格式。目前,业内尚未形成针对建设工程的数据标准格式,但是IFC 标准等体系为建设工程的数据标准格式提供了很好的范例和经验,甚至是通过扩展和修改某既有标准直接作为建设工程的交付数据标准亦是可行的。

(3)多系统融合与软硬件集成。交付至下游环节的数据需要被多种信息数据系统识别和利用,如文档管理系统、材料管理系统、合同管理系统等。虽然这些信息数据系统功能成熟,体系完备,但是各个系统相对独立,信息数据缺乏交互与关联。这需要搭建一个行业间系统开发企业的协同平台并构建合作、分享机制。

7.3　BIM 技术的施工项目管理应用

7.3.1　投资(成本)管理

1. 投资(成本)管理的含义

建设工程项目的投资管理是业主方工程项目管理的核心工作之一。建设工程项目的投资一般由建设投资(固定资产投资)和流动资产投资两部分组成。建设投资是建设工程项目全寿命周期发生的全部费用,流动资金是为维持生产经营而占用的全部周转资金。而建设工程项目的成本是施工单位施工项目管理的核心工作之一。建设工程项目的成本即是施工成本,指建设工程项目在施工阶段所发生的全部费用。

本书提到的投资(成本)管理,一是强调业主方以施工图预算和建设工程承包合同价格为投资目标,对建设工程项目在施工阶段所发生的全部费用进行监控;二是施工单位依据实际施工情况对建设工程项目施工成本进行预测、计划、控制、核算、分析和考核等成本管理工作,准确完成竣工结算。由此可知,施工单位的施工成本管理是建设工程项目投资(成本)管理工作的重中之重,故以下重点介绍基于 BIM 技术的施工成本管理。

2. BIM 技术在投资(成本)管理中的应用案例解析

(1)项目概况。西山区海口片区城市棚户区改造项目 A6 地块"天湖景秀"项目位于昆明市西山区海口镇,计划工期为 493 天,竣工时间为 2016 年 7 月 3 日。本工程净用地面积51840 m²,总建筑面积约 225801.16 m²,其中地上建筑面积为 173279.05 m²,地下建筑面积为 52522.11 m²。该项目 BIM 的实施选择管线复杂、专业集中的地下室及具有代表性户型的第 5 栋、第 7 栋。其中,地下建筑面积 53393.93 m²,第 5 栋建筑面积 17084 m²、总层数 27

层,第 7 栋建筑面积 20262 m²、总层数 32 层。BIM 技术在该项目中的应用流程如图 7-38 所示。

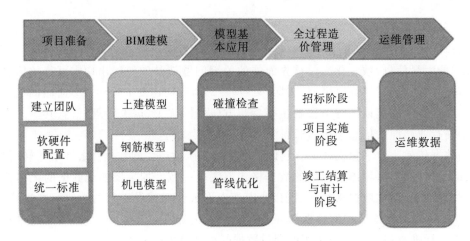

图 7-38　BIM 在项目中的应用流程

该项目实施过程中,主要采用了广联达系列软件,包括广联达土建、钢筋、安装算量软件,施工现场布置软件,计价软件,BIM 审图、BIM 5D 协同版以及一些辅助软件。主要软件以及功能如表 7-3 所示。

表 7-3　主要应用的软件

软件功能	软件名称
建模	广联达 BIM 土建算量软件、钢筋算量软件、安装算量软件、计价软件
集成应用	广联达 BIM 5D
辅助软件	Revit 软件、广联达场地软件

BIM 技术的核心是提供一个信息交流的平台,方便各工种之间的工作协同和集中信息。以 BIM 建筑模型为基础,将不同专业的数据进行汇总分析,在通过碰撞检测功能之后,可以直接对出现的问题进行纠正,这就尽可能地避免因设计失误出现的施工索赔问题,对成本控制有着极大的好处。通过 BIM 技术的应用,在施工组织设计的时候,对各项计划的安排,可以在 BIM 模型中进行试用调整修改,节约了人力财力,并且根据模型的动态调整,实现动态成本实时监控和控制的目的。

(2)主要应用内容。在施工过程中,一旦设计人员提出设计优化、变更及其他突发情况,可通过 BIM 及时对工程量进行动态调整,将工程建设期间的所有造价数据资料存储于 BIM 系统之中,并保持动态更新,且能保证所有端口的数据关联在一起,工程成本管理人员可通过 BIM 及时、准确地筛选和选用相关数据。同时,基于 BIM 的造价软件可对供应商投标文件、进度审核预算及工程量结算书进行统一管理,为成本测算、签证管理及工程款支付等成本管理工作提供支持。模型与成本相关联如图 7-39 所示。

模型与成本关联后,技术人员便可通过 BIM 模型实现对施工阶段成本的管控。该项目在施工阶段的主要应用内容如下:

清单匹配

汇总方式：按单体汇总 自动匹配 过滤显示 手工匹配 取消匹配

	模型清单				预算清单					匹配状态
	编码	名称	项目特征	单位	编码	名称	项目特征	单位	单价	
1	区域-1				A6-地下室（土建）					
2	土建									
3	010807003	采光井百叶窗		m2						未匹配
4	010504004001	挡土墙	1.混凝土种类:商品砼（含泵送） 2.混凝土强度等级:C35、P8 3.其他要求:添加WK复合纤维...	m3	010504004001	挡土墙	1.混凝土种类:商品砼（含泵送） 2.混凝土强度等级:C35、P8 3.其他要求:添加WK复合纤维抗裂剂	m3	466.23	已匹配
5	010504004002	挡土墙	1.混凝土种类:商品砼（含泵送） 2.混凝土强度等级:C50、P8 3.其他要求:添加WK复合纤维...	m3	010504004002	挡土墙	1.混凝土种类:商品砼（含泵送） 2.混凝土强度等级:C50、P8 3.其他要求:添加WK复合纤维抗裂剂	m3	542.36	已匹配
6	010504001058	电梯井壁	1.部位:电梯井壁 2.混凝土种类:商品砼（含泵送） 3.混凝土强度等级:C45	m3	010504001058	电梯井壁	1.部位:电梯井壁 2.混凝土种类:商品砼（含泵送） 3.混凝土强度等级:C45 4.部位：夹层	m3	514.34	已匹配
7	010504001057	电梯井壁	1.部位:电梯井壁 2.混凝土种类:商品砼（含泵送） 3.混凝土强度等级:C50	m3	010504001057	电梯井壁	1.部位:电梯井壁 2.混凝土种类:商品砼（含泵送） 3.混凝土强度等级:C50 4.部位：负一层	m3	544.79	已匹配
8	010501001001	垫层	1.混凝土种类:商品砼（含泵送）	m3	010501001001	垫层	1.混凝土种类:商品砼（含泵送） 2.混凝土强度等级:C15	m3	351.89	已匹配
9	010512008001	风井预制盖板	1.单件体积:详设计 2.安装高度:详设计	m3	010512008001	风井预制盖板	1.单件体积:详设计 2.安装高度:详设计	m3	455.03	已匹配
10	010502002015	构造柱	1.混凝土种类:商品砼（含泵送）	m3	010502002015	构造柱	1.混凝土种类:商品砼（含泵送） 2.混凝土强度等级:C20	m3	413.5	已匹配

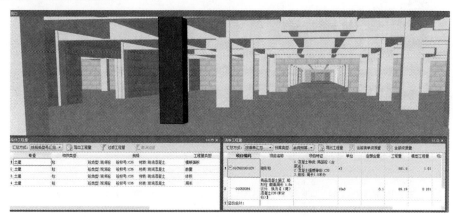

图 7-39 模型与成本关联

①精细化造价数据集成。通过 BIM 模型可以实现对任意构件造价信息的精细化管理，例如任意选择一个构件，可以查看到其土建工程量(见图 7-40)、土建清单工程量及综合单价(见图 7-41)、钢筋工程量(见图 7-42)、钢筋清单工程量及综合单价(见图 7-43)，真正实现对造价的精细化管理。

图 7-40 构件土建工程量

	项目编码	项目名称	项目特征	单位	定额含量	工程量	模型工程量	综合单价	合价(元)
1	010502001037	矩形柱	1.混凝土种类:商品砼(含泵送) 2.混凝土强度等级:C35 3.规格:周长1.8米外	m3		891.9	1.38	407.73	562.7
2	01050084	商品混凝土施工 矩形柱 断面周长 1.8m以外 换为【(商)混凝土C35(未计价)】		10m3	0.1	89.19	0.138	3911.84	539.83
3	01050205	混凝土输送泵 檐高40m以内		10m3	0.1	89.19	0.138	165.46	22.83
1	总价合计:								562.7

图 7-41 土建清单工程量及综合单价

	专业	构件类型	规格	工程量类型
1	钢筋	框柱	普通钢筋:箍筋;HRB400;8;绑扎	重量
2	钢筋	框柱	普通钢筋:直筋;HRB500;22;电渣压力焊	搭接数量
3	钢筋	框柱	普通钢筋:直筋;HRB500;22;电渣压力焊	重量

图 7-42　钢筋工程量

	项目编码	项目名称	项目特征	单位	定额含量	工程量	模型工程量	综合单价
1	010515001092	现浇构件钢筋	1.钢筋种类、规格:HRB400、φ6~10	t		1255.15	0.11	5542.
2	01050354	现浇构件 带肋钢 φ10内		t	1	1255.15	0.11	5542.
3	010515001097	现浇构件钢筋	1.钢筋种类、规格:HRB500、φ16~25	t		921.831	0.271	4759.
4	01050355	现浇构件 带肋钢 φ10外		t	1	921.831	0.271	4759.
1	总价合计:							

图 7-43　钢筋清单工程量及综合单价

②实现快速提量。在施工过程中,可以按照任意流水段、楼层切分工程量,并直接生成材料清单,以最少的时间实时实现任意维度的统计、分析和决策,大幅度减少现场工作量,保证多维度造价分析的高效性和准确性,有效控制投资、实现快速提量。图 7-44、图 7-45 所示为按流水段提取工程量。

	名称	编码	任务状态	任务偏差(天)	计划开始时间	计划结束时间	预计开始时间
1	土建						
2	流水段-基础层	LSD-JCC B00					
3	流水段-1.1	LSD-1.1 B00	延迟完成	28	2015-01-02	2015-01-04	2014-12-24
4	流水段-1.2	LSD-1.2 B00	正常完成	-6	2015-01-05	2015-02-05	2014-12-30
5	流水段-1.3	LSD-1.3 B00	延迟完成	11	2015-01-17	2015-01-19	2015-01-17
6	流水段-1.4	LSD-1.4 B00	正常完成	-4	2015-02-01	2015-02-03	2015-01-29
7	流水段-1.5	LSD-1.5 B00	正常完成	3	2015-01-27	2015-01-27	2015-01-25
8	流水段-1.6	LSD-1.6 B00	正常完成	7	2015-01-01	2015-02-01	2015-01-01
9	流水段-1.7	LSD-1.7 B00	延迟完成	13	2015-01-15	2015-01-17	2015-01-15
10	流水段-1.8	LSD-1.8 B00	正常完成	-1	2015-02-02	2015-02-04	2015-02-02
11	流水段-1.9	LSD-1.9 B00	延迟完成	3	2015-01-25	2015-01-27	2015-01-25
12	流水段-A6-4	LSD-A6-4 B00	正常完成	-26	2015-01-23	2015-03-18	2015-01-23
13	流水段-A6-5	LSD-A6-5 B00	正常完成	-9	2015-01-11	2015-03-04	2015-01-11
14	流水段-A6-6	LSD-A6-6 B00	正常完成	-16	2015-01-12	2015-03-05	2015-01-12
15	流水段-2.1	LSD-2.1 B00	正常完成	-42	2015-02-01	2015-03-13	2014-12-28
16	流水段-2.2	LSD-2.2 B00	正常完成	-42	2015-02-01	2015-03-13	2015-01-05
17	流水段-2.3	LSD-2.3 B00	正常完成	-30	2015-01-20	2015-03-01	2015-01-05
18	流水段-2.4	LSD-2.4 B00	正常完成	-52	2015-02-08	2015-03-23	2014-12-29
19	流水段-2.5	LSD-2.5 B00	正常完成	-44	2015-01-21	2015-03-15	2014-12-29
20	流水段-A6-3	LSD-A6-3 B00	正常完成	-49	2015-02-17	2015-04-10	2015-02-07
21	流水段-3.1	LSD-3.1 B00	正常完成	-41	2015-02-21	2015-04-02	2015-02-06
22	流水段-3.2	LSD-3.2 B00	正常完成	-24	2015-02-09	2015-03-21	2015-01-29
23	流水段-3.3	LSD-3.3 B00	正常完成	-58	2015-01-29	2015-03-29	2015-01-05
24	流水段-A6-7	LSD-A6-7 B00	正常完成	-40	2015-02-08	2015-04-01	2015-01-08
25	流水段-4.1	LSD-4.1 B00	正常完成	-17	2015-02-10	2015-03-16	2015-02-10
26	流水段-A6-2	LSD-A6-2 B00	延迟完成	1	2015-02-14	2015-04-07	2015-02-14
27	流水段-4.2	LSD-4.2 B00	正常完成		2015-02-13	2015-03-19	2015-02-13
28	流水段-4.3	LSD-4.3 B00	正常完成		2015-02-13	2015-03-25	2015-02-13
29	流水段-4.4	LSD-4.4 B00	正常完成		2015-02-13	2015-03-25	2015-02-13
30	流水段-5-1	LSD-5-1 B00	延迟完成	12	2015-02-03	2015-02-08	2015-02-03
31	流水段-A6-1	LSD-A6-1 B00	正常完成		2015-02-14	2015-04-07	2015-02-14

图 7-44　流水段

		流水段	构件类型	工程量类型	单位	工程量
332	钢筋	水段-2.3	暗梁	搭接数量	个	0
333	钢筋	流水段-2.3	暗梁	重量	kg	113.361
334	钢筋	流水段-2.3	人防门框墙	搭接数量	个	71
335	钢筋	流水段-2.3	人防门框墙	重量	kg	1565.025
336	钢筋	流水段-2.3	砌体墙	重量	kg	118.936
337	钢筋	流水段-2.3	暗柱	搭接数量	个	100
338	钢筋	流水段-2.3	暗柱	重量	kg	996.153
339	钢筋	流水段-2.3	剪力墙	重量	kg	2289.35
340	钢筋	流水段-2.4	剪力墙	重量	kg	1955.145

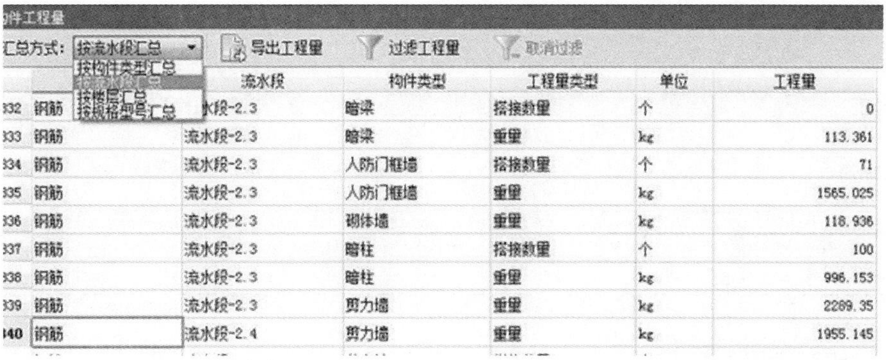

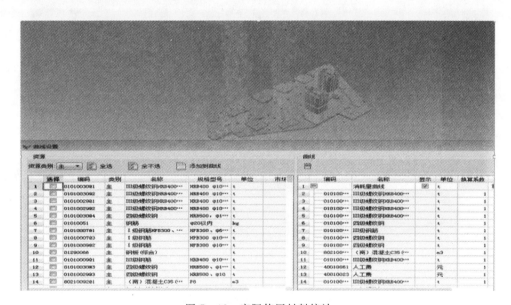

图 7-45　工程量

③快速编制材料、资金需求计划。借助 BIM 技术，项目可以实现准确计算分析不同时间段、流水段的资源需求量，提供准确的材料、设备需求计划，减少了提前采购或超量采购造成的浪费及存放管理困难，也可避免材料数量不足或未及时到位而影响工期，达到了精细化管理的目标。实际材料用量统计如图 7-46 所示。

图 7-46　实际使用材料统计

利用 BIM 模型实时动态监控，可以准确计算不同时间段资金需求量，编制资金需求计划，节约资金成本。该项目资金需求曲线如图 7-47 所示。

④实现设计变更的动态管理。BIM 在该项目的应用亮点之一体现在设计变更方面，借助 BIM 技术可以将变更方案转换成三维模型，直接看到变更的效果，并得到量价的对比分析情况，直观决策。该项目变更设计对比表如表 7-4 所示。

如若在施工过程中出现变更情况，可以将变更单与 BIM 模型关联，实时反映变更、签证、材料价格等的变化情况，实现造价全过程动态管理。设计变更后模型可以实现动态调整，并且可以自动计算变更工程量，如图 7-48 所示。

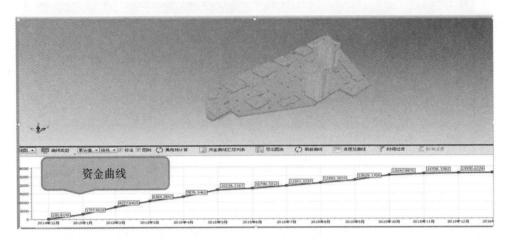

图 7-47　资金需求曲线

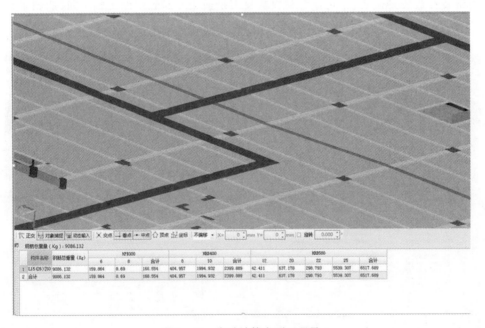

图 7-48　自动计算变更工程量

⑤快速查询与审核进度款。该项目在施工阶段以 BIM 集成平台为核心,通过三维模型数据接口集成土建、钢筋、机电多个专业模型,并以 BIM 集成模型为载体,将施工过程中的进度、合同、成本、图纸等信息集成到同一平台,利用 BIM 模型形象直观、可计算分析的特性,为施工过程中的进度管理、现场协调、合同成本管理、材料管理等关键过程及时提供准确的构件位置、工程量、人材机消耗量、计划时间等,帮助管理人员进行有效决策和精细管理,减少施工变更、缩短工期、控制成本、提升质量。基于 BIM 的进度款查询如图 7-49 所示。

BIM 可以提高设计方案质量,从而减少实施过程中的工程变更,同时 BIM 模型能够包含项目全过程的数据信息,减少由于结算数据造成的争议。加快工程实施过程中进度款的支付以及竣工结算的速度,从而减少时间成本。基于 BIM 的进度款审核如图 7-50 所示。

表 7 - 4 设计变更对比表

A6 地块设计变更对比表（地下室、5 栋、7 栋）

变更编号	单位工程	变更专业	名称	清单明细	单位	变更前数量	变更后数量	综合单价（元）	增减金额（元）	单价来源	备注
修改通知号（档案号209A0）	A6地下室	钢筋	钢筋	钢筋种类、规格：HPB 300、A6.5～8 高线	t	56.006	60.001	5245.08	20954.0946	合同	
				钢筋种类、规格：HRB 400、A6		49.348	40.234	5726.06	−52187.31084	合同	
				钢筋种类、规格：HRB 400、A8～10		1255.15	1290.122	5542.46	193830.9111	合同	
				钢筋种类、规格：HRB 400、A12～14		2195.626	2133.185	4718.46	−294625.9609	合同	
				钢筋种类、规格：HRB 400、A16～25		2025.058	2100.617	4555.26	344190.8903	合同	
				钢筋种类、规格：HRB 500、A16～25		921.831	898.45	4759.26	−111276.2581	合同	
								小计	79932.8717		
		土建	混凝土	混凝土种类：商品混凝土（含泵送）混凝土强度等级：C35 规格：厚 500 内	m³	1022.84	1203.437	461.95	83426.78415	合同	
			隔震沟挡墙防爬钢丝网格	窗代号：隔震沟挡墙防爬钢丝网格 洞口尺寸：综合 做法：钢丝网片、防爬网格	m²	646.36	223.265	50	−21154.75	合同	
			砌体墙	砌块种类、规格、强度等级：A5.0 蒸压加气混凝土砌块 190 厚 砂浆强度等级：Mb 5.0 专用配套砂浆	m³	1266.86	1393.923	370.85	47121.31355	合同	

图 7 - 49　基于 BIM 的进度款查询

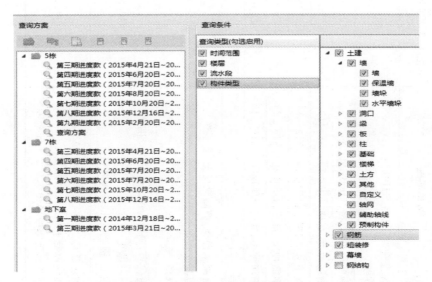

图 7 - 50　基于 BIM 进度款审核

综上所述,BIM 技术可以实现对施工阶段各项资源的精细化管理,并且借助其强大的功能可实现各阶段资源需求的可视化,优化了传统施工成本粗放式的管理模式,使项目综合效益得到了提升。但是,目前 BIM 技术在成本管理中的应用大多集中在施工阶段,且部分技术还需进一步发展,因此本节仅对项目实施中的主要应用点进行了介绍。

7.3.2　进度管理

1. 进度管理的含义

建设单位所进行的进度管理强调的是为了使建设工程项目实现要求工期而开展的进度

追踪、监督等活动。建筑企业所进行的进度管理主要是施工阶段的进度管理,即为了实现既定的工期目标而进行的编制进度计划、控制进度计划实施以及确保既定工期目标实现的各种有效措施的活动。所以,建筑企业施工阶段的进度管理在建设工程项目全寿命周期进度管理中起着至关重要的作用。

本节主要从施工的角度出发,对 BIM 在进度中的应用进行阐述。BIM 技术在项目进度管理中的应用是在 3D 模型空间上增加时间维度,将 BIM 与空间模拟技术结合起来,通过建立基于 BIM 的 4D 施工信息模型,将项目包含建筑物信息和施工现场信息的 3D 模型与施工进度关联,实现了基于 BIM 的施工进度 4D 动态管理以及施工过程的可视化模拟。

四维建筑信息模型的建立是 BIM 技术在进度管理中核心功能发挥的关键,通过施工过程模拟可以实现对施工进度、资源配置以及场地布置进行优化。过程模拟和施工优化结果在 4D 的可视化平台上动画显示,用户可以观察动画验证并修改模型,对模拟和优化结果进行比选,选择最优方案。BIM 技术在进度管理中的应用流程如图 7-51 所示。

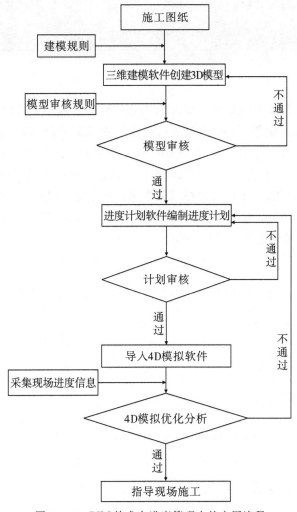

图 7-51　BIM 技术在进度管理中的应用流程

2. BIM 技术在进度管理中的应用案例解析

(1)项目概况。花栖里城市棚户区改造项目位于昆明市五华区泛亚科技新区昆武高速旁,项目总建筑面积 130061.37m²,其中:地上建筑面积 103227.74m²(8 栋),结构形式为剪力墙结构,地下建筑面积 26833.63m²,容积率 3.04,共 8 栋单体,其中住宅共 6 栋,商业 2 栋,项目计划工期为 595 天。项目的效果图如图 7-52 所示。

图 7-52　项目效果图

为确保工程量及数据库的准确性,该项目在进度管理方面主要采用的软件包括:鲁班系列软件(鲁班土建、鲁班钢筋、鲁班安装等)、进度计划编制软件(鲁班进度计划、Microsoft Project 或 P6)和鲁班模型应用软件(鲁班 MC)等。该项目在应用过程中将进度计划和 BIM 模型集成到鲁班 MC 中,整合施工中涉及的资源(人力、机械设备、材料)、成本、安全等信息,构成 5D 虚拟模拟平台,从多个维度进行施工管理。在进度模拟时可以做到 WBS、资金计划曲线、三维模型的同步显示,并且可查看任意时间的施工进度、资金计划、材料计划等信息。项目所用软件以及主要功能如表 7-5 所示。

表 7-5　项目应用的主要软件及其功能

名称	主要功能
鲁班土建钢筋、施工、安装	创建各专业模型,包括建筑、结构、机电等专业
BIM 浏览器(BE)	工程定位、区域查询、构件反查、资料管理、质量控制、数据查询等
鲁班进度	创建项目进度计划,将进度计划与模型相关联,实现精细化管理
鲁班 BIM 多专业集成应用平台	碰撞检查、净高检查、预留洞口、工程内部 3D 虚拟漫游
Luban BIM View	支持移动端查询 BIM 模型,使管理更加便携
鲁班驾驶舱(MC)	量价查询、多算对比、资源计划、产值统计、进度管理、5D 成本控制、偏差分析等

基于 BIM 的进度管理建立在 BIM 模型的基础上,因此,第一步应建立各专业的三维模型,模型建立完成后结合具体的施工方案和施工进度计划,将进度计划与三维模型相关联,

之后再导入到项目管理应用软件中进行项目进度的动态控制。

(2)主要应用内容。

①建立鲁班三维模型。模型建立之前要先确定建模标准,主要标准内容包括构件命名标准、构件属性定义标准、项目视图命名标准等,按照统一标准建模能够使模型更有规律,避免模型无规则而造成模型检查困难,同时提高建模和用模时的操作效率。

该项目 BIM 模型的建立是由 BIM 项目经理统一协调建筑、结构、机电等各专业人员同时进行模型创建。BIM 模式下模型的创建高效、准确、直观,并整合集成多专业模型满足现场管理需求。各专业工程量模型创建的具体内容如表 7-6 所示。

表 7-6 各专业工程量模型创建具体内容

名称	创建主要内容
土建模型	土石方工程、砌筑工程、混凝土工程、门窗工程、屋面及防水工程、楼地面装饰工程、墙柱面装饰工程、天棚工程、涂料、裱糊工程、混凝土构筑物及零星工程
钢筋模型	基础、柱、墙、梁、板、汽车坡道、其他零星构件等所有构件配筋
机电模型	给排水、消防、强电、弱电、暖通等五个专业。其中给排水专业包含冷给水管、热给水管、污水管、废水管、阀门、套管、水泵等;消防专业包含消火栓管、喷淋管、喷淋头、消防设备、水箱、火灾自动报警系统等;强电专业包含灯具、开关、插座、配电箱柜、电缆桥架、导管导线、防雷接地等;弱电专业包括智能化设备、桥架、管线等;暖通专业包括排风(烟)口、排风(烟)管、送风管、风机等

项目三维模型的建立采用的是鲁班建模软件(鲁班土建、钢筋、安装等),鲁班建模软件是基于 CAD 平台研发的,集成优化了 CAD 的大量模块,对 CAD 的识别、融合程度较高,因此项目在构建 BIM 模型过程中很大程度上借助了其 CAD 图纸自动转化的功能。花栖里项目在建模中使用图纸自动转化的主要内容包括轴网、柱状构件、柱表、梁、梁表等。图纸自动转化功能提高了建模效率,但同时也存在一定的问题,如在进行预应力梁转化时出现了失败的情况,经过技术人员的讨论研究,归纳出主要原因如下:一是因为图层在锁住的情况下无法自动转化,首先使用"LA"命令在图层管理器中解锁之后再转化;二是部分图纸以块的形式存在,软件提取不到梁的边线,需要用"X"命令对图纸分解之后再转化。

建模的过程中,为保证模型的正确性需要对 BIM 模型进行校核,这一过程贯穿在建模的全过程,模型校核是按照分层分区的原则及时检查,这样有效避免了错误的累积,减轻了后期集中修改的难度。该项目在建模过程中利用云模型对楼层第 5 层进行模型检查时,发现了多处建模错误和建模不合理的地方,检查结果如图 7-53 所示。从图中可以看出,本次检测共发现"砼等级合理性"问题有 13 个确定错误;"属性合理性"问题有 219 个确定错误;"建模遗漏"问题有 508 个确定错误,21 个疑似错误;"建模合理性"问题有 474 个确定错误。

基于鲁班软件的进度管理应用方案所需的 BIM 模型如图 7-54 所示。

②进度计划编制。Luban MC 支持鲁班进度计划的进度数据输入,同时也支持常用的 Microsoft Project 的进度数据输入,该项目所选用的进度计划编制软件为鲁班进度计划。利用鲁班进度计划编制项目进度计划如图 7-55 所示。

③5D 进度模拟。基于鲁班软件的进度管理方案对该项目进行 5D 施工模拟的实施要点

图7-53 项目云模型检查结果

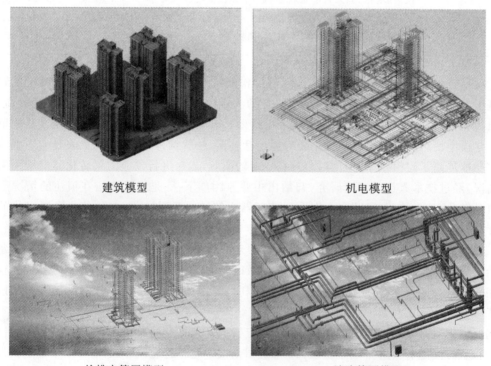

建筑模型 机电模型

给排水管网模型 消防管网模型

图7-54 部分专业模型展示

如下：

第一，上传项目BIM模型。模型上传分为项目整体模型导入和分楼层局部模型导入两

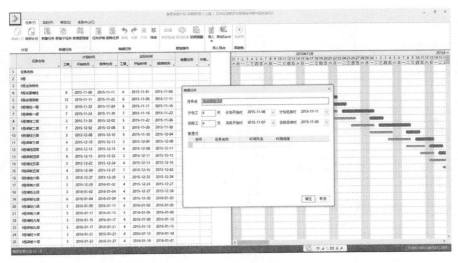

图 7-55 编制进度计划

种,分别用于项目整体进度模拟和局部施工方案模拟。

第二,导入进度计划。Luban MC 留有".mmp"格式的数据接口,可以识别 Microsoft Project 进度数据。

第三,链接造价信息。以 BIM 模型为基础在造价软件中计算综合单价,并将其导入至 Luban MC 中,以项目编号为基准与模型构件自动匹配,达到赋予模型成本信息的目的。模型与成本相关联的界面如图 7-56 所示。

图 7-56 模型与成本相关联

第四,链接进度信息。在进行模型与进度信息相关联时,模型所有构件都会显示在窗口下方,按施工段、楼层、构件类型分别过滤出与进度计划相对应的构件进行关联。模型与进度相关联的界面如图 7-57 所示。

第五,生成多维度进度模拟驾驶舱。5D 进度模拟驾驶舱可以同步显示 WBS、BIM 模型、成本增值曲线,并可查看任意时间的进度、成本、资源等信息。通过计划模型和实际模型

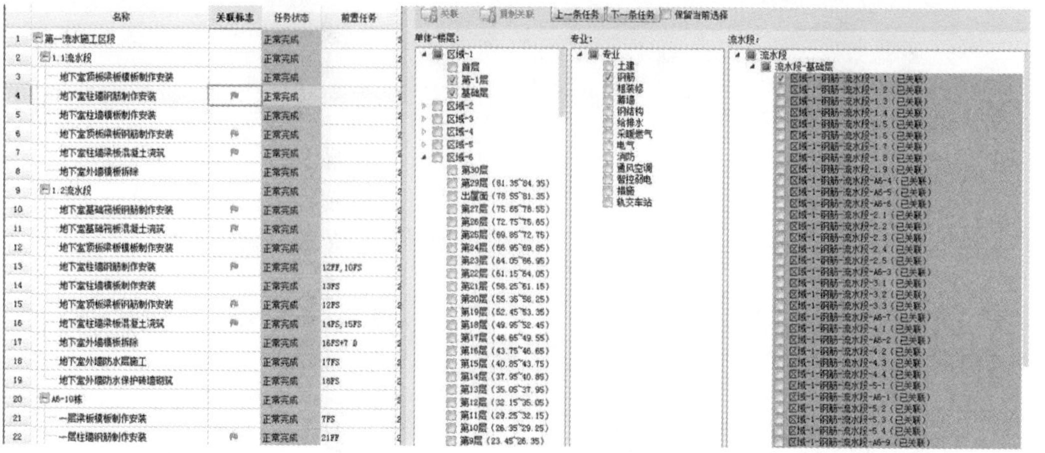

图7-57　进度计划与模型关联

对比反映施工进度情况,用红色表示进度滞后,用绿色表示进度超前。

④进度跟踪分析。基于BIM的施工进度跟踪分析包括两个核心工作:一是建立可以实现即时交流的一体化项目管理信息采集平台,该平台需支持现场监控、实时记录、动态更新实际进度等进度信息的采集工作;二是在充分收集信息的基础上,利用进度分析工具对进度进行跟踪分析与控制。

A. 项目进度信息采集。在目前的生产实践过程中,进度信息采集和施工监控需要依赖传统的手工方式进行,采用手工计算材料消耗量和人工消耗量,管理者要耗费大量的时间来等待和查找报告中的信息以此了解施工进展情况。这种工作方式导致施工数据信息的收集变成一种费时、费钱并且容易出错的工作。

对于进度信息的采集,除了利用人工跟踪的工作方式,可以逐渐引进自动化数据识别技术更快捷、精准地收集数据,如通过扫描二维码获取信息代替手工记录信息,或者借助于3D激光扫描技术进行进度收集。在完成信息采集工作之后,将所有相关数据存储于BIM管理平台,对数据进行整体分析以此监控项目进展情况,从而不至于割裂地看待不同方面的信息,避免因信息不全而造成误判。

B. 进度跟踪与控制。在项目实施阶段,在更新进度信息的同时,还需要持续跟踪项目进展、对比计划与实际进度、分析进度信息、发现偏差和处理问题,通过采取相应的控制措施进行进度纠偏。基于BIM的进度管理体系从不同层次提供了多种方法以实现项目进度的全方位分析。

进度跟踪是项目进度管理的关键环节之一。为了让项目各参与方能够实时查看施工进展情况,对项目进度有直观形象的认识,在施工各个阶段均要进行进度跟踪。在同一视点采集反映实际施工进度的照片上传至BIM系统后,汇总生成施工进度照片报告,形成进度跟踪视图,如图7-58所示,各方可以随时查看施工进度。

采集反映实际施工进度的数据上传至BIM系统后,形成实际进度与计划进度的对比模型。通过关键路径分析和里程碑控制点比对的方式,查看施工进展情况,并作偏差分析,形成BIM技术应用成果报告。基于BIM的4D施工进度跟踪与控制系统可同时显示三种视图,实现计划进度与实际进度的对比,如图7-59所示。

图 7-58 施工进度实时跟踪

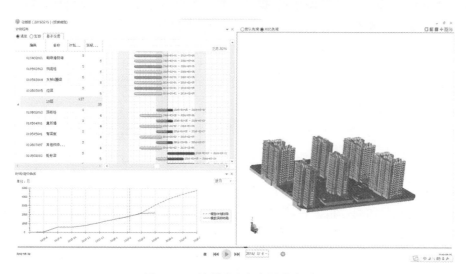

图 7-59 计划进度与实际进度对比

所有跟踪视图都可用于检查项目,首先进行综合的检查,然后根据工作分解结构、特定WBS数据元素来进行更详细的检查。还可以使用过滤与分组等功能,以自定义包含在跟踪视图中的信息的格式与层次。根据计划进度与实际进度信息,可以动态计算、比较任意WBS节点,任意时间段计划工程量和实际工程量。

为了避免进度偏差对项目整体进度目标带来的不利影响,需要不断地调整项目的局部目标,并再次启动进度计划的编制、模拟、跟踪,如需改动进度计划则可以通过进度管理平台发出,利用现场投影或者大屏显示器等方式将计算机处理之后的可视化的模拟施工视频、辅助理解的图片和视频播放给施工班组,现场施工班组根据确定的纠偏措施动态地调整施工方案,对下一步进度计划进行现场编排,实现进度管理的效率最大化。

该项目通过 BIM 技术对施工进度进行闭环反馈控制,使项目总体进度与总体计划基本保持一致,并且实现了工期的优化,缩短了工期,取得了良好的效益。

7.3.3 质量管理

1. 质量管理的含义

建设工程项目质量是满足业主需要的,符合国家法律、法规、技术规范标准、设计文件及合同规定的特性综合程度。质量特性主要包括适用性、耐久性、安全性、可靠性、经济性、与环境的协调性。这六个方面的质量特性彼此之间是相互依存的,都是必须达到的基本要求,缺一不可。不论是建设单位亦或是建筑企业,施工阶段的质量管理是建设工程项目全寿命周期质量管理的重点。对于建设单位,施工阶段的质量管理强调的是对施工过程的监督检查。对于建筑企业,施工阶段的质量管理是全过程的质量管理,包括产品质量、工序质量及工作质量。

基于 BIM 的施工技术应用中所提到的"管线综合""碰撞检查"等内容,能够有效减少施工图设计文件与真实施工之间的冲突矛盾,减少设计阶段遗留的漏洞和错误,充分地说明了其对工程质量起到了技术保障作用。除此之外,基于 BIM 技术的施工阶段的质量管理的另一个重点是信息,依靠信息流转的增强,提升了质量管理的力度、效率、全面性,依托 BIM 传递工程质量信息则能成为各个环节之间优秀的纽带,不仅保证了质量信息的完整性,更能让信息准确、及时传递。

2. BIM 技术在质量管理中的应用案例解析

(1)项目概况。沪灞新都汇工程是集办公、商业、住宅为一体的大型综合体项目。项目包含集团总部办公、酒店式公寓、商业、住宅、社区综合配套。该工程的主要特点是基础标高参差不齐,两层地下室面积较大,复杂的机房和较多的机电设备,较复杂的地下室综合管线。

(2)主要应用内容。

①项目各方参与到设计阶段。施工方、建设方、设计方、项目运营与维护人员以及产品的未来使用者等项目的利益相关者,在初期的设计阶段即参与到项目的设计和模型的构建等环节中。主要方法是,不同参与者通过对相关文件和图纸的研究,施工方从施工中可能出现的问题、施工的难度和施工方法等角度改进设计,运营与维护人员从项目建成后的实际使用的方面指出初步设计存在的问题,而未来的使用者提供的是对产品的要求和期待,是客户核心需求的体现。各方的讨论和信息的传递均通过 BIM 管理平台实现,实现即时的信息反馈和更新。这种设计施工一体化的方法,其优势在于各参与者的经验和专业知识使得项目

在设计阶段就可避免后期的潜在隐患和冲突,有效减少施工过程中因设计出现的返工现象;同时,消灭了大部分质量问题的源头,使得工程的质量在初期就有了保证。

②碰撞检测。该工程项目施工难度大,结构设计复杂,设计和建模过程中很容易出现漏洞和误差。同时地下室管线种类繁多,布置路线复杂,使用 BIM 技术的可视化功能进行碰撞检测非常必要。工程建模完成之后,通过对比设计图纸和模型进行碰撞检测,找出所有的碰撞点,在施工之前不断完善设计,预防质量问题的发生,而不是通过施工再返工的方式提高质量。同时,管线排布优化的功能实现管线有序排布,提前确定孔洞预留的位置和具体的尺寸,避免了施工时繁杂的管线布置的状况以及二次开凿造成的材料和时间的浪费。检测过程如图 7-60 所示。

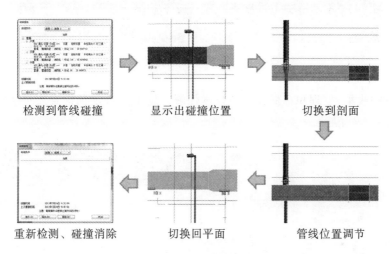

检测到管线碰撞　　　　　显示出碰撞位置　　　　　切换到剖面

重新检测、碰撞消除　　　　切换回平面　　　　　管线位置调节

图 7-60　碰撞检查过程

③三维技术交底。BIM 技术实现虚拟施工,加强事前质量控制。BIM 技术有利于设计单位与施工单位的沟通协调。施工方在建筑信息模型的基础上,可以在建设工程项目实施之前进行施工图设计深化及优化、施工技术三维技术交底,如图 7-61 所示;可以对建设工程项目的施工顺序、施工组织、施工工艺进行模拟和展示,预查找施工方案中可能出现的干涉和碰撞,降低因施工方案变更带来的风险,减少施工阶段的返工率,确保建设工程质量。虚拟施工使建设工程项目实施前进行全面的事前质量控制成为可能。

④施工中的控制。基于 BIM 进行工程质量管理的核心是质量的信息,凭借 BIM 模型能够进行高效准确的信息流转,从而大大地提高了质量管理的效率性、全面性、完备性。该项目目前在质量管理方面的应用主要集中在现场质量问题的追踪管理方面,下面将具体进行阐述:

A. 收集整理现场质量信息。建筑信息模型承载了项目的各种相关信息,数据是质量管理活动的基础。在施工质量控制的过程中,及时收集质量数据,并对其进行归类、整理、加工,获得建设质量信息,发现质量问题及原因,及时对施工工序改进。数据收集完成之后,要及时地统计、使用,以免数据丢失。BIM 实现了质量信息的载体,不仅仅是建立 BIM 模型,构建施工质量信息化系统框架,最重要的也是比较困难的就是将 BIM 模型与施工现场的质量数据与整改状况进行实时对接,做到项目完工时的质量信息与模型一致。BIM 技术的应

图7-61 砌筑工程的三维技术交底

用为质量信息的收集、整理和存储提供了技术保障。施工人员现场检查质量信息如图7-62所示。

图7-62 现场移动设备记录

B. 质量信息上传模型。实时跟踪、及时准确地将质量信息录入 BIM 模型是 BIM 质量管理应用的亮点。该项目主要应用的平台为广联达 BIM 5D,主要应用有质量信息核对和质量偏差整改。

a. 质量信息核对:手机、iPad 可下载 iBan 客户端,查看设计图纸施工部位的质量信息,方便施工员、监理员、班组长及施工人员核对信息,省去传统的查看多张图纸并且要求施工员具有二维转化成三维的空间想象能力的麻烦。传统方法麻烦而且较易出错,应用 BIM 省时省力而且增加准确性。施工员要及时将质量核对的时间、天气、工程部位等文字信息和反映质量状况的图片信息录入 BIM 模型。图7-63 所示为现场管理人员将质量问题上传模型。

图 7-63　质量问题上传模型

b. 质量偏差整改：发现质量误差时要及时整改，并把质量整改时间、整改结果等以图片和文档的形式录入 BIM 模型。实现基于 BIM 的施工质量实时跟踪控制的步骤如图 7-64 所示。

图 7-64　基于 BIM 的质量管理实时跟踪

在记录完现场情况后，对记录的质量信息联网上传至数据库中，完成对整体 BIM 模型的录入工作，录入后可以实现质量问题在模型中的标注，如图 7-65 所示。在将质量情况录入模型后，通过模型完成对现场质量分析，并决定由于质量问题较严重提升标签等级，以醒目红色标记标识此处已由监理工程师派发通知单，提醒业主注意。

整改完成后，整改人员将整改信息上传模型，由管理人员进行检验，检验合格后该质量管理过程结束。图 7-66 所示为该项目整改过程的信息追踪界面。

该项目通过 BIM 技术的应用有效地解决了传统质量控制中的难题，使得管理人员可以实时监控质量整改情况及具体负责人员和整改细节，取得了良好的效果。通过 BIM 实施的工程质量管理仍处在探索过程中，但无疑这是一种较传统的管理方式更为有效的系统。通过 BIM 的三维模型能很好地还原质量发生的地点与对象，方便了质量问题的协调工作。

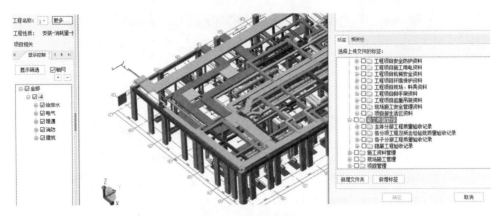

图 7 - 65　质量管理界面

图 7 - 66　整改信息实时跟踪

7.3.4　安全管理

1. 安全管理的含义

安全管理是建设单位和建筑企业管理的重要组成部分,是为保证建设工程项目顺利实施,防止伤亡事故发生,确保安全施工而采取的各种对策、方针和行动的总称。安全管理是一个系统工程,建设工程项目的参与方都在不同阶段、不同程度上参与了安全管理,尤其是施工单位在施工阶段的安全管理工作,下面对其进行重点介绍。

2. BIM 技术在安全管理中的应用

利用 BIM 技术的数字化、空间化、定量化、全面化、可操作化、持久化等六大特点,结合虚拟原型技术(VP)、虚拟现实技术(VR)、智能监控技术,并采用全新信息化技术手段,建立结构清晰、易于使用的施工安全管理信息模拟平台。

(1)危害因素识别。基于 BIM 技术的三维建筑模型中包含了各建筑构件的信息,包括按照施工进度计划所发生的一切施工活动的信息。因此,利用建筑信息模型,可以提取、统计、分析安全数据,以识别施工过程中潜在的危害因素。另外,利用基于 RFID 技术的危害识别系统,可以用于施工现场的安全管理和事故规避。

(2)危险区域划分。应用 BIM 技术模拟动态的施工过程,以辨识危险源;利用可视化建筑模型,对施工阶段不同区域的危险程度进行分类管理,将相应的评价结果(包括影响区域和影响程度)反馈到模型界面,并以红、橙、黄、绿四种颜色来描述区域危险程度。这样可以清楚地按照区域安全等级部署安全措施以指导施工,有效地减少由于危险区域不明确导致的安全事故。例如,在施工过程中针对每级挖土规定出相应级别的影响区域及禁止进行的工序和行为,如不可堆载、不可站人、不可停放机械等。

(3)施工空间冲突管理。施工现场的有限空间里集合了大量的人、材料、机械,施工空间有限性及施工内容的复杂性,造成经常发生不同工种之间的工作面冲突,导致安全事故频发。因此,施工单位提前预测并且合理安排施工活动所占据的空间,以有效地运用场地资源和工作空间,这对缩短工期、降低成本、减少安全事故都具有非常重要的意义。BIM 技术可以实现静态检查设计冲突,动态模拟各工序随进度变化的空间需求和边界范围,很好地解决了施工空间冲突管理与控制,有效地减少了物体打击、机械伤害等事故的发生。

(4)安全措施制定。基于 BIM 技术的集成化安全管理信息模拟平台,可以自动地提出安全措施,用来保护建设活动或是避免已识别危害的发生。根据安全管理专项方案,安全管理人员借助建筑信息模型独立制定 SOPS(safe operating procedures)并随施工现场变化和需要持续动态更新。以上措施就是从 SOPS 中提取出来的,具有一定的客观性、科学性及有效性。

(5)安全评价。利用层次分析、蒙特卡罗、模糊数学等安全评价方法,可以对虚拟施工中辨识的危害因素以及制定的安全防护措施进行安全度分析评价。如果安全度可靠,则可以执行安全措施;如果超过安全度,则重新设计施工安全管理方案,重新规划安全措施,并将以上新安全信息更新至建筑模型中,然后再次进行安全评价,直至符合安全要求才能进行下一步实施工作。

(6)安全监控。将 BIM 和定位技术有机集成,并结合 Zigbee 等网络技术建立基于 BIM 和 RFID(radio frequency identification)的施工现场工人实时定位预警系统模型,以实现对施工现场工人空间位置的实时监控与安全预警。

(7)施工现场工人实时定位预警系统由 BIM 模块、定位模块、预警模块、数据处理模块和数据传输模块构成。BIM 模块作为工程信息数据库集成了施工场地、永久结构与临时设施、机械设备等的 3D 模型及相关属性信息(如材料等),可以提供全方位的施工现场信息支持;可以将 3D 模型与施工进度相集成,实现施工现场环境的动态管理。定位模块用于获得物体的空间位置信息并将其反映至 BIM 模块中。数据处理模块负责判断工人所处环境是否危险,而预警模块则负责为工人提供危险警报。

(8)基于 BIM 技术的数字化安全培训。鉴于 BIM 技术具有信息完备性和可视化的特点,可以利用三维建筑模型作为数字化安全培训的数据库。通过这种多维数值模拟环境,施工人员能够更好地认识、学习、掌握各种工序施工方法、现场用电安全培训以及大型机械设备使用等,实现不同于传统方式的数字化安全培训。无论施工人员的年龄、教育背景和技术素养的情况如何,合适的培训模式和培训课程内容都可以改善工人施工行为的安全性。基于 BIM 技术的数字化安全培训不仅会提高安全培训的效果,还会提高安全培训的效率,减少因培训低效而产生的不必要的时间成本和资金成本,尤其是对于一些复杂的现场施工效果更为显著。

(9)高处坠落事故防范。由于建设工程高空作业多,高处坠落事故多发,被列为建筑施工过程中"大伤害"中第一大伤害,其事故占比最高。一旦发生高处坠落事故,容易致人死亡,造成严重损失。尚未建造的临边、洞口、楼梯、电梯井和天窗的安全防护不到位是导致高处坠落的主要客观原因之一。

7.3.5 资源管理

1. 资源管理的含义

本节的资源管理是指狭义上的资源管理,即施工阶段的资源管理。施工阶段的资源管理是施工单位对建(构)筑物施工过程中所需的各类生产要素的合理配置,以实现资源供需平衡、安排得当、使用合理、费用经济,保证建设工程项目顺利实施。

2. BIM 技术在施工阶段资源管理中的应用

(1)施工阶段资源的动态管理。施工阶段资源的动态管理可分为资源使用计划动态管理以及资源动态查询与分析两部分内容。

①资源使用计划动态管理。目前,施工企业编制的资源使用计划在施工阶段的执行过程中,往往会由于设计变更、施工条件变更、进度计划变更、工程项目内容变更等不确定因素导致偏差,甚至无法应对处理。

基于 BIM 技术的三维建筑信息模型中,建立了建筑构件、施工进度、所需资源之间的关联关系。因此,利用以上关系可以按照建筑构件或者 WBS 工作节点动态计算任意时间节点(日、周、月、季、年)或时段内的所需资源用量。以此可以实现所需资源用量与资源使用计划的对比,发现导致偏差的原因,采取措施纠正或者调整原计划,解决资源使用计划的动态数据的采集。

②资源动态查询与分析。利用三维建筑信息模型,可以查看任意构件在施工过程中所需资源的相关信息,尤其是对人、材、机三大主要资源的查询与分析。其主要内容包括:按照施工进度,对比资源实际消耗量与计划需用量以分析资源实际使用状况,如果资源过度使用,及时预警提示,协助施工单位查找原因并采取改进措施;按照 WBS 工作节点,可以实时追踪资源随着施工进程而产生的变化情况,尤其是注意资源使用量情况。依据以上动态数据,绘制进度—资源实际用量曲线,以更清楚、直观地反映资源消耗变化情况。针对曲线图形的变化,即得到资源在施工过程中的变化,进一步寻找影响资源使用的敏感性因素,为资源管理提供精准的数据支持。

(2)施工阶段资源管理的优化。三维可视化的数据建筑模型集成了构件的几何、物理、空间和功能等信息,在此基础上添加进度、资源、成本等维度可进行施工阶段的资源优化。一是通过施工过程的模拟,确定非关键工作,计算其总时差以调整非关键工作的开始时间和完成时间,实现资源需要量均衡,满足工期固定—资源均衡的优化目标;二是施工现场往往存在进度跟踪难,多专业、多工种交叉等问题,导致作业面冲突频繁。通过可视化施工模拟,可以直观准确地划分工作面,计算理论资源量(如劳动量),合理布置关键工作,协调施工进度,优化资源调配,如图 7 - 67 所示。

(3)精细化资源管理。BIM 技术高度协同的特性,可以解决参与建设工程项目施工的相

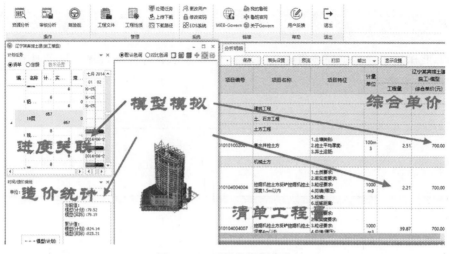

图 7-67　可视化资源优化

关方信息不通、沟通不畅及协作不利等项目管理问题。基于 BIM 技术的工程项目管理协同平台,以三维建筑模型为基础,相关应用软件为手段,多个客户端为媒介,实现设计、技术、资源、商务等多部门的信息全面共享。即通过操作三维建筑模型,多方不仅可以抽取、录入、修改自己所需的工程信息,也可以查看各方提供的工程信息,以相互沟通、协作完成工作。对于资源管理来说,所要考量的资源需用量和资源耗费成本与施工进度密不可分,这就需要以上三方数据能够互相关联,配合使用,实现资源数据的精准化,保证资源管理的精细化。图7-68 所示为物料准备以及劳动力估算提供了准确的依据,为工程款的支付应用提供可靠数据支撑,避免以往凭二维图纸和经验进行管理,便于相关参与方准确形象地了解彼此工作内容,自动推送配套信息,实现精细化管理。

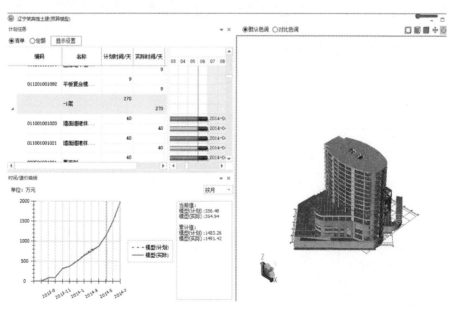

图 7-68　建筑模型、进度计划、计划用量与实际对比、资源成本数据关联图

7.4 BIM 技术施工应用软件

目前,我国用于建设工程项目施工阶段的 BIM 技术软件种类较多。国外具有代表性的主要软件产品如表 7-7 所示。

表 7-7　BIM 施工阶段应用软件

公司	软件	应用范围			
		施工投标	深化设计	施工组织	项目管理
Robert McNeel	Rhino			√	
AutoDesSys	Bonzai3D			√	
Autodesk	Revit	√	√	√	
	NavisWorks	√	√	√	√
	Inventor		√		
	Civil 3D	√		√	
Graphisoft	ArchiCAD	√	√	√	
Progman	MagiCAD	√	√	√	
Bentley	AECOsim Building Designer	√	√	√	
	ProSteel		√		
	Navigator	√	√	√	√
	ConstructSim	√		√	
Trimble	Takla Structure	√	√	√	
FORUM 8	UC-Win/Road	√		√	
Solibri	Issue Locator	√	√	√	
	Model Viewer	√		√	√
	IFC Optimizer	√	√	√	√
Gehry Technologies	ArchiBus	√	√	√	

BIM 技术不单单是各类工程软件的应用,它是各专业内和专业之间信息的及时共享与无缝衔接。所以,BIM 技术的实现关键在于拥有一个能集合应用各类相关软件的协同平台。基于 BIM 技术的协同平台,可以实现建设工程参与方协同办公,操作各类软件以实现施工技术管理和施工项目管理。

7.5 BIM 技术应用案例解析

1. 项目概况

天水体育中心位于甘肃省天水市麦积区二十里铺,是天水市重点建设工程项目之一。该项目分为一场、两馆、一校、一公园四部分。其中,体育馆和游泳馆是建设难点总建筑面积约42000m²,结构形式为型钢混凝土框架结构,屋顶为空间钢网架结构体系。

(1)三维建筑模型的创建。经过对项目特征的初步分析,本工程由土建、机电、幕墙、钢结构等专业组成。BIM模型的建立的初步解决方案为:

①建模前对项目各专业图纸进行综合分析,分解任务;

②土建专业可以利用鲁班土建建模软件建立土建模型;

③机电专业可以利用鲁班安装建模软件建立机电模型;

④幕墙专业利用Autodesk Revit软件建立幕墙模型;

⑤钢结构专业利用Tekla Structures软件建立钢结构模型;

⑥三维设计深化。各专业模型建立以后,可以进行各专业的三维深化设计。采用鲁班碰撞检查软件对结构预留、隔墙位置、综合管线、幕墙、钢结构等进行碰撞校验;虚拟漫游软件可以实现对模型进行实时的可视化、漫游与体验;进度管理软件可以实现多维度施工模拟,确定各项工作的开展顺序、持续时间及相互关系,反映出各专业的实际进度与计划进度,从而指导施工进度控制。

该项目建筑效果图如图7-69所示,体育馆土建模型如图7-70所示,结构模型图如图7-71,机电安装局部模型如图7-72所示。

图7-69 天水体育中心建筑效果图

(2)BIM技术的应用点。

①全专业协同。天水体育中心BIM技术应用的最大价值在于实现土建、机电、幕墙、钢结构四大专业的信息协同。以土建模型为基础,分别建立机电模型、玻璃幕墙模型以及钢结构模型,形成集合各专业的三维建筑信息模型。该模型避免了由于各专业独自设计而导致的设计冲突和矛盾,解决了各专业间"信息孤岛"的问题,实现了各专业间的呼应、配合、统一、协调,更好地用于天水体育中心的设计、施工及竣工验收工作的顺利实施。

②精细化管控。

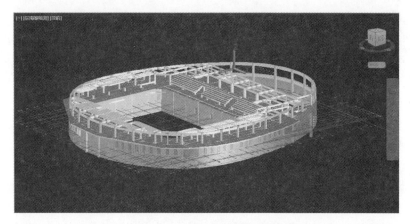

图 7-70　体育馆土建模型图

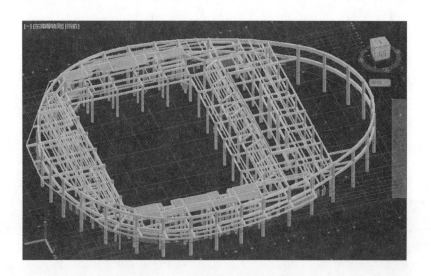

图 7-71　体育馆结构模型图

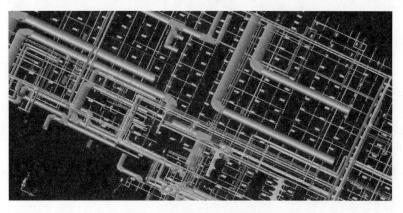

图 7-72　机电安装局部模型

A. 碰撞检查。在本项目中,运用三维建筑模型快速地发现了施工图中的诸多设计问题,尤其是多处管道碰撞点,如图 7 - 73 所示,可以自动分析软、硬碰撞情况,最终提供了多专业的碰撞检查报告。本项目从根本上杜绝了因设计错误引发的资源浪费、质量风险和工期损失,协助施工方顺利施工。

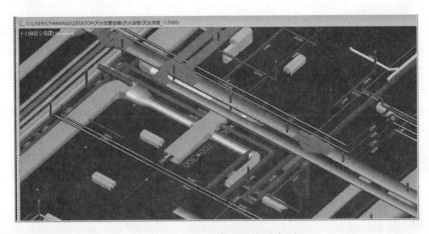

图 7 - 73　多处管道碰撞示意图

B. 材料管理。在本项目中使用的材料面大量广,特别是规格、材质、类型、数量存在难记录、统计、归口、使用、储存等问题。首先,运用鲁班项目资源计划软件,为本项目的施工生产提供精确的资源管理计划,合理制定各类资源的需求量、使用量及损耗量,合理安排人力、材料、机械设备的进场及合理配置。其次,运用鲁班进度管理软件,虚拟施工进度并以此确定限额领料流程以及设计库存。通过以上步骤,本项目实现了资源节约,尤其是资源浪费、二次搬用等问题大大降低了。

C. 绿色节能。天水体育中心以体现人文关怀、强化节资高效、保障职能便捷为绿色建筑技术特色。针对建筑类型多、系统设施复杂、运营能耗大、室内环境质量要求高、集中排放负荷大等先天约束条件,围绕节地、节水、节材等因素因地制宜地利用 BIM 技术以保证绿色建筑技术的顺利实施。通过规划本地材料、建筑节能材料等新材料的使用,优化结构设计,模拟可视化室内自然采光效果,营造室内舒适体感度,实现了本项目的绿色接力和可持续发展。

(3)三维深化设计。天水体育中心中的体育馆和游泳馆为建设难点,主要体现在以下两方面:

①幕墙工程设计复杂。由于幕墙存在空间三维曲面,因此幕墙板块下料加工的准确性及现场施工的技术要求比较高;由于幕墙幅面较长,因此幕墙龙骨安装技术要求比较高;由于幕墙平面度不规则,因此实际施工产生的平面度累计误差控制要求比较高;由于幕墙涉及的材料种类、规格、数量繁杂,因此幕墙安装技术要求比较高。

②主体结构工程。体育馆和游泳馆均是以型钢柱作为钢骨,周围配置钢筋并浇筑混凝土,形成组合式结构体系。其中,型钢混凝土柱的柱脚采用埋入式柱脚,即采用地脚螺栓与混凝土基础相连接,则地脚螺栓的精确定位是柱脚施工的难点;型钢混凝土柱与框架梁连接节点位置存在大量密集钢筋,部分框架梁钢筋需穿过型钢柱腹板形成贯通筋,则实际施工时如何合理处理型钢混凝土柱与框架梁的关系是柱梁施工的难点。

针对以上施工难点，其解决的根本是施工图的深化设计。运用 BIM 技术完善施工图，特别是以上两部分的设计详图。通过将二维与三维合二为一，及时将三维施工图转化成建筑模型，在此基础上深化设计，解决施工难点。如图 7-74 所示，型钢柱与梁柱框架连接节点位置钢筋排布密集，框架梁主筋遇到型钢柱翼缘板及腹板位置易发生碰撞。值得注意的是，一是翼缘板及腹板不可以开洞，只能在钢结构预制厂加工预留；二是梁柱节点箍筋需要开口箍才可以顺利穿过型钢柱。基于 BIM 技术的型钢柱与框架梁的深化设计方案，清晰地查出柱梁碰撞节点，优化柱梁交叉节点的钢筋排布，快速解决了柱梁连接方案，即确定了型钢柱外的可以穿腹板的梁主筋的数量，需要焊接的钢筋数量，需要绕过钢筋的数量以及以上所有钢筋的截面尺寸、长度和位置。

图 7-74　型钢柱与框架梁连接节点模型及现场照片

（4）结论。天水体育中心的 BIM 技术应用是集建模、模拟、施工管理等工作为一体的数据集成过程，以三维信息模型为载体覆盖了整个施工阶段，极大地优化了深化设计、施工技术、施工管理，也为后期运维管理提供了数字基础。

 知识拓展

本章主要介绍了 BIM 技术在施工阶段中的应用，包括施工技术应用和施工管理应用两大部分。由于出发角度不同和教材篇幅限制，未对所有应用内容详细展开（如各专业施工工艺的模拟、数字化交付、资源管理、安全管理等内容），读者应在实际应用中根据自身情况对有关知识点进行更深一步的学习。

第8章 BIM技术在运营维护阶段的应用

教学导入

本章主要以目前 BIM 应用现状为背景,结合 BIM 在实际案例中的应用,从工程项目管理的运营维护阶段进行重点阐述,介绍了目前实际工程中 BIM 在这一阶段的主要应用内容。

学习目的

- 了解运维管理的定义与内容
- 掌握 BIM 技术在运维阶段的具体应用

8.1 建筑运维管理

建筑全生命周期,即 BLM(building lifecycle management)是建筑工程项目从规划设计到施工,再到运营维护,直至拆除为止的全过程。建筑工程项目一般划分为四个阶段,即规划阶段、设计阶段、施工阶段、运维阶段。建筑工程项目运维阶段平均需要进行 50—70 年,是建筑生命周期中最长的过程,因此 BIM 技术在运维阶段的应用是最具价值的研究。

8.1.1 建筑运维管理的定义

目前国内没有统一定义建筑运维管理的概念、范畴及内容。依据我国国民经济和城市化建设的发展进程,建筑行业的发展水平及消费者对生活工作综合环境的要求程度,本书认为,建筑物的运营维护管理是整合人员、资金及技术等关键资源,通过对已投入使用建筑物的空间、资产、设施及环境进行设计、运行、评价和改进,满足人员在建筑中的基本使用及安全舒适的需求,充分提高建筑的使用率,降低其经营成本,增加投资收益,并通过维修护理尽可能延长建筑的使用周期而进行的系统化管理。

8.1.2 建筑运维管理的内容

根据以上建筑运维管理的定义,建筑运营维护管理的内容可分为现代物业管理和设施管理两大方面。这两方面管理的角度、层次、定位、范畴、目标均不相同,但又相互补充、联系、完善,构成完整的建筑运维管理系统。

1. 现代物业管理

我国《物业管理条例》(2003.6)及《国务院关于修改部分行政法规的决定》(2016.1)中规定,物业管理是指业主通过选聘物业服务企业,由业主和物业服务企业按照物业服务合同约定,对房屋及配套的设施设备和相关场地进行维修、养护、管理,维护物业管理区域内的环境卫生和相关秩序的活动。

随着城市化进程的加快,房地产产业的变革,传统意义上的"物业管理"(property management)的管理范畴过于综合,管理层次不够清晰,尤其是对于智能建筑、绿色建筑、生态社区的新型建筑无法实现专业化管理以及无法满足建立"高效、安全、健康、舒适"的人居环境的服务要求。所以,本教材将物业管理概念狭义化,即明确管理对象,缩小管理范围,调整管理内容,以符合物业管理发展的专业化趋势,满足现代建筑运维管理的要求。

现代物业管理涉及管理与服务两大方面,其内容比较繁琐复杂,归纳为"六大管理、六类服务"。六大管理内容包括:一为建筑物管理,主要包括本体建筑物、附属建筑物、配套建筑物的日常维修与监督;二为环境卫生的管理,即公共部位、设施的清洁、保洁以及生活环境如空气、噪声、气味监控;三为绿化管理;四是公共秩序管理,配合公安和消防部门做好住宅区内公共秩序维护工作;五是车辆管理;六为物业档案资料的管理。六类服务内容包括:公共服务,共用部位及设备设施、公共秩序、清洁卫生、绿化、车辆交通服务;专项服务,对广大业主提供日常服务活动;特约服务,双方约定的、特殊的服务活动;代办服务,代替业主与其他人发生活动;经营性服务,经营会所、餐厅等;社区服务,协助居委会开展社区服务活动。

2. 设施管理

国际设施管理协会 IFMA(International Facility Management Association)对设施管理(facility management,FM)的描述最具权威性,即 FM 是运用多学科专业,集成人、场地、流程和技术来确保楼宇良好运行的活动。根据 IFMA 的分类,设施管理最初主要包括以下八个方面:策略性长期规划和年度计划;财务预测及管理;公司不动产的获得及其处理;建筑及设备的规划设计和室内空间规划及运用管理;设施和设备在生命周期中的运行与维护管理;建筑的改造更新和设备的功能提升;设施支援机能和服务;能源和生态管理。

根据国内外不同学者、机构及调查研究,目前设施管理的主要内容包括以下几方面:

(1)设备维护管理。设备维护管理主要包括:信息管理,建立设备基本信息库与台账,定义设备保养周期等属性信息,建立设备维护计划;运行管理,对设备运行状态进行巡检管理并生成运行记录、故障记录等信息,根据生成的保养计划自动提示到期需保养的设施;维修管理,对出现故障的设备从维修申请,到派工、维修、完工验收等实现过程化管理。

(2)空间管理。空间管理主要包括:空间分配,创建空间分配基准,使用空间客观分配方法,分配可用空间;空间规划,合理使用预定空间,优化空间使用效率,制订空间发展计划;租赁管理,分析空间租赁收益、成本情况,提高空间的投资回报率;统计分析,准确获取建筑空间的使用情况信息,执行成本内部核算。

(3)资产管理。资产管理是指增强资产监管力度,降低资产的闲置浪费,减少和避免资产流失,规范资产管理流程,从整体上提高业主资产管理水平。资产管理主要包括日常管理、资产盘点、折旧管理和报表管理。

(4)能耗管理。能耗管理是指对能源消费过程的计划、组织、控制和监督等一系列工作。能耗管理主要包括数据采集、数据分析及报警管理等内容。

(5)安防应急管理。安防应急管理具有应对自然灾害、火灾、公共卫生事故、非法侵入和重大安全事故等危害人们生命财产安全的各种突发事件,建立起应急及长效的技术防范保障体系。安防应急管理主要包括火灾自动报警系统、安全技术防范系统和应急联动系统。

8.2 BIM技术在运维阶段的应用

8.2.1 BIM技术在物业管理中的应用

1. 建筑物管理可视化

运用BIM技术中的各类三维辅助设计软件,建立满足不同需求和专业、直观立体的建筑可视化三维模型。3D模型的可视化具体表现如下:建筑设计方案的多角度展示,即以主视、俯视、侧视、旋转、剖切等不同角度可以分别查看建筑设计方案。

建筑设计模型的综合性搭建,即按照建筑物形体及内部空间情况,分别建立结构专业模型、机电专业模型、建筑专业模型、细部构件模型等其他模型。通过调用各专业模型,可以查看建筑物内、外部具体设计情况,如基础、墙、梁、板、柱、钢筋的分布及布置、结构荷载分析、机电管线位置排布、建筑物外部造型等。

3D模型的应用,可精准地显示整个建筑物组成部分的位置、材料、形状、大小、内部构造等虚拟现实情况,实现建筑物的可视化管理。例如,整合消防系统、照明系统、监控系统等,在建筑可视化三维模型中直观展示。又如,隐蔽工程的管理,一般来说,现场物业管理人员依据纸质蓝图或者其直觉、实践经验和辨别力来确定基础工程、钢筋工程、给排水工程、暖通工程、电气工程等隐蔽工程的位置。从日常建筑物管理的角度来看,隐蔽工程的定位工作是重复的、耗时的、耗力的、低效的任务。在紧急情况下或外包物业管理公司接手物业管理时或者在没有物业管理人员在场时,定位工作变得尤其重要。依据建筑可视化三维模型,隐蔽工程具体设计实施情况均能准确地显示,这样就能在建筑物中精确定位,避开现有专业工程位置,进行日常监督、维修、改建、扩建等工作。

2. 公共秩序管理

(1)BIM技术可以提供建筑环境模型。BIM技术可以准确、全面地提供建筑物信息,并通过数字信息仿真模拟工程项目所具备的真实信息。一方面结合安全疏散软件所包含的建筑物的结构,消防设施分配,疏散通道等信息;另一方面考虑有关建筑使用情况或性能、入住人员与容量、建筑已用时间等信息,建立建筑环境模型。由于BIM技术所提供信息的完备性,保证了公共秩序模拟环境与实际情况的高度一致性,由此以来,仿真环境的逼真效果将会使得秩序管理结果更具实际意义。

(2)BIM技术能够提供建筑物的全部数据和属性。BIM技术的可视化图像和动态模拟,可以让人们快速了解建筑环境现场,让个体真实地感受到建筑环境空间。

(3)BIM技术保持信息数据的实时性。利用最先进的信息设备来随时获取建筑物内外信息,不仅包括建筑物内静物信息(如构件、设备设施等),还能不断追踪与检测动态信息(如流动人群、流动设施、温度等),因而BIM技术能够显示建筑空间中个体的运行情况。在突发事件情况下,BIM模型能够不断地实时更新数据,可以统计出哪些时间段哪些位置人流、车流大概数量,尤其是出入口、电梯、楼梯、公共休息平台等公共安全关键位置,这样可以知道如何更好地设置出口的位置和数量、启动预警以及开放备用出入口,投入备用电梯、人为疏导人(车)流的应急安排。

3. 车辆管理

目前车辆管理是物业管理的重难点之一,尤其是对于未实现人车分流的建筑环境。例如,现在大部分车辆管理系统不具备防盗功能、自动识别车辆身份;只能显示空余车位的数量,却无法显示其位置;车主在停车过程中,随机寻找车位,缺乏明确的路线,容易造成车道堵塞和资源浪费(时间、能源)。

基于原有车辆管理系统,应用无线射频技术(RFID)建立智能车辆管理系统。物业用户持有车载射频卡和用户射频卡,用来加载和匹配信息,定位车辆位置。出入口分别安装控制转换模块,用来获取车辆的 RFID 的信息和控制门禁系统。该系统可以实现自动识别车辆,统计车位使用数量,获取车辆停泊位置,防止车辆盗窃等车辆智能管理功能。

4. 物业档案资料管理

目前,物业档案资料管理主要存在以下问题:一是由于物业管理人员流动、物业接管、工作遗漏、文件丢失损坏等原因,导致物业档案初始资料缺失;二是由于采用纸质档案或简易电子档案,导致绝大部分文件之间不能兼容,信息无法相互采集、收集和提供利用,所需信息不易快速获取,无法提供实时资讯。基于电子文档管理系统,运用 BIM 技术实现完备高效的信息数据库构建,实现建筑模型物业档案信息存储,可以进行物业档案资料的搜索、查阅、定位、调用和管理;物业档案信息分层处理,从数据和业务的角度进行分层,即对物业数据信息进行分层,使不同职位的人查看不同的信息,为各层面用户提供相应的管理界面,满足用户不同的管理需求;信息可以实现逻辑关联,如建筑、结构专业模型与相关日常建筑物使用手册、保养周期、维修安排等关联,运营工单与运维人员和备品备件库存管理联动,应急工单与应急人员和物资联动。图 8-1 所示为某项目设备管理及应急管理。

图 8-1 某项目设备管理及应急管理

8.2.2 BIM 技术在设施管理中的应用

BIM 技术在设施管理中应用的思想是将建筑三维信息模型与目前设施管理中运用的多种信息化系统进行整合,通过研发软件和平台接口,对原有系统进行二次开发,从而实现基于建筑三维模型上的信息共享与传递,以期达到设施管理在不同阶段、不同参与方之间信息整合、共享和转换的结果。

通过研究大量文章及案例,将其中采用的 BIM 技术设施管理方案进行整理,如表 8-1 所示。

表 8-1 设备自助保修记录

序号	技术方案	技术简介
1	BIM+传感技术	基于 BIM 的视频安保监控设施与结合了 BIM 模型的子系统协作,在主控室通过大屏幕对整个项目进行实时监控,选择建筑某一层时就会调集其相应位置的信息和视频画面,从容应对突发事件
2	BIM+FIM 系统	研发 IFC 接口,将 IFC 文件格式模型导入 BIM+IFC 系统中,基于云储存技术保存模型的属性信息,将整个项目系统信息整合并集中于服务器端,便于设施管理
3	BIM+IBMS	将建筑信息模型载入 IBMS(智能建筑管理系统,主要包括楼宇自控系统(BAS)、消防系统、视频监控系统(CCTV)、停车库系统、门禁系统等子系统)),获取 BIM 模型相关数据信息。通过软件平台对建筑物及其内部设备进行自动化控制和管理
4	BIM+ARCHIBUS	将建筑三维模型信息融入到 ARCHIBUS 管理系统,通过系统平台达到对项目设备、空间和建筑资料管理的目的
5	BIM+RFID	将 BIM 与 RFID 技术结合,把建筑物及空间内各个物体贴上标签,直接定位设施在建筑模型中的具体位置,使运维管理更加高效

1. 设备维护管理

运用 BIM 技术到设备管理系统中,使建筑三维模型集成设备全生命周期的所有信息。即可实现设备信息管理,设备运行实时状态的三维动态观察控制,设备自助报修以及设备计划性维护等,图 8-2 所示为后期通过设备扫描二维码将运维信息导入到管理平台。

(1)设备信息管理。在建筑三维模型上,集成了对设备信息的搜索、查阅、定位、调用、编辑等管理功能。通过点击建筑模型中的设备,可以立即显示所选设备信息库。主要包括:设备所有信息,如基本属性信息,即品牌名称、产品规格、生产厂商、出厂日期、使用年限、保修期限、质保书、安装日期、安装人员姓名等;关联信息,如设备体积大小、放置位置、维修保养记录、操作规程、培训资料和模拟操作等。通过对以上信息的管理,运维人员可根据工作需要,实时浏览设备、快速查找和学习运维知识、执行维修保养计划、及时预警过期设备。

(2)设备运行和控制。通过建筑三维模型,可以三维动态地观察设备实时状态,观察所有设备的运行情况,从而使设施管理人员了解设备的使用状况,根据设备的状态提前预测设备将要发生的故障,从而在设备发生故障前就对设备进行维护,降低维护费用。另外,设备

图8-2 后期运维信息导入

控制系统与模型关联,即在建筑三维模型上能够精准地找到所有设备,并可以直观都看到其运行状况,通过系统操作实现对设备的远程控制,如智能照明、中央空调等。

(3)设备自助保修。由于信息传递方式的不同,传统的设备维修信息并未统计分析,不利于设备使用寿命的监控以及设备维护工作。建筑三维模型的最大价值在于聚合信息,通过协同报修任务在线流转的功能,实现设备的在线自助保修。

具体保修流程如下:

①填写设备报修单→用户在线填写设备报修单;

②审核保修单→设备运维经理在线审批并指定维修人员去现场修理;

③维修部处理→维修人员在线填写设备修理完成反馈信息,反馈到建筑三维模型中;

④验收确认→维修检验人员在线验收设备修理结果,在线归档并将该信息保存到模型数据库中;

⑤申请人确认→用户通过选中模型中的对应模型构件,在设备参数信息中查到相应的报修记录。

通过BIM技术,设备报修过程形成一个完整的维修流程闭环,将设备维修记录及时储存,便于日后用户和维修人员在模型中查看各设备的维修情况,便于制定设备维护计划以及设备评价等。表8-2为设备自主保修记录表。

(4)设备计划性维护。以上设备管理过程的信息可以加载到建筑三维模型中,用户以此按照年、月、周等不同的时间周期来确定设备的维护计划。当达到设备维护计划所确定的时间节点时,建筑信息模型系统会自动提醒用户启动设备维护流程,进行设备维护。

按照逐级细化的策略,确定设备维护计划的任务分配。一般情况下,年度设备维护计划分配到系统层级,确定一年中哪个月对哪个系统(如中央空调系统)进行维护;月度设备维护计划分配到楼层或区域层级,确定这个月中的哪一周对哪一个楼层或区域的设备进行维护;周维护计划,不仅要确定具体维护哪一个设备,还要明确在哪一天具体由谁来维护。

通过这种逐级细化的设备维护计划分配模式,设备维护团队无需一次性制订全年的设备维护计划,只需制订一个全年的建筑模型系统维护计划框架,即在每月或是每周,运维人员可以根据实际情况再确定由谁在什么时间维护具体的某个设备。这种弹性的分配方式,其优越性是显而易见的,可以有效避免在实际的设备维护工作中,因现场情况的不断变化或是某些意外情况,而造成整个设备维护计划无法顺利进行。

表8-2　设备自助保修记录

报修人		姓名		联系电话	
报修内容	报修时间				
	是否有组件				
	维修问题				
审批人	审批时间		审批结果		
维修记录	维修人		维修起始时间		
	维修工作				
	维修结果				
验收人		验收评价			
回访意见	维修质量			回访人	
	维修态度			回访日期	

2. 空间管理

(1)空间分配及规划。基于 BIM 技术的可视化的三维建筑模型,可以为设施管理人员提供详细准确的空间信息,包括空间分布、实际占用、使用状态等。通过模型虚拟现实,可以实现建筑空间的动态跟踪、实时监控、整理分配、规划分析等空间管理工作。

由于三维建筑信息模型的作用,一是设施管理者可以从建筑全局、空间全貌、动态变化等全过程优化空间,准确计算空间相关成本,有效地降低成本,极大地提高空间利用率;二是设施管理者避免了对建筑空间进行现场探勘、测量统计等实际工作,有效地提高了空间管理工作的效率和质量;三是模型信息可以很好地满足设施管理者在空间管理方面的各种分析及管理需求,更好地为用户对空间分配的请求作出响应;四是管理空间的信息可以反馈到模型中,有利于空间管理的再应用。

(2)租赁管理。BIM 技术的全信息化特点,可以实现租赁空间的可视化管理,分析租赁空间的使用状态、收益、成本等情况,以此数据分析影响不动产利润的敏感因素、周期变化、发展趋势等指标,以提高租赁空间的投资回报率,规避租赁风险,开发租赁商机。

BIM 技术的高度协同化特点,可以实现租户信息管理及租户能源管理。按照租赁时间、租赁用途等租赁特点,对繁杂的租户进行分类,以类别存储租户信息,包括租户名称、租铺位置、租约期间、租赁面积、租金支付、能源使用、能源费用、物业费用等。随着租户变更、租金变更等情况进行租赁数据实时调整和更新。通过模型定位,运用简单的查询功能即可查找到租户信息,对即将到期的租户进行收租提醒。

3. 资产管理

基于 BIM 技术的资产管理方式通过最新的三维虚拟现实技术使资产在建筑中得到合理的查询、定位、使用、保存、监控。设施管理人员以全新的视角诠释资产管理的流程和工作方式,使资产管理的精细化程度得到很大提高,确保了资产价值最大化。

(1)充分采集资产BIM数字化数据信息。运用RFID技术来识别和跟踪对象,实现实时采集建筑物各阶段、各构件及与其相关的全部信息。如果在资产上永久附加RFID标签,那么标签内存将记录来自标准BIM数据库中的组件生命周期积累的信息。此信息强调了资产的名称、价值、使用时间等所有信息,借此可以向技术人员提供资产维护指导。此外,拥有RFID标签的资产也可以为用户提供该资产的位置信息和相关状态情况。

(2)实现资产资料信息化管理。在日常的运营维护中,建筑资产相关资料档案调存取在困难,难于查找,调取速度缓慢等问题。通过RFID资产标签,结合三维虚拟实体,使资产的相关文档、图纸等全部信息在建筑模型中一目了然,可以精准定位、快速查阅,大大降低设施管理人员在调取建筑资产相关资料档案时所消耗的多余时间,减少查阅错误。

(3)提高建筑资产的可视化管理程度。利用建筑三维模型与相关资产管理软件相集成,通过软件报表功能,能够实时查看资产转移和相关使用情况。例如,资产的转移使用、停用退出、资产盘点、折旧管理等情况的统计分析以及制订预先购置计划,并对后期的维护计划进行预先安排并提供指导。

利用建筑三维模型与RFID技术、视频监控系统相集成,实现资产的监视、安保及紧急预案管理。传统的资产管理安保工作无法对被监控资产进行定位,只能够对关键出入口等处进行排查处理;无法在发现资产遗失后及时追踪;无法确保安保工作的正常开展。然而使用BIM技术,可以实时监视资产状态,自动启动资产报警,及时追踪丢失资产。同时,通过三维模型还可以清楚分析出犯罪分子的精准位置和可能逃脱的路线,以及时在关键位置布置安保人员采取措施。

4. 能耗管理

基于BIM在运营阶段的能耗管理的解决方案,既能积极响应国家的绿色建筑政策,又能带来巨大的经济效益和社会效益。建筑能耗管理包括了机电设备基本运行管理、建筑能耗监测、建筑能耗分析,建筑用能优化管理等。

(1)从BIM综合数据库提取在项目前期、项目设计、项目施工过程中与建筑能耗控制要求所有相关的约束性条件,以及各个过程中对于建筑能耗管理分析模拟的规则和结果,对于运维阶段的能耗管理进行初始化的调整和实施。

(2)在实时采集人流、环境、设施设备运行等动态数据信息的基础上,集成建筑内各类能源消耗的实时数据和历史数据,提取建筑信息模型中相关信息,通过数据模拟和分析技术,在BIM可视化及参数化的环境中进行多种条件下的运行能耗仿真预估,为不同建筑初期运行阶段的能源管理提供运行预案。

(3)在建筑运营稳定后(一般为两个供暖采冷周期)并且业态稳定的情况下,通过建筑能耗管理系统采集设备运行最优性能曲线(即使同类设备的个体也不同)、设备运行最优寿命曲线、设备运行监测数据等动态数据,结合BIM综合数据库内的静态信息(如设备参数指标,设备定位、设备维修更换情况、建筑空间布局调整)等,通过运行仿真预估,提供建筑能源优化管理预案。

(4)及时反馈和响应节能控制方案。用能机构接收到数据处理中心反馈的节能控制方案后,启动响应节能控制方案,从而实时的进行能耗节能。例如,当空调用电能耗大于仿真的模拟数据时,外界环境温度与室内温度相差不大,这时数据处理中心将反馈给空调机组节能控制方案,空调机组将调节空调的温度、决定是否空调运行或是否只采用通风模式。

5. 安防应急管理

（1）安防管理。

①智能监控。基于 BIM 技术的视频监控系统，实现了视频监控的智能控制。建筑三维模型与视频监控系统（CCTV）协同，即通过模型可以操作整个建筑的视频监控系统，选择建筑模型上某一层，该层的所有视频图像立刻显示出来，可以准确实时地对监控系统进行选择、切换、调用。一旦产生突发事件，通过灵活操作视频监控就可以配合 BIM 协同平台的其他功能系统，进行突发事件的管理。

②特定人员定位。对于可疑人员，利用人脸识别及跟踪系统进行标识，通过视频识别软件使摄像头自动跟踪对目标进行锁定。对于安保人员，利用无线射频芯片植入工卡，通过无线终端定位具体位置。以上特定人员移动路径及位置信息可以反馈到 BIM 协同平台中，点击建筑三维模型即可监控到特定人员在建筑空间里的动态移动安保工作。

③重要接待模拟。利用建筑三维模型，可以和安保部门（或上级公安、安全、警卫等部门）联合模拟重要贵宾（VVIP）的接待方案。如确定行车路线、中转路线、电梯运行等方案；确定视频监控、安保人员、安防值守点的布局；确定会议、休息、会客等地点的布置，这对于安保安全、安保质量及接待效果都起到了巨大的作用。

（2）建筑消防管理。与以往的各种消防应用系统相比，基于 BIM 的建筑消防安全管理综合应用系统在图形可视化、设计方案协调以及火灾场景模拟等方面具有显著的优势。在 BIM 的可视化视图中，包括建筑的平面布局、防火防烟分区、火灾报警系统、自动灭火系统等消防设计的所有系统和要素，都可以以一种直观的三维方式呈现出来，这种可视化视图是所见即所得的，图上看到的是什么样子，建成后就是什么样子。

①建筑防火监督检查系统。目前，监督检查人员在对建筑进行现场的消防监督检查时，需要查看原始的各种文件和图纸，这都需要大量的时间才能确定。在许多情况下，由于建设使用单位保管不当，不能快速提供这些材料。在基于 BIM 的防火监督检查系统中，监督检查人员能够快速地查询到这些文件，便于分辨其设计参数和使用功能是否发生变动。另外，监督人员还可以通过远程物联网监控系统进行非现场的日常消防监督检查。

②灭火救援预案训练系统。目前，全国各地的消防部队开发了多种形式的灭火救援辅助决策系统、物联网远程火灾监控系统和数字化灭火救援预案系统，但是这些系统存在许多不足：其一，灭火救援辅助决策系统是以平面方式呈现，不利于详细地了解建筑的结构形式；其二，物联网远程监控系统只能确定发出警报的火灾探测器的物理位置信息，不能以三维方式直观地显示报警探头位置的建筑结构、使用功能等信息；其三，数字化预案的三维显示是通过 AutoCAD 设计图纸使用 3ds Max 等软件进行转换而来，需要相关人员付出大量的工作，而且有时会忽略许多信息，不是建筑实际状况的真实展现。基于 BIM 的数字化预案则可以克服这些缺点，显著地提高预案系统的效率和可靠性。

③应急疏散逃生指示系统。目前，许多建筑内设置有紧急逃生路线指示图，但是这些指示图都是以二维平面的方式展现的，呈现方式并不是很直观，需要花费较长的时间才能熟悉。而且并不是所有人都能看懂这些平面图，尤其是对于老年人和文化程度不高的人员。在基于 BIM 的应急疏散逃生系统环境下，可以通过三维图形的方式，辅以动态图标、箭头以及声光等手段，显著提高人员熟悉建筑及疏散逃生路线的能力。

（3）工程应急管理。由于 BIM 技术可以提供实时的数据信息访问功能，则在没有获取足够信息的情况下,设施管理人员同样可以作出应急响应的决策。建筑信息模型,可以协助应急响应人员定位,识别潜在的突发事件,确定危险发生位置,识别疏散线路和环境危险之间的隐藏关系,从而在救援人员到达之前向其提供详细的救援信息,降低应急决策制定的不确定性。事后,工程应急信息可反馈到模型中,用以评估突发事件导致的损失,并且对响应计划进行讨论和测试。例如,跑水应急处理、重要阀门位置显示、入户管线验收等。

知识拓展

本章主要介绍了 BIM 技术在运维阶段中的应用,读者在教材的基础上,还应注意利用 BIM 技术进行系统维护的优势:传统的系统维护方式为通过竣工图纸配合 Excel 表格,利用 BIM 技术进行系统维护,业主维护人员可以快速掌握并熟悉建筑内各种系统设备数据、管道走向等资料,快速找到损坏的设备及出问题的管道,及时维护建筑内运行的系统,更具时效性和直观性。

第 9 章　项目管理中的 BIM 协同

教学导入

BIM 模型本身作为包含大量信息的资源处理中心，在信息处理过程中必然有信息的高度共享和相互关联，因此建筑信息模型也是多方协作的平台，为建设工程项目带来共同决策、协作共赢的协同环境。

学习目的

- 学习 BIM 协同理念相关概念
- 掌握项目协同流程
- 了解 BIM 协同在实际工程中的应用点

9.1　BIM 协同理论概述

9.1.1　协同工作

BIM 技术的应用应基于以 BIM 模型为主体的数据库的建立，工程项目各参与方可以通过这一共同的数据库信息展开有效的协同工作。协同工作，可以理解为数据的可视化共享、方案评审、同一软件平台下的不同角色登陆等，目前协同观念已经深入人心。项目实施过程中，除了让每个项目参与者明确各自的计划和任务外，还应了解整个项目模型建立的状况，相关人员的动态、提出问题及表达建议的途径。BIM 则能够实现以上这些功能，使项目各参与方协同工作，具体工作流程如图 9-1 所示。

由于不同的模型是由不同的软件完成的，所以模型的协同，首先要在信息上达到交互，如图 9-2 所示。区别于传统的点对点模式，现有信息协同则延伸至定义统一的模型交互标准。IFC(industry foundation classes)是 AEC 软件应用间的建筑信息转换数据平台。1995年由 building SMART 联盟提出，其主要功能是在建筑环境下建立不同软件间的交互和开放标准。

除了 IFC 标准目前已经成为了主导建筑产品信息表达与交换的国际技术标准外，国际标准化组织(ISO)就 BIM 应用中实现信息交换问题已经发布了 ISO 29481-1:2010 和 ISO 29481-2:2012 两项标准，主要是有关信息传递手册(information delivery manual,IDM)的相关规定，分别规定了 BIM 应用中信息交换的方法、格式以及交互框架，这两个标准一般统称为 IDM 标准。IDM 标准用于对相关过程，通过每个过程各参与方交付的信息内容，以及各参与方可获得的信息内容等进行具体规定。IDM 标准就可以解决如果对信息交换需求没有规定，即使两个应用软件支持同一数据模型标准(如 IFC 标准)，在二者之间进行信息交换时，很可能出现提供的信息非对方所需的情况，从而无法保证信息交互的完整性与协调性。本章由于篇幅有限，不深入说明，仅简要介绍 IFC 标准。

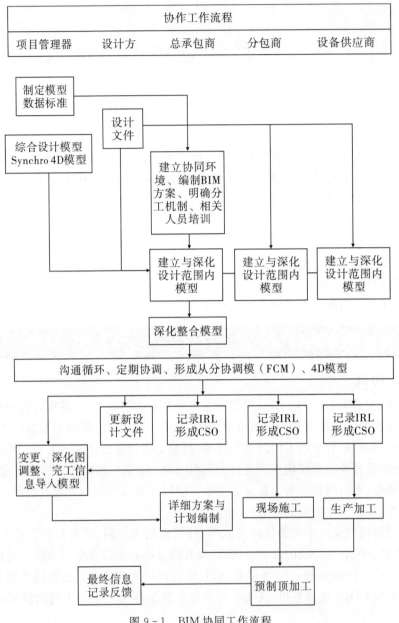

图 9-1　BIM 协同工作流程

9.1.2　IFC 标准

项目各参与方、各软件系统之间的信息沟通和交流的有效性和效率,对于工程项目的成功实施至关重要。工程项目中的每个参与者都可能成为信息的提供者,但是由于信息的形式和格式的不同,造成信息的流失、信息孤岛等问题,所以解决信息互用难题、改进信息互用效率对提高建筑业的生产效率至关重要。解决信息交换与共享问题的出路在于标准。目前 IFC 标准是最受建筑行业广泛认可的国际性公共产品数据模型格式标准,IFC 数据模型(industry foundation classes data model)是一个不受某一个或某一组供应商控制的中性和公开标准,是一个由 building SMART 开发用来帮助工程建设行业数据互用的基于数据模型的

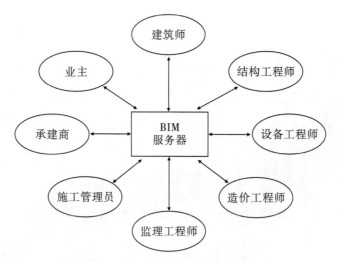

图 9-2　基于 BIM 服务器实现信息集成与共享

文件格式,是一个 BIM 普遍使用的格式。其主要版本及发布时间如图 9-3 所示。

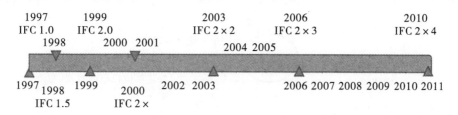

图 9-3　IFC 标准发展历史

可以从五个方面来理解 IFC 的定义:①IFC 是一个描述 BIM 标准格式的定义;②IFC 定义建设项目全生命周期的信息如何提供、如何存储;③IFC 细致到记录单个对象的属性;④IFC可以从非常小的信息一直记录到所有信息;⑤IFC 可以容纳几何、计算、数量、设施管理、造价等数据,也可以为建筑、电气、暖通、结构、地形等许多不同的专业保留数据。图 9-4所示为某项目基于 IFC 导入的钢结构模型。

IFC 可以描述的内容包括建筑工程项目的方方面面,包括建筑工程项目中一个真实的物体(如建筑物的构件),也包括一个抽象的概念(如空间、组织、关系和过程等)。同时,IFC也定义了这些物体或抽象概念特性的描述方法。目前中国建筑科学研究院开发完成了 PK-PM 软件的 IFC 接口,并在"十五"期间完成了建筑业信息化关键技术研究与示范项目《基于IFC 标准的集成化建筑设计支撑平台研究》。

9.1.3　协同机制

协同机制,即工程项目管理中项目参与方由于相互竞争与协同,在共同实现项目总体目标和各种项目目标的基础上,所形成的项目管理内在特定工作机制。机制实际上指系统为维持其潜在功能并使之成为特定的显现功能而制定的规则,规范系统内部各子系统或各要素之间相互作用、相互联系、相互制约的形式和运动原理以及内在的、本质的工作方式,如图9-5 所示。

图 9-4　某项目基于 IFC 导入的钢结构模型

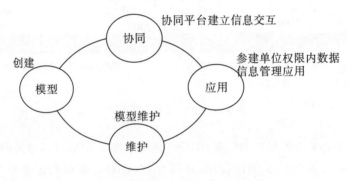

图 9-5　建立项目协同工作机制

　　基于 BIM 技术的协同设计,可以采用三维集成设计模型,使建筑、结构、给排水、暖通空调、电气等各专业在统一模型基础上进行工作。各专业工程量创建的具体内容如图 9-6 所示。

　　建筑设计专业可以直接生成三维实体模型;结构设计专业则可以提取其中的信息进行结构分析与计算;设备专业可以据此进行暖通负荷分析等。在建立全专业 BIM 模型的基础上,不同专业的设计人员能够通过中间模型处理器对模型进行建立和修改,并加以注释,从而使设计信息得到及时更新和传递,更好地解决不同专业间的相互协作问题,从而大大提高建筑设计的质量和效率,实现真正意义上的协同设计。

　　在此基础上,编制合理的 BIM 协同设计实施计划项目规划书也能够加快协同工作效率,包括项目评估、文档管理、制图及图签管理、数据统一管理、设计进度、人员分工及权限管理、三维设计流程控制、项目建模、碰撞检测、分析碰撞检测报告、专业探讨反馈、优化设计等内容。图 9-7 所示为某项目在 BIM 技术下的工程审核流程。

土建模型

包含土石方工程、砌筑工程、混凝土工程、门窗工程、屋面及防水工程、楼地面装饰工程、墙柱面装饰工程、天棚工程、涂料、裱糊工程、混凝土构筑物及零星工程

01

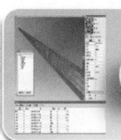

钢筋模型

包含基础、柱、墙、梁、板、汽车坡道、其他零星构件等所有构件配筋

02

机电模型

03

给排水、消防、强电、弱电、暖通等五个专业，其中给排水专业包含冷始水管、热始水管、污水管、废水管、阀门、套管、水泵等；消防专业包含消火栓管、喷淋管、喷淋头、消防设备、水箱、火灾自动报警系统等；强电专业包含灯具、开关、插座、配电箱柜、电缆桥架、导管导线、防雷接地等；弱电专业包括智能化设备、桥架、管线等；暖通专业包括排风（烟）口、排风（烟）管、送风管、风机等

图9-6 创建各专业模型的具体内容

| 下发工作指令或提交审批申请，上传至平台 | 签署意见，留转至下一审核人或直接反馈 | 形成审批记录，分类归档 |

图9-7 工程审核流程

在优化设计方面，施工阶段深化图纸建完模型之后发现不同专业的管线出现重叠和空间利用不合理的现象，管综优化后，满足了规范要求的最小间距要求，提高了净空，避免了工程返工造成的损失，如图9-8所示。

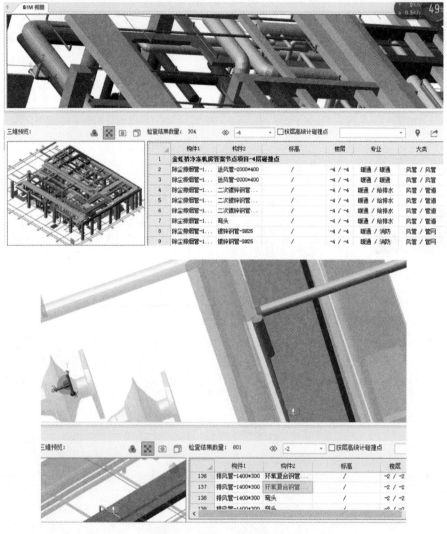

图9-8 某项目管线优化

9.1.4 协同平台

BIM技术的目标是建筑全生命周期过程中的协同工作,只有构建基于BIM技术的建筑协同平台,才能真正实现建筑领域中各部门各专业设计人员对建筑信息模型的共享与转换,从而实现真正意义上的协同工作。

协同工作平台是支持协同工作的网络化工作平台,是连接多种软件的枢纽。理想的协同工作平台应支持开放性数据交换标准,并能用强大的数据库管理功能管理协同工作的组织流程,支持项目建设全周期内的协同工作。图9-9所示为BIM协同平台的基本架构。

目前,该类平台的支持方式主要通过文件的网络共享实现,平台对所共享的文件有版本管理、权限管理能力,还具有对某些模型的解析能力,可以从模型中提取可视化对象直接进行显示碰撞检查等功能,图9-10所示为某项目土建整体模型。

该项目为昆明市政府住房保障工程,总建筑面积296平方米,总投资额月143亿元,解

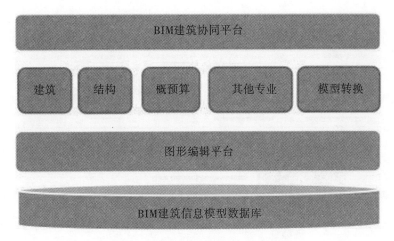

图 9-9　建筑 BIM 协同平台的基本架构

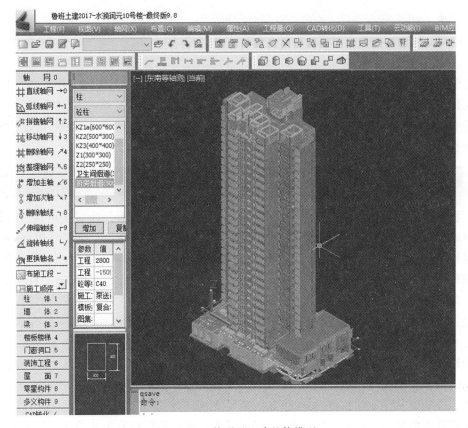

图 9-10　某项目土建整体模型

决了投融资难、拆迁安置的社会矛盾,为政府调剂房价起到积极作用。为解决有限的人员配置与地块多、建设规模大等矛盾,公司积极探索采用 BIM 技术,形成新的管理监督模式,以更好地完成民生工程建设任务。通过 BIM 模型建立与检查,发现 200 余项图纸疑问,提出优化建议 150 多条,如图 9-11 所示。

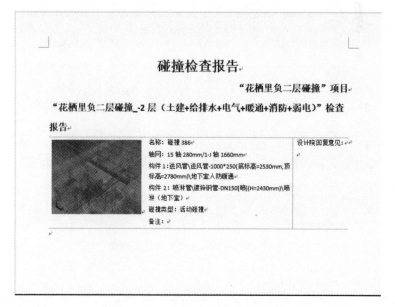

图 9-11　某项目部分碰撞检查报告

　　尽管如此,由于这类平台还不能对模型数据进行完全的解析,对协同工作的支持还主要通过文件传输来实现,其管理粒度较粗,因此在实时性上、尤其对于大型模型数据的传递性能上还有较大的发展空间,协同工作平台未来的发展方向是对象化、网络数据库及开放式数据交换标准。

9.2　BIM 协同管理

　　工程项目管理的内容涉及项目全过程的管理,从项目评价开始到项目立项、设计、施工、到最终的使用和维护。随着工程规模的不断发展扩大,项目组织结构、技术应用、信息量等复杂性增加,各类问题和矛盾层出不穷,但缺少行之有效的解决方法。工程项目协同管理从管理理论和信息技术两个方面展开。管理理论包括建设工程项目采购模式、工程项目参与方之间的关系、合同管理、并行工程、项目运行各阶段协同等方面;在信息技术方面,科学技术的迅猛发展以及在工程建设领域的应用深入,基于计算机的工程项目协同管理研究逐渐发展起来,包括 BIM 技术研发、云计算等。

　　协同管理是现代建设项目需求和发展的产物,同时它将项目管理的理论和实践提高到一个新的阶段。协同是构造系统的一种理念,同时又是解决复杂系统问题、提升系统整体功能的综合方法。从企业的角度,协同包括三个层次,即功能协同、技术协同、信息协同。

　　协同管理的核心是运用协同的思想,保证管理对象和管理系统完整的内部联系,提高系统的整体协调程度,以形成一个更大范围的有机整体。协同管理包括组织协同、过程协同、管理职能协同和计算机协同。具体包括 BIM 环境下的建设工程参与方全过程协同与 BIM 应用下的参与方协同两个方面。

9.2.1 项目全过程的协同管理

1. 概述

建筑工程具有单一性,每个工程都千差万别,但工程项目的全寿命期通常可以划分为决策阶段、设计阶段、施工阶段和运营阶段四个阶段。工程项目全过程的协同管理就是根据协同论的思想和方法对工程项目全过程进行计划、组织、协调、控制,以实现全过程的动态协同和目标的综合协调与优化的过程。

在项目的前期策划和确立阶段的主要工作和内容包括项目的构思、目标设计、可行性研究和批准立项;项目的设计阶段的工作有设计、计划、招标投标和各种施工前的准备工作;项目的施工阶段则包括从现场开工到工程建成交付使用期间的所有工作;项目的运营阶段则包括日常的运行和维护。借鉴美国对 BIM 应用的分类框架,结合目前国内 BIM 技术的发展现状、市场对 BIM 应用的接受程度以及国内建设行业的特点,对中国建筑市场 BIM 的典型应用进行归纳和分类,得出了四个阶段共20 种典型应用,如图 9-12 所示。

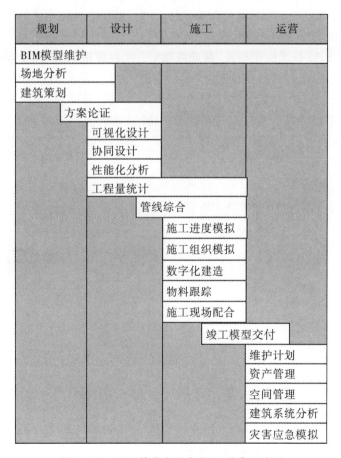

图 9-12　BIM 技术在国内的 20 种典型应用

2. 流程

BIM 与工程项目全过程的结合,从工程计划到工程竣工,BIM 为工程建模、硬件配套等提供硬件支持,另外通过规范建模原则、标准,应用 BIM 可视化、协调性、模拟性、优化性和可出图性的特点,对工程组织进行变革,制定 BIM 环境下的配套制度、质量控制程序和风险防范措施等。BIM 在工程项目全过程中的工作流程可以划分为三个阶段,如图 9-13 所示。

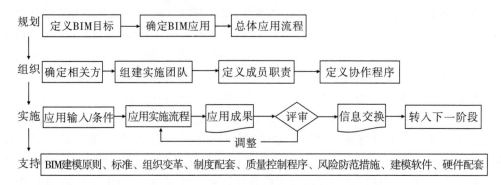

图 9-13　BIM 在工程项目全过程中的工作流程

规划阶段对整个建筑工程项目的影响是很大的。根据项目和团队特点确定当前项目全生命周期中 BIM 的应用目标和具体应用范围,基于传统的工程项目建议书和可行性研究报告,明确该项目的 BIM 技术应用阶段,在此阶段定义项目应用 BIM 的目标,确定 BIM 应用,并规划整体 BIM 应用流程。为项目制定 BIM 实施规划,如图 9-14 所示,目的是为了加强整个项目团队成员之间的沟通与协作,更快、更好地完成项目交付,减少因各种原因造成的浪费、延误和工程质量问题。同时也可以规范 BIM 技术的实施流程、信息交换以及支持各种流程的基础设施的管理与应用。

图 9-14　编制 BIM 实施规划方案

组织阶段,在设定项目 BIM 应用目标、应用点和流程后,根据 BIM 对各方信息协同的要求,确定 BIM 参与方并定义各方职责(见表 9-1),定义各方协作的流程。例如花栖里项目参建单位有云南磐昊置业有限公司(业主)、昆明益华房地产开发有限公司(代建方)、云南怡成建筑设计有限公司(设计方)、昆明华昆工程造价咨询有限公司(造价方)、云南新迪建设咨询监理有限公司(监理方)及中国有色金属工业第十四冶金建设公司(施工总承包方)等,由项目的各个利益相关方各派出至少一名代表组成,负责完成本项目 BIM 应用的实施计划,创建本项目协同管理系统中有关的权限级别,监督整个计划的执行,见表 9 - 2。

表 9 - 1 BIM 项目开展过程中参建单位完成工作

实施方	工作清单	工作内容
业主	BIM 实施方案确认,应用成果确认	BIM 实施方案审核确认,应用成果审核确认
	协助 BIM 平台部署	协助 BIM 平台部署,以确保内部各部门相关工作所需要的 BIM 查询以及使用
	监督执行及协调管理	监督执行及协调管理,以确保各项工作有效落实
代建	协助业主	协助业主完成项目 BIM 工作
	协调管理各参建单位	协调管理各 BIM 参建单位
	管线综合排布方案确定	整体管线综合排布原则确定,并报甲方进行确认
	现场预留洞口报告交底	现场预留洞口报告交底
	执行 BIM 各项确定机电安装方案	执行 BIM 各项确定机电安装方案,并跟踪现场实施质量,对实施质量负责
	设备信息录入	设备信息录入
	重要设备二维码信息应用	重要设备二维码信息应用

表 9 - 2 BIM 管理平台不同参建单位的权限分配

BIM平台	单位 权限		业主	代理	设计	造价	监理	施工总承包
造价 数据 库	数据	查看报表	△	△				
		驾驶舱	△	△				
		与价相关	△	△				
	资料	上传资料	△	△				
		资料管理	△	△				
		编辑资料	△	△				
现场质量、安全、 文明管理		照片管理	△	△	△	△	△	△
		编辑照片	△	△	△	△	△	△
		生成报告	△	△	△	△	△	△
		报告管理	△	△	△	△	△	△

实施阶段,在此阶段根据项目进行阶段和参与人员职责划分,建立每阶段 BIM 应用和信息共享流程。应用 BIM 技术的过程就是对一个 BIM 模型不断完善的过程,一个"modeling"的过程。通过确定建模计划,也等于建立起整个项目 BIM 应用的实施流程,图 9 - 15 为

BIM 模型建立的示意图。

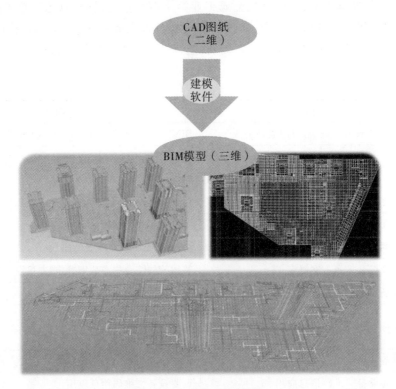

图 9-15　建立 BIM 模型

3. 工作内容及应用案例

项目全过程 BIM 应用中的协同管理主要内容如下：

（1）冲突检测，是指通过建立土建、钢筋、暖通、给排水、消防、强电、弱电等全专业 BIM 三维空间几何模型，以建筑模型为基础，集成所有机电专业模型，进行碰撞检查，发现管线与管线之间、管线与结构之间碰撞点及建筑、结构设计不合理的地方，反馈设计院进行修改，如图 9-16 所示。在数字模型中提前预警工程项目中各不同专业（建筑、结构、暖通、消防、给排水、电气桥架、设备、幕墙等）在空间上的冲突、碰撞问题。通过预先发现和解决这些问题，提高工程项目的设计质量并减少对施工过程的不利影响。

在某项目中，通过整合钢结构 BIM 模型与钢筋 BIM 模型，将钢结构模型导入并集成至 Luban BIM Works 中，通过云计算自动预判钢筋与钢结构的碰撞，对每个型钢混凝土梁柱节点进行三维模型展示，如图 9-17 所示。

（2）管线综合，即在完成碰撞检查后，BIM 顾问与机电安装工程师结合避让原则、施工方案等，对三维模型进行调整，本着满足施工、净高、美观等方面的要求与原则，再次综合模型，解决碰撞报告中的碰撞点，对管线进行优化排布，并导出二维平面图、生成剖面图，指导现场施工。通过有效的管线冲突解决方案，显著减少了后期建设过程中的工程变更，提高了建设施工效率，降低了变更成本和节约了建设工期，如图 9-18 所示。

深化图纸建完模型之后发现不同专业的管线出现重叠和空间利用不合理的现象，管线综合优化后，满足了规范要求的最小间距要求，提高了净空，避免了工程返工造成的损失。

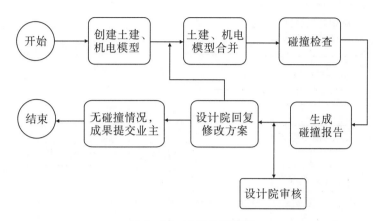

图 9 - 16 冲突检测流程

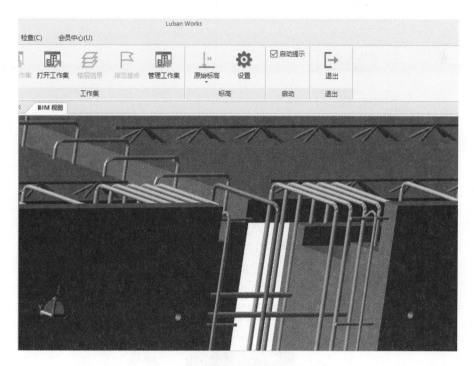

图 9 - 17 某项目钢筋与型钢的碰撞

利用三维模型为载体完成各种方案多次会议交底,编制相应管线优化交底报告,图 9 - 19 所示为某项目管线优化报告及部分优化方案。在管线优化成果得到了业主、设计、监理、施工的认可后,最终交付形成可施工的 BIM 施工模型,及时正确地指导施工,最终付诸于实践,图 9 - 20 所示为某项目管线综合。

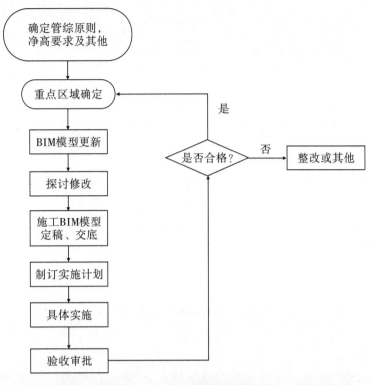

图 9-18　管线优化流程

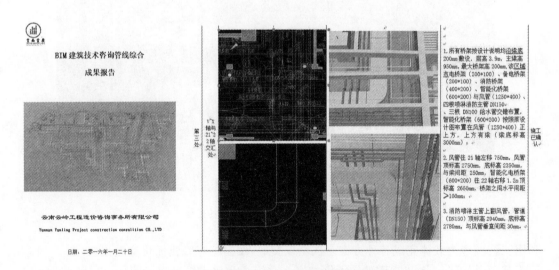

图 9-19　BIM管线综合成果报告及部分管线优化方案

(3)工程变更(engineering change,EC),指的是针对已经正式投入施工的工程进行的变更。在工程项目实施过程中,按照合同约定的程序对部分或全部工程在材料、工艺、功能、构造、尺寸、技术指标、工程数量及施工方法等方面作出的改变。施工过程中反复变更导致工期和成本的增加,而变更管理不善导致进一步的变更,使得成本和工期目标处于失控状态(详细内容参考本章9.2.2相关介绍)。

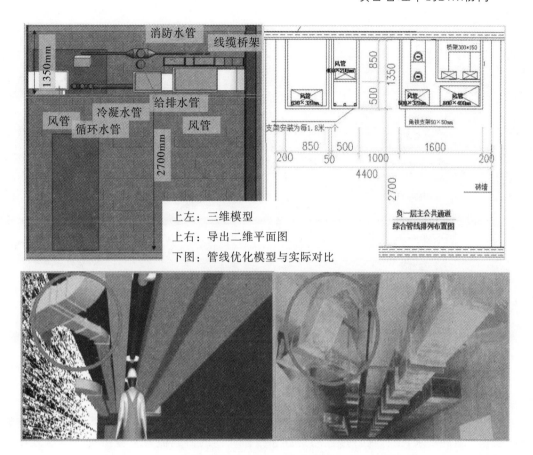

上左：三维模型
上右：导出二维平面图
下图：管线优化模型与实际对比

图 9-20　某项目管线综合

　　(4)施工方案模拟,是在重要施工区域或部位,以 BIM 方式表达、推敲、验证施工方案的合理性,检查方案的不足,协助施工人员充分理解和执行方案的要求。施工模拟应以实际施工操作为模拟对象,对所模拟的部位通过 BIM 手段进行表达,包括是三维多角度展示、构造拆解、工序搭接顺序、专业配合、作业尺度预留等。施工方案模拟展示应能真实充分地反映施工重点难点,并对实际操作起到良好的预判和指导作用。详细内容参考前面第 7 章"BIM技术在施工阶段的应用",这里不再赘述。

　　(5)在施工进度模拟上,在总控时间节点要求下,以 BIM 方式表达、推敲、验证进度计划的合理性,充分准确显示施工进度中各个时间点的计划形象进度,以及对进度实际实施情况的追踪表达。详细内容参考前面第 7 章"BIM 技术在施工阶段的应用"中的内容,这里不再赘述。

　　(6)工程算量的应用上,工程量计算的准确与否,直接影响工程造价的准确性,以及工程建设的投资控制。工程量是施工企业编制施工作业计划,合理安排施工进度,组织现场劳动力、材料以及机械的重要依据,也是向工程建设投资方结算工程价款的重要凭证。

　　BIM 技术可以实现"快速提量"的功能,过程中可以按照任意流水段、楼层切分工程量,并直接生成材料清单,以最少的时间实时实现任意维度的统计、分析和决策,大幅度减少现场工作量,保证多维度造价分析的高效性和准确性,有效控制投资,如图 9-21 所示。

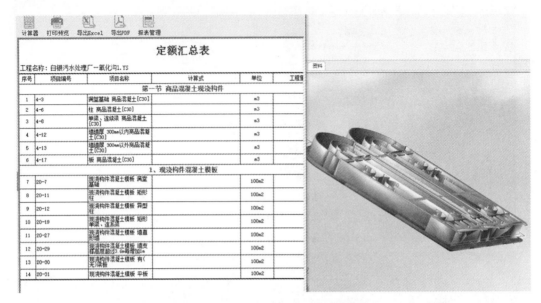

图 9-21　某项目 BIM 的"快速提量"应用

9.2.2　项目各方的协同管理

1. 概述

工程项目各参与方的协同必须与工程项目的目标、过程、计划相匹配，这对工程项目组织体系有了新的要求，工程项目过程的集成和整体计划的协调需要工程项目各参与方在前期策划和决策、设计阶段就积极参与到工作中来，要求各参与方不仅仅是站在项目合同层面进行配合，更要站在企业战略合作层面进行配合。

工程项目全过程的协同是指工程项目全生命期的数据、资源的共享和各方协同工作，将原来孤立的工程项目各过程进行整合形成一个协调的系统，建立在信息协同基础上的过程之间的协调，使项目过程总体达到最优。工程项目全过程各参与方的协同包括五个要素，即协同主体、协同客体、协同媒介、协同环境和协同渠道。

（1）协同主体是指有目的、有步骤对协同客体施加影响的团体或组织。工程建设过程中，协同主体即指工程项目从初始到结束的工程参与方，即项目相关者包括项目投资者、业主、管理和咨询单位、设计单位、工程承包单位、供应单位、政府、用户（购买者）和周边组织。

（2）协同客体是指协同的对象，是协同主体作用的对象，是整个协同过程存在的必要条件，协同客体也就是各参与方共同参与、以实现既定目标的工程项目。

（3）协同媒介是指协同主体对协同客体产生影响，发生作用的中介，建立协同主体与协同客体之间的联系，保证协同过程的正常开展，包括协同内容和方法。

（4）协同环境是指协同主体与协同客体存在的客观外在环境，协同主体与协同客体根据协同环境发生变化。协同媒介即工程参与各方在工程项目过程中所完成的工作和所掌握的工程项目信息；即指各参与方基于特定的工程交付模式，在该交付模式的工作流程和合同条件的约束下，完成工程项目。

（5）协同渠道是指协同媒介在协同主体和协同客体间，以及主体与主体间信息传输的途径,协同渠道一方面广泛地收集协同客体的信息,并将信息准确反应给协同主体;另一方面实现协同主体之间的信息共享和交流。协同渠道在本书中定义为 BIM 协同交流平台,搭建各参与方之间以及参与方与工程项目之间信息共享和沟通的渠道。图 9-22 所示为项目相关者之间的管理关系。

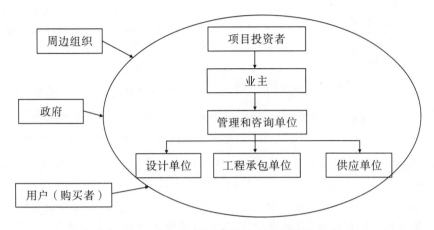

图 9-22　项目相关者之间的管理关系

2. 各参与方的 BIM 应用

随着现阶段工程项目复杂化,BIM 技术在建筑行业中扮演的角色日益重要。业主作为项目管理的核心,参与了建设项目的全生命周期,在各方面具有选择决策权,比如设计方案的遴选、施工单位和设备材料供应商的选择等。现阶段,建筑行业对 BIM 的巨大需求,也使得业主从根本上提高了行业门槛。设计方虽然分阶段参与项目生命周期,相对时间短,却可以决定着建筑大部分的能效,故设计阶段是 BIM 技术实现的关键阶段。BIM 技术的广泛应用也使设计方对 BIM 的使用也从简单的局部设计逐步向全局设计靠拢。再有,为切合建筑工程的高需求,国内一些大型施工企业已经组建 BIM 团队,展开对 BIM 应用的研究和实践。三大参与方对BIM 的应用由技术层面开始向管理层面转变。此外,BIM 技术的大力推广也使得咨询企业丢失了传统优势业务,需要向以造价增值为目的的项目管理咨询、造价咨询、技术咨询的多元化方向转型。工程主要参与方在各阶段的 BIM 应用具体内容如表9-3 所示。

表 9-3　工程主要参与方在各阶段的 BIM 应用

阶段	业主方	设计方	施工方	咨询方
决策阶段	空间规划、项目可行性			集成项目方案与财务分析工具、获取投资收益指标
设计阶段	功能分区、能量分析、设计检验、编制招投标文件	虚拟建模、成本估算、可持续发展（能耗分析）	编写招标文件、工料估算、三维控制和规划	工程量计算、成本分析

续表 9 - 3

阶段	业主方	设计方	施工方	咨询方
施工阶段	系统控制、性能监测、多维协调	设计更改、信息管理	现场施工管理与优化、进度跟踪、4D、5D 模拟	动态分析施工进度与成本、预测后期成本、财务可行性再论证
运维阶段	空间跟踪、资产管理与维护、状态记录、灾害模拟	建立经验数据库	建立经验数据库	成本核算、经济可行性论证、项目后评价

在项目前期阶段,设计方和业主是应用 BIM 的最大受益者,但他们的受益角度却存在差异。具体说来,一方面,设计方的受益方向主要表现在建设项目的设计环境得到改善、设计效率得到提高,而业主的受益方向则体现在得到了更加科学合理的项目设计方案;第二方面,BIM 技术可视化的积极应用,对于设计方而言,受益体现在加强了各参与方对项目前期的参与程度,减少后期设计变更的几率,而业主也可以通过参与设计过程提高了对方案设计的把控能力;最后,BIM 技术中的模型的自动化功能和冲突检查功能也使得设计方大大提高设计分析、设计出图和设计检查的速度,而业主方的受益则是缩短了工程建设的进度,以在更短的时间内得到更高质量的设计。

尽管业主和设计方是 BIM 应用的主要受益方,但他们并不是唯一的受益方,其他项目参与方也会从中受益,具体利益分析见表 9-4,建立 BIM 模型的核心价值就是为项目各参与方提供互相协调、内部一致的及可运算的信息模型。可以说,BIM 的全行业范围应用会对建筑业主要参与方都产生积极的影响。

表 9-4　基于 BIM 各参与方的利益诉求分析

工作阶段	使用方	投资方	开发方	设计方	施工方
工作人员	项目建成后的实际使用单位或个人	投资策划团队	项目管理团队(含项目评估)	建筑设计师/结构设计师	承建公司/合作商/水电、暖通工程师
应用范围	信息传递、建筑模型、装饰模型	信息传递、建筑模型、预算	信息传递、建筑模型、预算	信息传递、建筑/结构/MEP 设计/各专业之间的协同设计	信息传递、协同设计方案/检测设计冲突/预算/时间计划/施工模拟
利益诉求	提前看到工程、装修效果,合理安排费用	提前看到建筑模型、精确造价、优化投资	提前看到建筑模型、精确造价、合理安排招投标价、优化投资	提高设计质量和效率,减少变更,完成设计任务	提高施工质量和效率,提前进行模拟检测,减少后期变更,精确造价

3. 流程

BIM 环境下的项目管理实施路线,主要内容是 BIM 应用下参与方任务和责任的详细界定。以下根据项目参与方工作阶段划分,规划了 BIM 应用在工程项目中的具体实施整体流程。

(1)制定项目章程。通过召开项目启动会,介绍项目基本情况,界定项目参与方,明确项目整体目标、项目范围、项目总体计划等信息,确定业主方总负责人、各参与方负责人、总协调人等主要人员信息,使参与方朝着一致目标开展工作。图 9 - 23 所示为 BIM 项目组的组织构成。

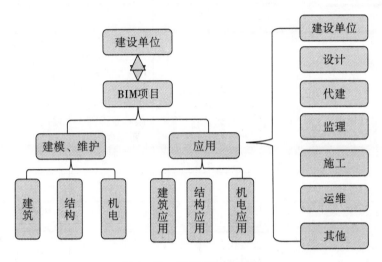

图 9 - 23　组建 BIM 项目组

(2)确认 BIM 范围。由于不同 BIM 应用均涉及多个参与方,需要对各方的工作内容进行书面界定,重点包括基于 BIM 应用的配合工作、参与周期、输出成果等,如图 9 - 24 所示。

(3)组建实施团队。组建包括各参与方的联合项目团队,明确各方人员职责和人员配备情况,形成项目通讯录。

(4)编制实施计划。各参与方基于各自服务范围,结合项目目标和总工期要求,编制各自实施计划,详细分解服务内容,体现本单位与其他单位的配合工作,各项工作的输入输出、持续时间、所需资源等信息,统一汇总到业主方,形成项目整体计划。图 9 - 25 所示为实际工程中 BIM 的实施方案图示。

(5)跟踪实施过程。各参与方按照各方实施计划开展工作,形成阶段性的成果报告,如图 9 - 26 所示,并定期向业主汇报工作成果,实施计划及时根据项目进度和业主意见进行调整。

(6)验收实施成果及建筑生命周期阶段,根据各方服务范围和验收标准,对各方各阶段 BIM 应用场景的成果进行验收,双方签署意见。

(7)项目总结。各阶段 BIM 场景应用结束后,业主负责对实施成果进行最终评价,分析应用成果、过程问题等,并形成总结报告,以指导下一轮 BIM 应用。

4. 工作内容及应用案例

依据各参与方在协同中的重点工作内容,从变更管理、施工方案模拟、施工进度模拟三

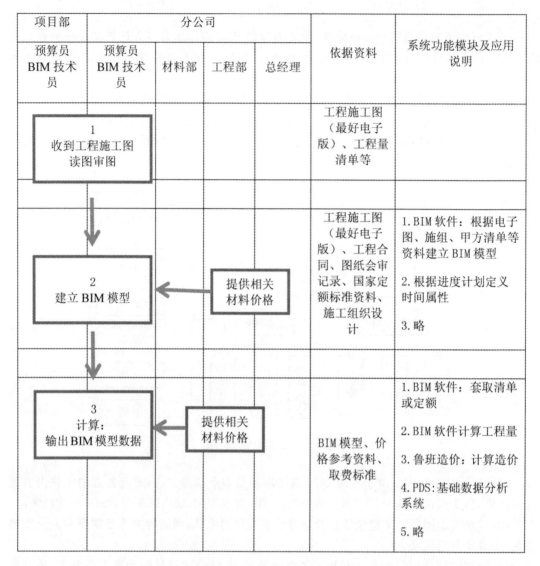

图 9-24 BIM 应用范围及流程

方面进行简要说明。

　　本节"变更管理的协同"和"施工进度的协同"选用案例为云南五华泛亚新区花栖里城市棚户区改造项目,建筑面积约 130000 m²,其中地上建筑面积为 98000 m²,地下为 32000 m²。该工程共 6 栋住宅、2 栋商业、二层地下室。2012 年 7 月以来,保障房公司开发建设棚户区安置房工程共计 12 个地块,总建筑面积 2960000 m²,总投资额约 143 亿元,解决了投融资难、拆迁安置的社会矛盾,完成政府住房保障任务,为政府调剂房价起到积极作用。为解决有限的人员配置与地块多、建设规模大的矛盾,昆明市保障性住房建设开发有限公司积极探索采用 BIM 技术,形成新的管理监督模式,以更好地完成民生工程建设任务。在"施工方案模拟"中介绍的案例为"西咸空港综合保税区事务服务办理中心"项目,主楼部分为地上 7 层、地下 1 层,建筑面积 63081 m²,附楼部分为地上 3 层,建筑面积 7122 m²,总投资约 49977 万元。工程为"全现浇钢＋型钢混凝土＋钢筋混凝土"混合框架结构,外形类似"飞碟",结构

五华泛亚新区花栖里城市棚户区
改造项目 BIM 技术咨询
实施方案

西山区海口城市棚户区
改造项目 BIM 技术咨询
建模标准及实施方案

云南云岭工程造价咨询事务所有限公司
Yunnan Yunling Project construction consulition CO.,LTD

二零一五年二月

云南云岭工程造价咨询事务所有限公司
Yunnan Yunling Project construction consulition CO.,LTD

二零一五年十一月

图 9 - 25　BIM 实施方案

BIM 建筑技术咨询分阶段
成果报告

云南云岭工程造价咨询事务所有限公司
Yunnan Yunling Project construction consulition CO.,LTD

BIM 建筑技术咨询阶段性
成果报告

云南云岭工程造价咨询事务所有限公司
Yunnan Yunling Project construction consulition CO.,LTD

图 9 - 26　阶段性成果报告

复杂,施工难度大,被业内专家誉为"西北鸟巢"。

（1）参与方在变更管理下的协同。变更管理是指在施工阶段承包商提出的对施工图纸等的变更。通过在变更过程中引入 BIM,可以有效验证变更方案的可行性,并对变更可能带来的风险进行评估。BIM 模型随设计变更而即时更新,消除信息传递障碍,减少设计师与业主、监理、承包商间的信息传输和交互时间,从而使索赔签证管理更有时效性,实现变更的动态控制和有序管理。通过 BIM 模型计算变更工程量,可有效防范承包方随意变更,为变更结算提供数据依据。

在工程实际项目中,从变更提出到完成的整个过程,来设计各方的协同工作。变更流程划分为提出变更、论证变更、变更实施。变更管理主要包含三个参与方,即承包商、业主和设计方。根据 PDCA 循环策略,由施工总包提出变更申请,经 BIM 模型验证后,交业主和设计方共同评审。如果评审通过,设计方变更图纸,业主进行变更估算等工作。承包商在变更执行时更新 BIM 施工模型。通过此路径实现三方信息同步,如图 9 - 27 所示。

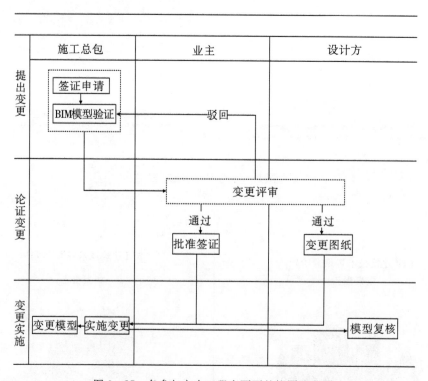

图 9 - 27　各参与方在工程变更下的协同流程图

在变更管理中,发挥 BIM 协同平台作用,按审核过的变更要求调整后自动计算,快速获取其变更工程量,及时查看变更后模型变化情况,更高效地完成相应变更管理,如图 9 - 28 至图 9 - 30 所示。

此外变更单还与模型关联,反映变更、签证、材料价格变化情况,实现造价全过程动态管理,如图 9 - 31 所示。

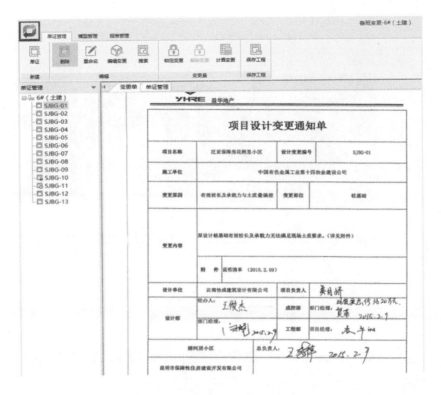

图 9-28 协同平台上的变更通知单

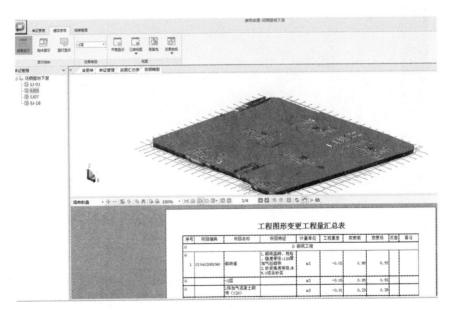

图 9-29 变更后的工程量汇总

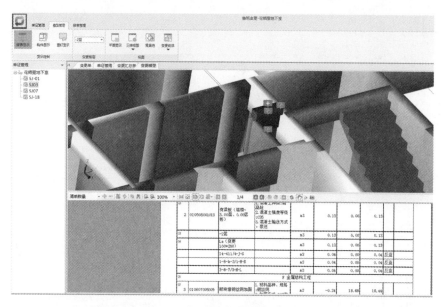

图 9 - 30 变更后的模型情况

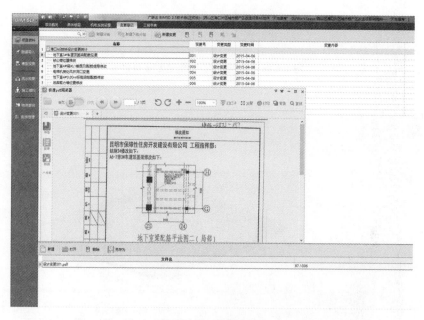

图 9 - 31 变更关联

（2）参与方在施工方案模拟下的协同。施工方案模拟主要发生在施工阶段,涉及业主和总包方。通过 BIM 可以对项目的重点或难点部分进行模拟预建造,按月、日、时进行施工安装方案的分析优化。对于一些重要的施工环节或采用新施工工艺的关键部位、施工现场平面布置等施工指导措施进行模拟和分析,以提高计划的可行性;也可以利用 BIM 技术结合施工组织计划进行预演以提高复杂建筑体系的可造性。借助 BIM 对施工组织的模拟,项目管理方能够非常直观地了解整个施工安装环节的时间节点和安装工序,并清晰把握在安装过程中的难点和要点,施工方也可以进一步对原有安装方案进行优化和改善,以提高施工效率和施工方案的安全性。施工组织模拟主要分三个阶段:组织方案编制、施工组织模拟和施工。业主对承包商提出的施工组织方案进行审核,审核通过的施工组织方案,业主在 BIM 模型中定义模拟节点和精度,由施工方完成施工方案模拟,具体流程如图 9-32 所示。

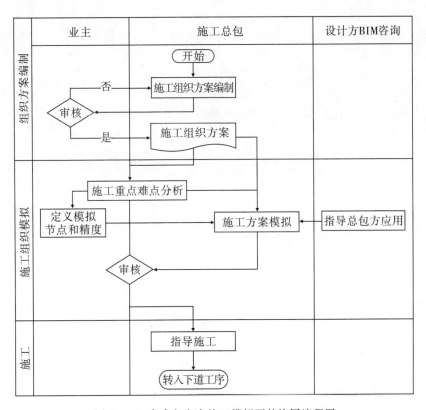

图 9-32　各参与方在施工模拟下的协同流程图

传统施工管理易出现问题,如图纸审核不清楚、不明确,施工过程损耗过大;施工交底不清,不同班组施工采用多版图纸施工,管理混乱;项目缺乏管理人员,延误施工进度;复杂、异型节点位置空间概念混沌,施工错误与返工现象频发。基于 BIM 模型,可以实现:对施工难点提前反映;进行信息化三维模型交底,展现施工工艺流程;提高技术会议工作效率,优化施工过程管理。

西咸空港项目中结构多为型钢柱,型钢梁与钢筋存在大量碰撞,施工方案难以确定。其中型钢混凝土梁柱节点部位型钢梁有十字型梁和箱型钢梁两种形式,箍筋的尺寸由型钢柱主筋位置和型钢柱翼缘板外侧的栓钉决定,对柱箍筋在节点部位的下料和施工要求高。运用 BIM 协同平台对此节点部位进行三维虚拟模型展示得出以下结论:型钢柱在同一截面上使用四种不同形式的箍筋,其中内部两个矩形箍筋紧贴柱型钢翼缘板外侧,而型钢柱翼缘板外侧满布栓钉。矩形箍筋如果按照设计图进行加工则无法安装,因此应调整矩形箍筋的肢距,使箍筋能够顺利安装。梁箍筋形式与柱箍筋形式基本相似,施工时采取相同做法。型钢混凝土柱的箍筋在原设计图中为封闭箍筋,但在梁柱节点部位,柱箍筋要穿过型钢梁腹板,封闭箍筋无法安装。因此为满足柱箍筋的安装要求,需在型钢梁的腹板上开过筋孔使柱箍筋穿过,且在穿型钢梁时要将封闭箍筋改 U 形箍筋。柱箍筋安装后在搭接位置焊接 10d(d ＝箍筋直径)以满足搭接要求,如图 9－33 所示。

图 9－33　柱箍筋方案模拟

(3)参与方在施工进度模拟下的协同。建筑施工是一个高度动态的过程,随着建筑工程规模不断扩大,复杂程度不断提高,使得施工项目管理变得极为复杂。当前建筑工程项目管理中经常用于表示进度计划的甘特图,由于专业性强,可视化程度低,无法清晰描述施工进度以及各种复杂关系,难以准确表达工程施工的动态变化过程。

施工进度模拟包括进度计划编制(招投标阶段)、计划执行阶段(施工阶段)、进度调整/变更阶段,如图 9－34 所示。承包商根据业主提供的初级工作计划,编制详细的工程总体施工进度计划,并建立 4D 进度模拟模型,提交业主初步审核;在施工阶段根据工程进度制订详细的年度/月度计划,经业主逐项审批后更新 4D 模型;执行过程中,从设计方获得信息支持,另外及时与业主沟通,将最终的进度 4D 模型与初期模型进行对比,为下次计划编制积累经验。

通过将 BIM 与施工进度计划相链接,将空间信息与时间信息整合在一个可视的 4D(3D ＋Time)模型中,可以直观、精确地反映整个建筑的施工过程,如图 9－35 所示。4D 施工模拟技术可以在项目建造过程中合理制订施工计划、精确掌握施工进度,优化使用施工资源以及科学地进行场地布置,对整个工程的施工进度、资源和质量进行统一管理和控制,以缩短工期、降低成本、提高质量。此外,借助 4D 模型,BIM 可以协助评标专家从 4D 模型中很快了解投标单位对投标项目主要施工的控制方法、施工安排是否均衡、总体计划是否基本合理等,从而对投标单位的施工经验和实力作出有效评估。

BIM 模拟可以反映主要时间节点和相关工序进场顺序,土建工程、机电安装和其他专业工程模型的所有内容与进度计划相关联,如图 9－36、图 9－37 所示,以三维方式模拟进度计划。

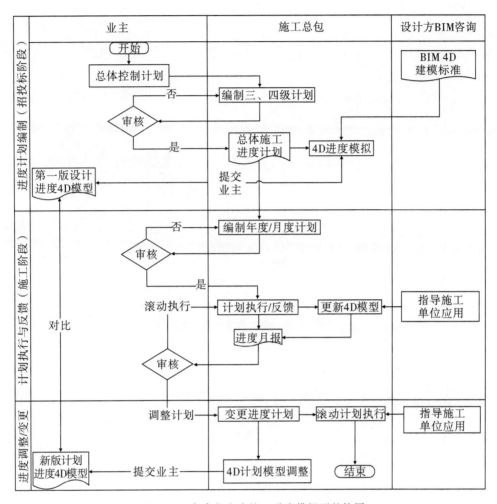

图 9 - 34　各参与方在施工进度模拟下的协同

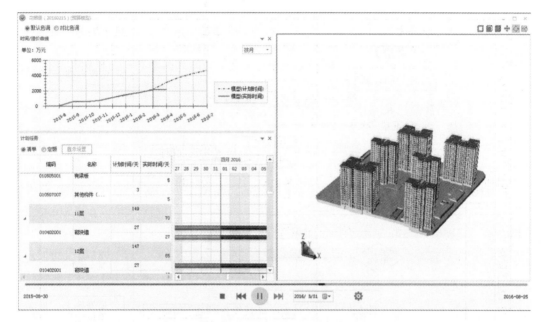

图 9-35　动态进度计划模拟

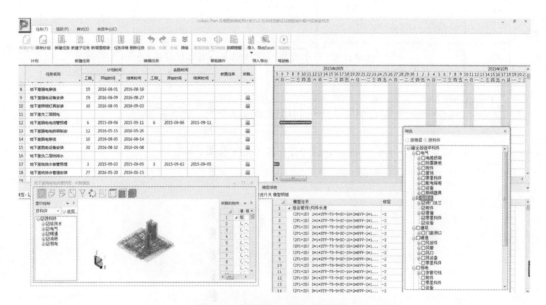

图 9-36　计划时间关联模型

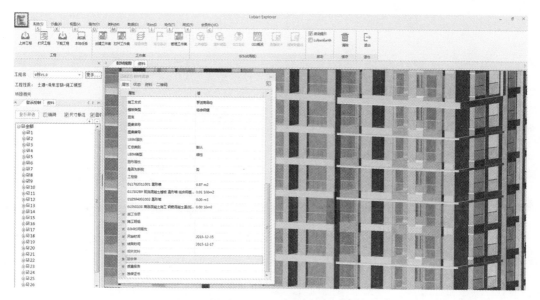

图 9-37　实际时间记录

知识拓展

在 BIM 的应用实施中,集成采购模式(integrated project delivery, IPD)是快速发展中的建设模式,许多研究和实践均表明,IPD 模式也是 BIM 技术应用和实施的最佳模式。目前,虽然仅有为数不多的工业发达国家项目采用这种建设模式,但研究表明采用该模式的项目取得了巨大的成功和效益,读者可自行了解 IPD 模式。

综合实训篇

第 10 章　案例实训

教学导入

　　本章以实际案例项目为蓝本,通过在 Revit 2016 中进行操作,创建项目模型并形成一定的初步成果。首先通过介绍项目概况以及相应模型的创建,让读者对项目进行基础应用操作。其次对已建立的工程模型进行展示与表现,主要体现在如何在 Revit 中创建相机和漫游视图,进一步展示模型的效果。最后,依据实际工程项目管理 BIM 主要应用点,对该项目进行施工场地布置模拟、施工进度方案模拟以及基础成本管理等操作,旨在让读者了解 BIM 技术在项目中的应用与管理流程及其发挥的作用。

学习重点

- 掌握项目基本情况及模型创建方法
- 掌握项目施工场地模型布置原则及流程
- 掌握项目施工进度方案模拟流程
- 了解 BIM 技术在项目管理中的成本管理
- 掌握项目相关成果输出

10.1　项目概况

　　该项目为云南省昆明市某住宅工程,位于五华区泛亚科技新区昆武高速旁,建设单位为云南磐昊置业有限公司。该工程为框架剪力墙结构,占地面积 30615.96 m²,净用地面积 30615.96 m²,总建筑面积 130064.37 m²,其中地上共 8 栋,建筑面积 97974.63 m²,建筑最高高度 83.8 m;地下 2 层,建筑面积 32089.74 m²。本书所选案例为第四栋住宅楼,该楼建筑面积为 11446.91 m²,地下 2 层,地上 25 层,层高 3 m,总高 77.5 m,结构类型为现浇混凝土剪力墙。项目模型如图 10-1 所示。

　　建设单位自 2012 年以来,共开发建设住宅用房 2960000 m²,总投资额约 143 亿元。该公司的社会责任大、建设任务重、企业管理人员少,故公司引入先进的 BIM 技术,形成基于 BIM 技术的全生命周期项目管理,通过项目实施总结,建立新的管理监督模式。

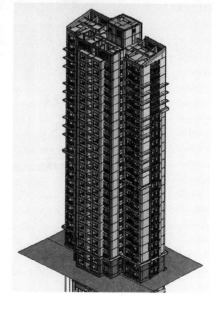

图 10-1　BIM 模型展示

10.2 项目成果展示

1. 创建工程三维模型

首先建立标高和轴网的项目定位信息,然后按先结构框架后建筑构件的模式逐步完成项目的土建模型创建,依次为创建结构柱、创建结构梁、创建基础、创建墙体、放置门窗、创建楼板及屋顶、创建楼梯及扶手等。部分阶段性模型如图10-2至图10-4所示。

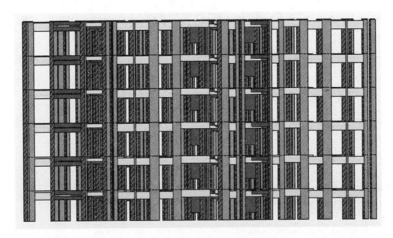

图10-2 项目框架三维展示图

图10-3 项目门窗创建后效果图

2. 创建相机视图

Revit中的相机命令创建视图分正交图和透视图,创建视图之后可以进行渲染设置,创建所需的建筑渲染图像,图10-5所示为该项目西南角方向的相机视图。

3. 创建漫游动画

在Revit中,漫游是基于路径创建多个移动的相机三维视图动画,其中每一个关键帧对应一个相机视图,所以漫游也同相机一样可以设置为正交或是透视图。由相机和路径创建

图 10 - 4　项目楼梯视图

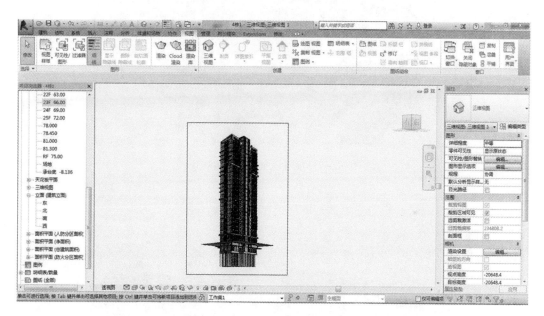

图 10 - 5　工程西南角相机视图

的建筑物漫游，可以直接导出为 AVI 格式或是其他视频格式，如图 10 - 6 所示。

 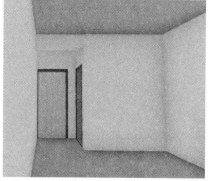

图 10 - 6　项目漫游动画某一场景

4. 施工场地模型建立

根据标高方网格导入地形,提前策划整个现场的道路标高系统、排水系统、塔吊、施工升降机等其他临建设施的布置位置;场内临建元素建立标准化族库;建立三维施工总平面图,对施工场地进行动态管理,通过对场地布置进行提前策划和转换预演,找出最优布置方案,提高场地使用效率,减少二次布置所产生的费用,图10-7是该项目场地布置整体模型,图10-8是该项目场地布置局部模型。

图 10-7 项目场布模型整体场景

图 10-8 项目场布模型项目部场景

5. 施工进度模拟

施工进度模拟是将 Project 施工计划书与 Revit 三维模型导入广联达 BIM 5D 平台,加以时间(时间节点)、空间(运动轨迹)及构件属性信息(材料费、人工费等)相结合的过程,完成施工动态模拟。广联达 BIM 5D 根据施工进度安排为场景中每一个选择集中的图元定义施工时间以及任务类型等信息,而生成具有施工顺序信息的 4D 信息模型,如图 10-9 至图10-11 所示。

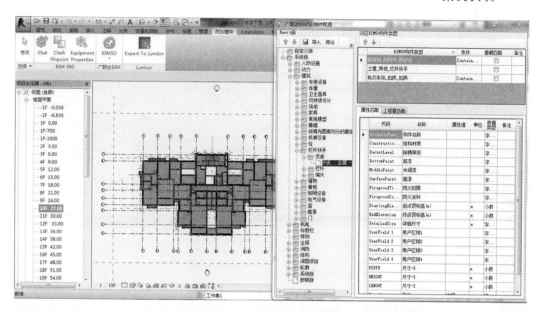

图 10 - 9 Revit 三维模型导入广联达 BIM5D 平台

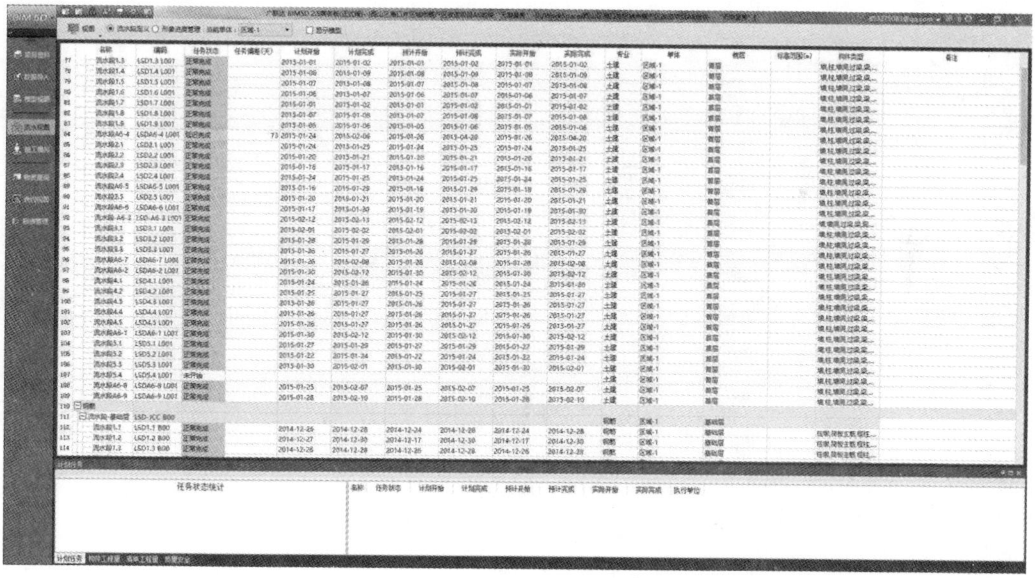

图 10 - 10 项目流水段划分场景

6. 施工成本管理

施工成本管理是将 Revit 三维模型导入广联达 BIM 5D 平台,加以时间(时间节点)、清单定额库及构件模型量等属性信息相结合的过程,完成清单信息、定额、材料用量等信息。广联达 BIM 5D 根据施工进度和成本数据的管理快速为场景中每一个选择的图元定义施工成本等信息,从而生成具有施工顺序信息的 5D 信息模型,如图 10 - 12 至图 10 - 13 所示。

7. 施工资料管理

施工资料管理是将 Revit 三维模型导入广联达 BIM 5D 平台后,加以时间(时间节点)、

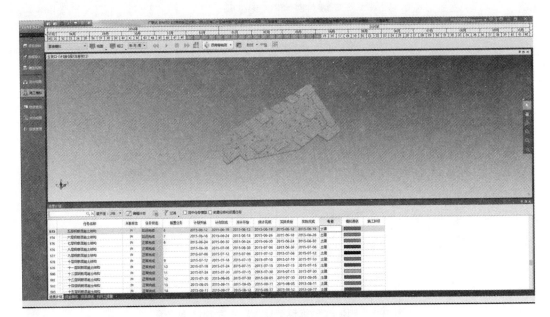

图 10-11　项目进度关联场景

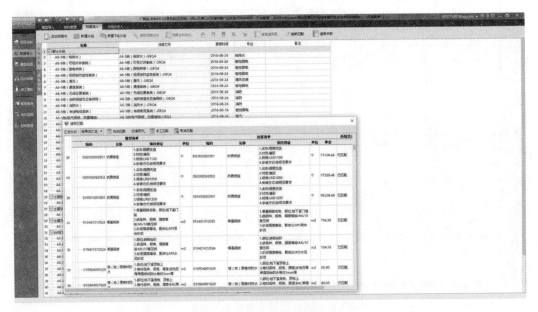

图 10-12　项目清单关联场景

成本(清单、定额)及项目资料信息相结合的过程,完成通过资料文档上传完善过程资料的积累及归档,如图 10-14 所示。

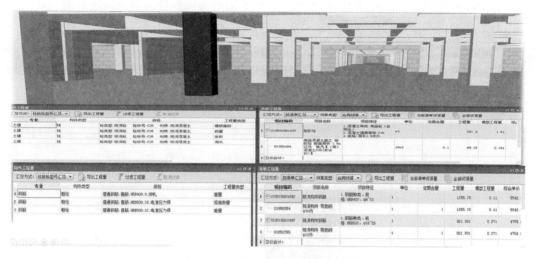

图 10-13　项目成本信息查询场景

图 10-14　项目资料关联场景

10.3　实训目标要求

通过案例实训,读者能够熟练掌握软件的基本功能与使用方法,熟悉 BIM 基础模型建立的流程以及实现项目漫游动画的步骤,掌握用 BIM 系列软件完成项目场地模型建立、施工进度模拟及基础成本管理的流程,同时了解 BIM 协同管理理念。

实训主要为培养读者以下能力:

(1)巩固所学专业知识,培养读者运用理论知识和专业技能来解决工程实践问题的综合能力;

(2)培养读者应用 BIM 软件进行基础项目管理的能力;

（3）培养和提高读者的自学能力，运用计算机辅助解决项目管理相关问题的能力；

（4）培养和锻炼读者的沟通能力及团队协作能力。

10.4　提交成果要求

（1）模型成果图展示，如图10-15所示。

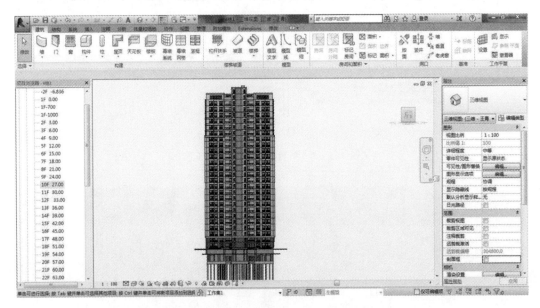

图10-15　工程北立面三维效果展示图

（2）项目漫游动画，时长1—2分钟。

（3）工程成果文件输出。在所有构件建模完成之后单击模块导航栏中的"报表浏览"，输出相应报表，比如各工程量汇总表，对材料进行简单分析形成报告。

（4）施工场地管理。BIM技术将施工场地内的平面元素立体直观化，以帮助项目参与方直观进行场地布置策划，综合考虑各阶段内的场地转换，并进行合理优化。

（5）制作主体工程施工模拟动画，时长3分钟左右。做好前期工作后，在Navisworks软件中设置好动画的时间和像素，添加相关的标注，导出视频即可。

（6）以PPT形式展示该案例中相关进度管理、成本管理的完成情况以难点讲解，演讲时长控制在3—5分钟。

（7）案例实训总结报告，要求学生不仅对学习心得及成果进行总结，还要将解决BIM技术在工程应用中的难点和疑点的过程进行重要说明，字数控制在4000~5000字。

10.5　实训准备

（1）主要图纸，见附录提供的素材文件。

①建筑平面图。

②建筑立面图及剖面图。

③结构图纸。

（2）硬件及软件要求，见表 10-1。

表 10-1　实训硬软件要求

		最低配置	推荐配置
		型号	型号
硬件要求	处理器	Intel Core i5	英特尔 i7 四核 3.5 GHz 以上
	主板	华硕、微星等一线主板品牌	华硕、微星等一线主板品牌
	内存	4 GB 或以上	32 GB 或以上
	硬盘	固态硬盘（SSD）128 GB 或以上	固态硬盘（SSD）128 GB 或以上，并备份硬盘
	显卡	显存 1 GB 或以上 显存位宽 256-bit	Nvidia GeForce GTX 960 （显存 2 GB 或以上）
	显示器	14 寸液晶一台	22 寸液晶两台
	网络	/	局域网千兆配备或互联网 8 兆以上专线接入

	软件名称	功能介绍
软件要求	AutoCAD	用于看图、图纸处理软件
	Autodesk Revit	参数化建模软件，能够导出多种数据格式
	Microsoft Project	用于绘制工程项目的施工进度计划甘特图
	Navisworks	兼容多种数据格式，对模型进行查阅、漫游、标注、碰撞检测、4D 进度模拟及动画制作
	BIM 5D 软件	整合 BIM 5D 数据信息，为工程项目的算量、计价与管理构建了便捷平台

10.6　实训步骤及方法

（1）了解图纸，掌握项目情况。

（2）导入 CAD 底图。

（3）创建项目三维模型。

（4）绘制屋顶及其他建筑细部。

（5）创建相机视图及漫游动画。

（6）生成工程量等系列报表。

（7）施工场地模型建立，采用 Revit 软件，设计工程项目案例的基础、主体、装修三个施工阶段的三维现场布置，根据施工场地布置原则创建施工场地 3D 模型，在 Revit 软件中制作一段漫游视频。

（8）对施工方案进行进度模拟，采用 BIM 5D 技术在对模型进行 4D 进度模拟，即将进度相关的时间信息和 3D 模型链接产生 4D 的施工动态模拟。

(9)对项目进行成本管理,采用 BIM 5D 技术在对模型进行 5D 成本模拟,即将进度相关的时间信息、清单定额信息和 3D 模型链接产生 5D 的施工动态模拟。

10.7　实训总结

本书选用的实训案例难度较低,适合读者个人或小组进行实操训练,并形成一定的成果。旨在让读者学以致用,了解实际工程中 BIM 在项目中应用及管理流程,为今后深度学习和工作打好基础。

参考文献

[1]建筑工程施工 BIM 应用指南[S].北京:中国建筑工业出版社,2014.

[2]清华大学 BIM 课题组.中国建筑信息模型标准框架研究[M].北京:中国建筑工业出版社,2011.

[3]李邵建.BIM 纲要[M].上海:同济大学出版社,2015.

[4]BIM 工程技术人员专业技能培训用书编委会.BIM 技术概论[M].北京:中国建筑工业出版社,2016.

[5]何关培.BIM 总论[M].北京:中国建筑工业出版社,2011.

[6]何关培,葛文兰.BIM 第二维度[M].北京:中国建筑工业出版社,2011.

[7]刘占省,赵雪锋.BIM 技术与施工项目管理[M].北京:中国电力出版社,2015.

[8]金睿.建筑施工企业 BIM 应用基础教程[M].杭州:浙江工商大学出版社,2016.

[9]金永超,张宇帆.BIM 与建模[M].成都:西南交通大学出版社,2016.

附　录　BIM 相关软件获取网址

序号	名称	网址
1	AutoCAD	http：//www. Autodesk. com. cn/products/AutoCAD/free-trial
2	SketchUp	http：//www. sketchup. com/zh-CN/download
3	3ds Max	http：//www. Autodesk. com. cn/products/3ds-max/free-trial
4	Revit	http：//www. Autodesk. com. cn/products/Revit-family/free-trial
5	ArchiCAD	https：//myarchiCAD. com/
6	AutoCAD Architecture	http：//www. Autodesk. com. cn/products/AutoCAD-architecture/free-trial
7	Rhino	http：//www. Rhino3d. com/download
8	CATIA	http：//www. 3ds. com/zh/products-services/catia/
9	Tekla Structures	https：//www. tekla. com/products
10	Bentley	www. bentley. com
11	PKPM	http://47. 92. 92. 199/pkpm/index. php? m＝content&c＝index&a＝lists&catid ＝35
12	天正软件	http：//www. tangent. com. cn/download/shiyong/
13	斯维尔	http：//www. thsware. com/
14	广联达 BIM	http：//bim. glodon. com/
15	浩辰 CAD	http：//www. gstarCAD. com/downloadall/index. html
16	鸿业科技	http：//www. hongye. com. cn/
17	博超软件	http：//www. bochao. com. cn/index. asp
18	广厦软件	http：//www. gsCAD. com. cn/Downloads. aspx? type＝0
19	探索者	http：//www. tsz. com. cn/view/webjsp/sygm/zhichifuwu. jsp
20	鲁班软件	http：//www. lubansoft. com/
21	译筑 EBIM 软件	http：//www. ezbim. net/
22	晨曦 BIM	http：//www. Chenxisoft. com/CXBIM/Product/ProductCentre? menuIndex＝2
23	品茗软件	www. pmddw. com